职业教育数字媒体与艺术设计专业群“岗课赛证　工学结合”系列教材

3ds Max+VRay+Photoshop
室内效果图制作项目教程

第2版

微课教学视频版

孙　琪　编　著

机 械 工 业 出 版 社

3ds Max是由Autodesk公司开发的三维计算机图形软件，它功能强大，易学易用，应用广泛。目前，我国很多职业院校的数字媒体与艺术设计专业群已将3ds Max列为一门重要的专业必修课程。对于学生来说，能在最短的时间内制作出一个照片级的作品，是所有学生追求的目标。对于教师而言，选取6～8个具有特色、简洁易学的案例操作演示给学生，让学生深刻掌握并能够及时地进行课后巩固，将有助于学生的学习。

因此，本书在编排上遵循了上述学生学习与教师教学的要求，采用二维码微课视频辅助学生做好课前的预习，辅助教师实现翻转课堂教学，便于学生课后进行知识巩固与再强化。最重要的是，本书采用典型的白天和夜晚场景设计案例，内容讲解上详细实用，包含了建模、材质、灯光等常用的知识命令体系。

本书可作为职业院校数字媒体技术应用、计算机应用、软件技术、影视多媒体技术、艺术设计、动漫与游戏设计、数字影像技术、虚拟现实技术应用、室内艺术设计、环境艺术设计、建筑装饰工程技术、建筑设计和工业设计等专业的专业基础课教材，也可供相关专业的技术人员学习使用。

图书在版编目（CIP）数据

3dsMax+VRay+Photoshop室内效果图制作项目教程 / 孙琪 编著. —2版. —北京：机械工业出版社，2023.12

职业教育数字媒体与艺术设计专业群“岗课赛证　工学结合”系列教材

ISBN 978-7-111-74835-9

Ⅰ. ①3… Ⅱ. ①孙… Ⅲ. ①室内装饰设计－计算机辅助设计－三维动画软件－教材 Ⅳ. ①TU238-39

中国国家版本馆CIP数据核字（2024）第032909号

机械工业出版社（北京市百万庄大街22号　邮政编码100037）

策划编辑：常金锋　　责任编辑：常金锋　陈将浪

责任校对：张亚楠　梁　静　　封面设计：鞠　杨

责任印制：李　昂

北京捷迅佳彩印刷有限公司印刷

2024年4月第2版第1次印刷

210mm×285mm · 10.75印张 · 286千字

标准书号：ISBN 978-7-111-74835-9

定价：49.00元

电话服务	网络服务
客服电话：010-88361066	机　工　官　网：www.cmpbook.com
010-88379833	机　工　官　博：weibo.com/cmp1952
010-68326294	金　　书　　网：www.golden-book.com
封底无防伪标均为盗版	机工教育服务网：www.cmpedu.com

出版说明

随着“互联网+”战略的逐步推进，大数据、云平台等互联网信息技术的迅猛发展，各类移动设备及其应用也呈现出快速和多样化的发展趋势，特别是移动通信设备信息传输速度的提升及其可视化、互动性等功能的增强，使人们不受时间和地域的限制，可随时随地搜集、获取和处理各种信息。新一代信息技术与经济社会各领域、各行业逐渐深度跨界融合，成为全球新一轮科技革命和产业变革的核心内容。

在“互联网+”的大背景下，信息化教学越来越受到重视，也得到了长足的发展，呈现出了微课、慕课、翻转课堂等基于网络信息技术的教学方式，推动了教育教学方式的改革，丰富和创新了教学手段，为提高教学质量和效率提供了很好的条件，顺应了信息技术在教育领域发展的趋势。

为贯彻落实《教育信息化十年发展规划（2011—2020年）》《教育部关于加快推进职业教育信息化发展的意见》等文件关于信息化教学的要求，机械工业出版社也在积极开发“互联网+”数纸融合创新型教材，将基于信息技术的数字化教学资源以嵌入二维码等形式融入纸质教材，丰富和扩展教材内容表现形式，实现线上线下教学内容深度融合，学习内容可以实现动静结合，教学环节能够更加生动活泼，进一步调动学生的学习积极性，提高教学质量和效率。

“互联网+”数纸融合创新型教材融入的数字化教学资源，可以是静态的图文资料，也可以是动态的仿真演示、动画视频资源，还可以是深入讲解知识点的综合型微课，真正意义上实现了教材的全方位、多维度立体化建设，学生可以通过手机等移动通信设备扫码获取课程相关学习资源，也为教师组织多种形式的教学活动提供了便利的条件。

“互联网+”数纸融合创新型教材的出版是在教育信息化发展的大趋势下，对教材形式创新的改革和尝试，希望这些教材的出版能够对课堂教学和课程改革、对提升人才培养质量以及创新教学模式起到积极的推动作用。同时，我们也欢迎更多的老师和行业企业专家与我们一起共同开发利用信息技术的“互联网+”创新型教材，为我国的教育信息化发展贡献一份力量。

机械工业出版社

前言

党的二十大报告提出："教育、科技、人才是全面建设社会主义现代化国家的基础性、战略性支撑。"随着职业教育的蓬勃发展和教学改革的逐渐深入，用人单位对职业教育的教学模式和教学方法提出了新的要求。项目驱动、任务引领、基于工作过程的项目教学改革势在必行，对教学知识体系进行重组和精心设计就显得更加重要，这也是职业教育教学新形态的大势所趋。

本书第1版自2016年出版以来，受到读者的一致好评，也收到了很多的宝贵意见。近年来《房屋建筑制图统一标准》（GB/T 50001—2017）等一系列国家标准先后修订颁布，相关标准条文已做了调整与修改；同时，随着数字媒体与艺术设计产业转型升级，国家颁布了新的职业教育专业目录，专业教学标准等也进行了修订，职业教育改革不断深入，人才培养的针对性和适应性不断加强。基于上述情况，编者在第一版的基础上对本书进行了修订，以进一步提高其质量，满足教与学的需要。本书以项目工程为例，介绍了3ds Max、VRay和Photoshop这三个软件的具体应用。本次修订主要体现了以下几个特点：

一、立德树人、价值引领

本书以习近平新时代中国特色社会主义思想为指导，以立德树人为根本任务，在编写中坚持正确的政治方向和价值导向，将社会主义核心价值观与知识内容有机融合，深入挖掘教学素材中蕴含的思政元素，加强爱国主义、集体主义和社会主义教育，弘扬职业精神、工匠精神和劳模精神，注重职业道德和职业素养提升，引导学生树立正确的世界观、人生观和价值观。

二、技能需求、驱动编写

为提高学生的比赛技能以及以赛促学，促进课堂学习，将知识变得更加直观，便于理解与学习，本书采用任务驱动编写模式，分4个项目，项目下又细分多个任务，每个任务都选取一个源于工作实际的典型工程案例进行详细讲述。本书编写紧跟产业发展趋势和行业人才需求，及时将产业发展的新技术、新工艺、新规范纳入知识体系中。

三、坚持推进教育数字化

本书配套大量微课视频资源来帮助学生学习知识，有利于激发学生的自主学习性；同时，辅助教师实现翻转课堂教学形式，为教学过程中进一步探索"工学结合"一体化教学提供了充分的支持。本书符合职业院校学生的学习特点与学习习惯，符合技术技能人才成长规律，知识传授与技术技能培养并重，强化职业院校学生职业素养养成和专业技术积累。

最后，感谢读者选择了本书。由于编者水平有限，书中疏漏和不妥之处，敬请读者批评指正（主编QQ：287889834；责任编辑QQ：1970518132；咨询电话：010-88379540。本书配套资源下载可登录机械工业出版社教育服务网www.cmpedu.com搜索本书名称进行免费下载。或加入QQ群583630307，在群"文件"中进行素材资源下载）。

编　者

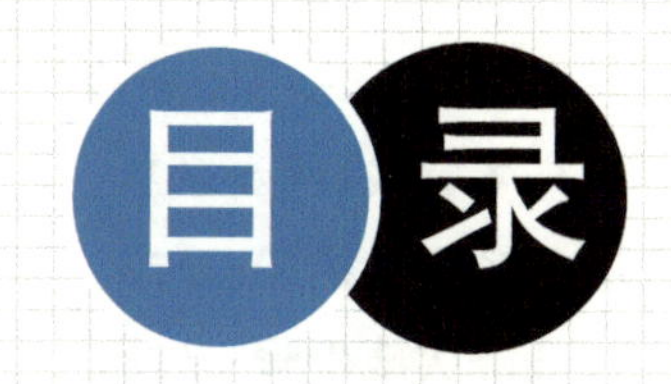

目录

项目3 小休闲室白天场景制作 / 28

项目4 小休闲室夜晚场景制作 / 90

项目 1　3ds Max 实体建模应用

项目导入

想一想

1. 什么是 3ds Max？ 3ds Max 系统界面由哪几个部分组成？
2. 在 3ds Max 中几何体和图形有什么区别？创建几何体的步骤是什么？
3. 3ds Max 的材质编辑器有哪些类型？其中最常用的是哪一种？
4. 结合项目 4，试说明应用了哪几种 3ds Max 灯光类型？

工作任务

任务 1.1　实操 3ds Max 系统操作界面

任务完成目标

通过完成本任务，掌握以下知识或方法：

- ☐ 了解 3ds Max 系统界面各操作模块的名称与功能。
- ☐ 熟练掌握 3ds Max 主工具栏中常用基本对象的选择与操作注意事项。

任务内容描述

打开 3ds Max 系统操作界面，认识各操作模块的名称，能够在主工具栏中熟练操作常用基本对象对物体进行选择与修改。

任务实施步骤

单击桌面上的 3ds Max Autodesk 3ds Max 快捷方式，启动该软件，如图 1-1 所示。

3ds Max 的广泛应用

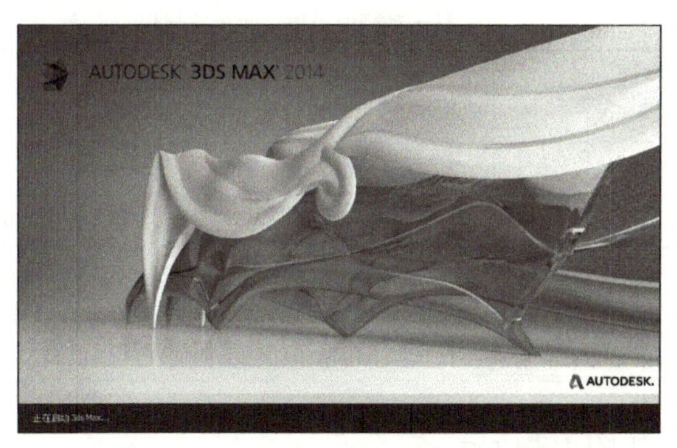

图 1-1　3ds Max 系统程序启动界面

建议配置计算机硬件：CPU Intel Core i7 四核八线程（64 位）；内存 4GB 及以上；显卡 nVIDIA 1GB 独立显卡及以上；固态硬盘 256GB 及以上。

一、认识 3ds Max 系统界面各操作模块的名称与功能

启动 3ds Max 软件后，默认会打开“欢迎屏幕”，你可以通过单击该屏幕相应选项，打开动画演示，了解 3ds Max 的基本功能。关闭该窗口，显示的即是 3ds Max 的默认操作界面。

3ds Max 系统界面分为标题栏、菜单栏、主工具栏、视口区、命令面板、时间尺、状态栏、动画控制区 / 播放区、视图导航区 9 大部分，如图 1-2 所示。

认识 3ds Max 系统界面各操作模块的名称与功能

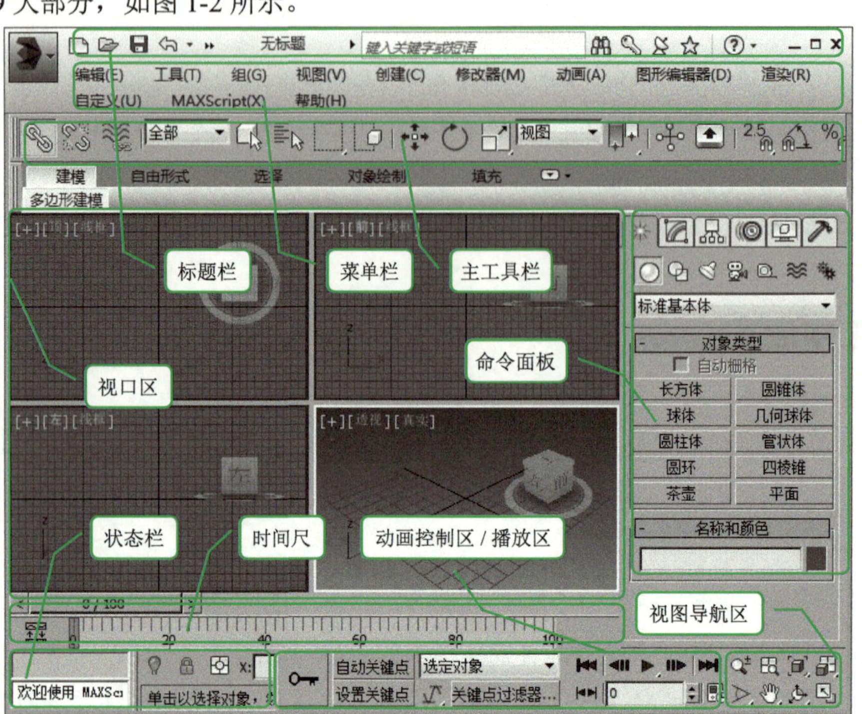

图 1-2　3ds Max 系统界面

基 本 名 称	功 能 作 用
标题栏	显示文件名称及相关信息，进行窗口最小化、还原 / 最大化的转换和关闭按钮
菜单栏	以文字形式提供详细的操作命令
主工具栏	以图标形式提供详细的操作命令，功能与菜单栏相同
视口区	3ds Max 的实际工作区域，默认状态下为 4 视图显示，分为顶视图、左视图、前视图、透视图，可以在这些视图中进行不同角度的操作编辑
命令面板	创建和修改对象的所有命令，是 3ds Max 的核心
时间尺	显示动画的操作时间及控制相应的帧，包括时间线滑块和轨迹栏
状态栏	提供了选定对象的数目、类型、变换值和栅格数目，可以基于当前鼠标指针位置和当前活动程序来提供动态反馈信息
动画控制区 / 播放区	动画的记录、动画帧的选择、动画播放以及动画时间控制等
视图导航区	用来控制视图的显示与导航，可以平移、缩放和旋转视图

二、认识主工具栏中常用基本对象的选择与操作

认识主工具栏中常用基本对象的选择与操作

主工具栏如图 1-3 所示。

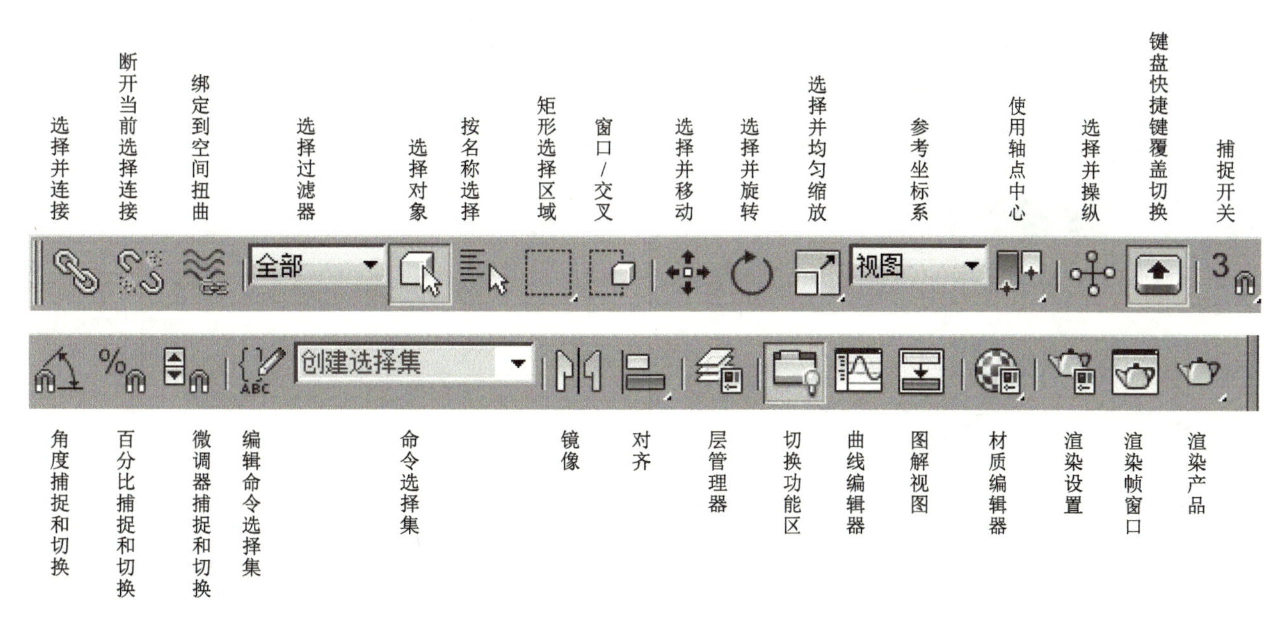

图 1-3　主工具栏

基本名称		作　用	操作及注意要点
选择过滤器		能够根据物体特性选择并过滤掉不需要选择的对象类型	默认是全部，可根据操作自主选择，对于批量选择同一种类型的对象非常快捷，例如：可以只选择灯光、摄影机等
选择对象		在场景中单击或框选物体，但不能移动物体	按〈Ctrl〉键可增选物体；按〈Alt〉键可以减选物体；按〈Ctrl+I〉快捷键可以反选物体；按〈Alt+Q〉快捷键可以孤立当前选择
选择并移动		选择并移动场景中的物体	“X”“Y”坐标轴同时变黄时可随意移动，快捷键〈W〉
选择并旋转		选择物体进行旋转操作	一般旋转的时候只沿“X”“Y”“Z”坐标轴旋转，快捷键〈E〉
选择并均匀缩放		选择物体进行缩放操作	分为选择并均匀缩放、选择并非均匀缩放、选择并挤压三种情况，快捷键〈R〉
捕捉开关		选择物体进行捕捉创建或修改	包括 2D 捕捉、2.5D 捕捉、3D 捕捉，鼠标右击可以弹出“栅格和捕捉设置”对话框，快捷键〈S〉
命令选择集		根据物体名称选择	可以组成一个组，但个体依然是个体
镜像		用于物体的三维对称翻转	分别于“X”“Y”“Z”坐标轴为中心对称
对齐	快速对齐	选择原物体，快速选择另一物体	快捷键〈Shift+A〉直接使用
	法线对齐	物体法线之间对齐	选好相应的法线
	放置高光	物体高光点对齐	快捷键〈Shift+A〉，找高光点
	摄影机对齐	和摄影机在同一条法线上	用于摄影机的视图恢复
	对齐到视图	和选择的视图对齐	最大化的视图对齐
材质编辑器		对物体进行材质的编辑和赋予	分为“精简材质编辑器”和“Slate 材质编辑器”两种情况，快捷键〈M〉
渲染设置		调节渲染参数	快捷键〈F10〉
渲染产品		渲染并输出图片	快捷键〈F9〉

工作任务

任务 1.2　3ds Max 实体建模

任务完成目标

通过完成本任务，掌握以下知识或方法：

□ 了解几何体创建模块的步骤与种类。

- □ 掌握图形编辑模块的正确选择与命令操作展卷栏。
- □ 掌握创建复合对象建模的常用方法。
- □ 理解编辑样条线、编辑网格与编辑多边形的操作方法。

任务内容描述

尝试操作 3ds Max 常用的创建图形与建模命令。

任务实施步骤

一、认识几何体的创建模块

命令面板——标准基本体、扩展基本体如图 1-4 所示。

认识几何体的创建模块

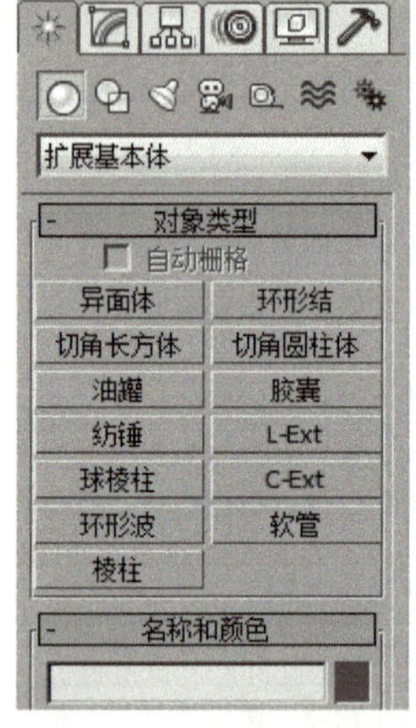

图 1-4　命令面板——标准基本体、扩展基本体

课堂任务 1：运用长方体命令制作茶几

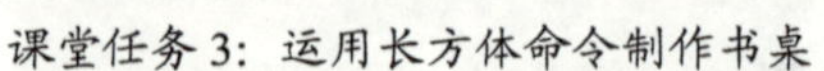

课堂任务 3：运用长方体命令制作书桌

课堂任务 2：运用长方体命令制作简约书架

课堂任务 4：运用圆柱体命令制作圆桌

（续）

  课堂任务 5：运用管状体和圆环命令制作水杯	  课堂任务 7：运用切角圆柱体命令制作简约茶几
  课堂任务 6：运用切角长方体命令制作餐桌椅	

基本名称	种　类
标准基本体（共 10 种）	长方体、球体（即经纬球体）、圆柱体、圆环、茶壶、圆锥体、几何球体、管状体、四棱锥（即金字塔形物体）、平面
扩展基本体（共 13 种）	异面体、切角长方体、油罐、纺锤、球棱柱、环形波（回转圈）、棱柱、环形结、切角圆柱体、胶囊、L Ext、C Ext、软管

二、认识图形的编辑模块

1. 图形的编辑面板

图形编辑面板如图 1-5 所示。

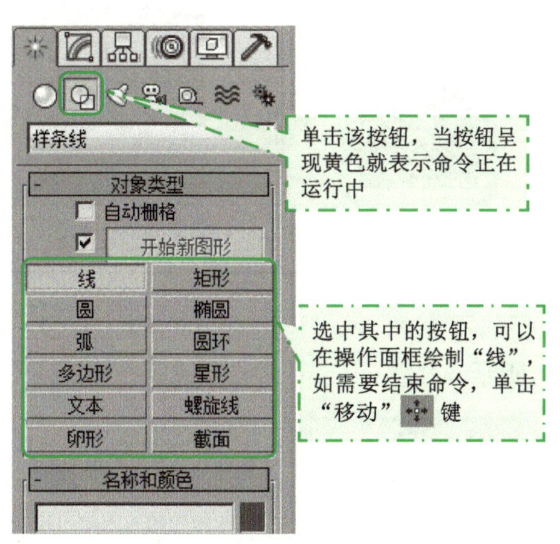

图 1-5　图形编辑面板

2. 图形的编辑命令面板展卷栏

样条线修改面板如图 1-6 所示。

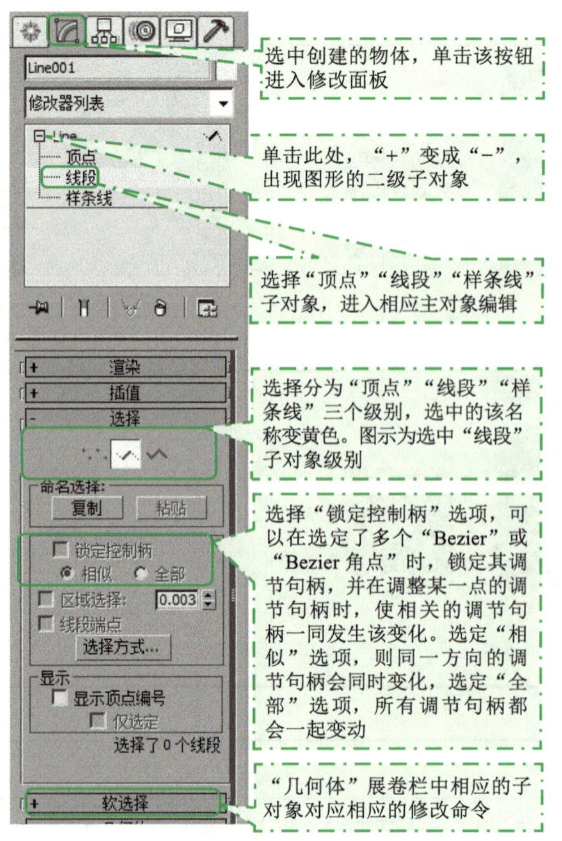

图 1-6　样条线修改面板

课堂任务 8：运用线命令制作简欧台灯

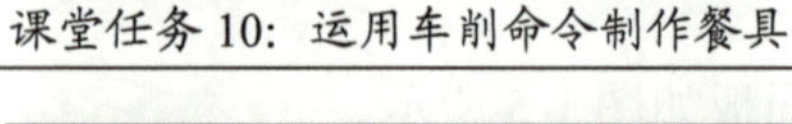

课堂任务 10：运用车削命令制作餐具

课堂任务 9：运用多种样条线命令制作糖果

课堂任务 11：运用多边形命令制作足球

3. 图形几何体编辑面板展卷栏

样条线“附加”命令如图 1-7 所示。

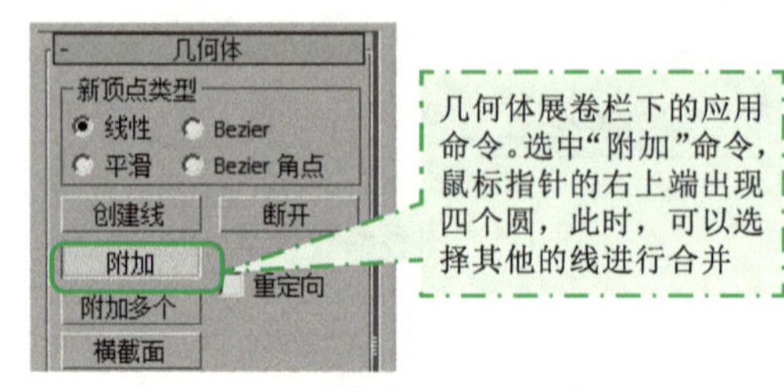

图 1-7　样条线“附加”命令

4. 编辑图形的子对象与展卷栏

1）编辑“顶点”子对象（图 1-8）

名　　称	操作要点及技巧
平滑	选中编辑点，鼠标右击选择“平滑”，点的两条角边成光滑曲线
Bezier	选中编辑点，鼠标右击选择“Bezier”，点的两条角边成光滑曲线，并有一根手柄用于控制曲线的曲率
Bezier 角点	选中编辑点，鼠标右击选择“Bezier 角点”，点的两条角边成光滑曲线，并分别有一根手柄用于控制曲线的曲率

2）编辑“线段”子对象（图 1-9）

名　　称	功 能 作 用
隐藏	隐藏所选中的线段
全部取消隐藏	显示所隐藏的线段
删除	删除所选中的线段
拆分	将选中的线段拆分成若干段，以后面的数字为准，最小是 1
分离	将选中的线段分离出整体，成为单独的个体

3）编辑“样条线”子对象（图 1-10）

名　　称	功 能 作 用
反转	反转样条线的起始点，该命令对于放样命令意义很大
轮廓	将单条线段组成双条或者多条
布尔	有交集、并集、差集三种，主要是对相重叠的部分进行运算
镜像	进行镜像复制，类似于镜像命令，有 X 轴、Y 轴、Z 轴三种情况
隐藏	隐藏所选中的线段
全部取消隐藏	显示所隐藏的线段
删除	删除所选中的线段
分离	将选中的线段分离出整体，成为单独的个体
炸开	将选中的线段按照点数进行分离，但还是一个整体

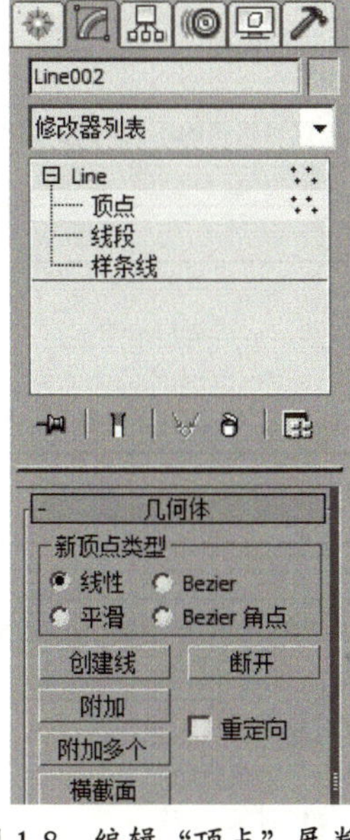

图 1-8　编辑“顶点”展卷栏

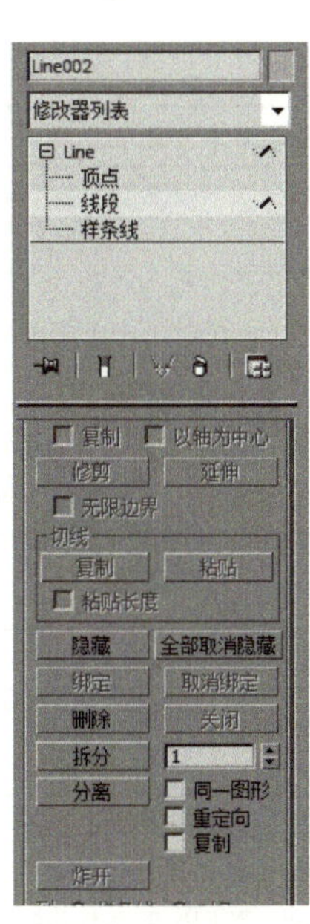

图 1-9　编辑“线段”展卷栏

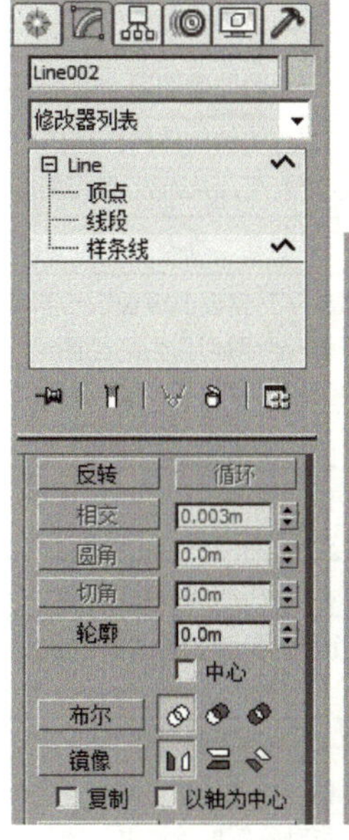

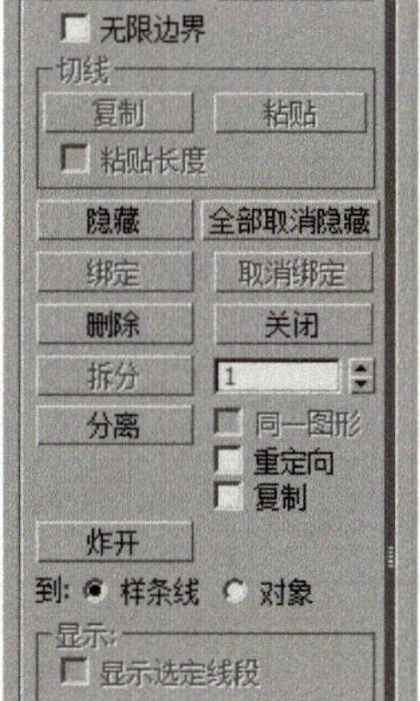

图 1-10　编辑“样条线”展卷栏

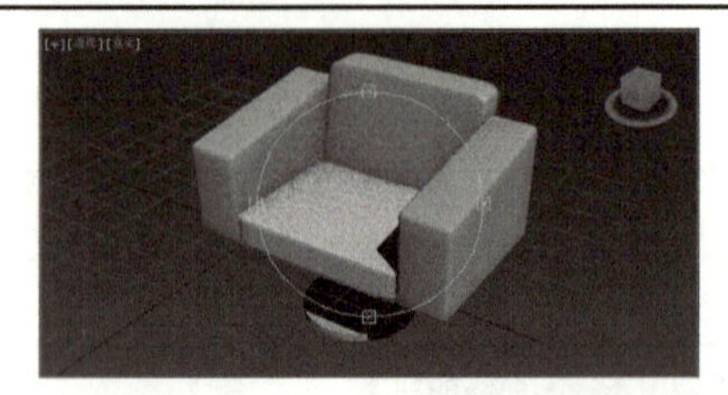

课堂任务 12：运用 FFD 修改器命令制作沙发

课堂任务 14：运用网格建模命令制作大毡帽

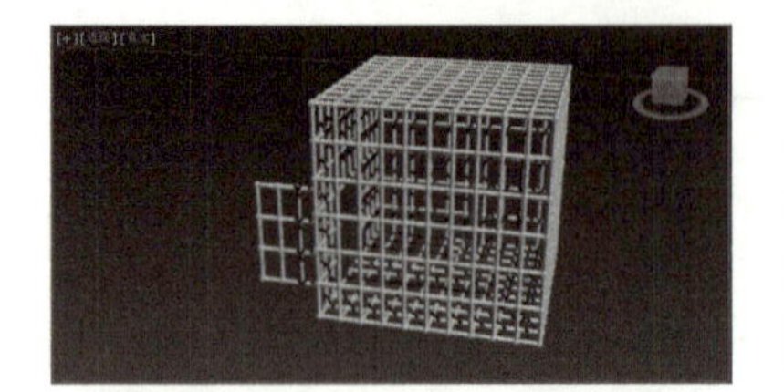

课堂任务 13：运用晶格修改器命令制作鸟笼

课堂任务 15：运用挤出修改器命令制作花朵吊灯

三、创建复合对象建模的常用方法

打开复合对象命令面板如图 1-11 所示。

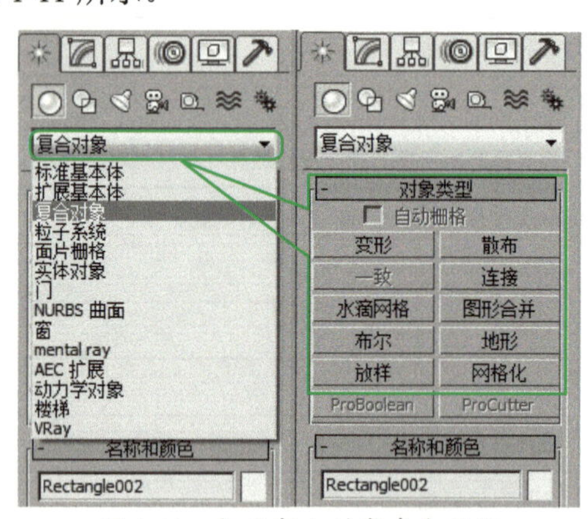

图 1-11　打开复合对象命令面板

1. “放样”建模（图 1-12）

定　义	利用两个或两个以上的二维图形来制作三维图形的一种复合物体建模方法
原　理	利用一个二维图形作为模型路径，再用一个二维图形作为模型不同部位的截面图形，将截面图形放置到路径的不同位置，在各自截面形状间产生过渡表面，从而生成三维图形
注　意	路径和截面图形必须是二维图形，需要注意起始点
方　法	a．创建用于“放样”建模的路径图形和截面图形 b．选择其中任何一个图形作为路径图形 c．在几何体类型列表中选择“复合对象”类型，并在该类型面板中单击“放样”按钮 d．在“创建方法”中选择一种创建方式，之后应在视图中选择另外一个图形，该图形即会转移，配合前一个图形生成放样的图形

2. “连接”建模（图 1-13）

定　义	将两个对象在对应面之间建立封闭的表面，并连接在一起形成新的复合对象
注　意	需要先删除各个对象要连接处的面，并使已删除面与面之间的边线对应，完成“连接”命令。在参数面板中进行相关设置，调整连接效果
方　法	a．利用“编辑多边形”修改器，在“多边形”命令下选择要建立连接处的表面，将其删除并形成对象的开口 b．将连接对象的开口部位正对放置，并选择其中一个对象，单击“复合对象”选项面板中的“连接”命令 c．在“拾取操作对象”展卷栏中，选择参考、复制、移动、实例中的一种拾取方式，单击“拾取操作对象”按钮 d．在视图中单击选取另一个连接对象，即可在两个删除面之间形成连接体

3. “合并”建模（图 1-14）

定　义	将网格对象与一个或多个图形合成复合对象的操作方法
注　意	该命令能将二维平面图形投射到三维对象表面，产生相应的三维效果
方　法	a. 创建三维物体和图形对象 b. 单击“图形合并”，然后单击“拾取图形”按钮，并选择一种拾取方式；在视图中单击二维平面图形对象后完成图形合并

4. “布尔”建模（图 1-15）

定　义	通过对两个以上的物体进行并集、差集、交集的运算得到新的物体
注　意	该软件提供了 4 种布尔运算方式：并集、交集和差集（包括 A-B 和 B-A 两种）
方　法	a. 创建两个几何对象，将对象移到相交叉（不重合）的位置 b. 选择一个对象（称为操作对象 A），并在“复合对象”栏选中“布尔”命令 c. 在“拾取布尔”展卷栏中，单击“拾取操作对象 B”按钮，从该按钮下方选择一种拾取方式 d. 在视图中单击选取另一个对象（称为操作对象 B），完成运算

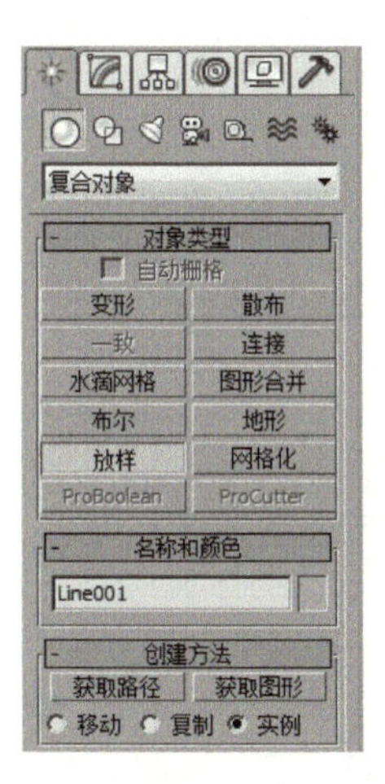

图 1-12 “放样”参数面板

图 1-13 “连接”参数面板

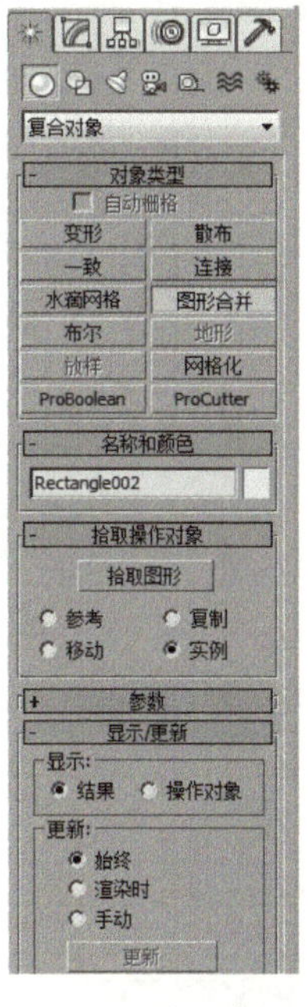

图 1-14 “合并”参数面板

图 1-15 “布尔”参数面板

课堂任务 16：运用放样命令制作窗帘

课堂任务 18：运用布尔命令制作床头柜

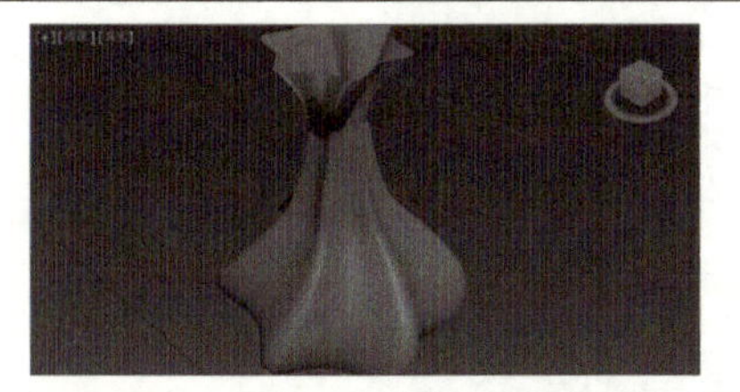

课堂任务 17：运用放样命令制作旋转花瓶

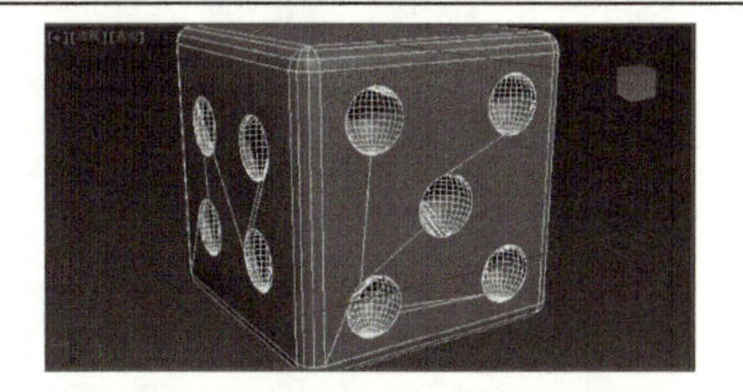

课堂任务 19：运用布尔运算命令制作骰子

四、认识编辑样条线、编辑网格与编辑多边形

打开方式：

选中需要编辑的线或物体 → 单击鼠标右键，选择“可编辑样条线”“可编辑网格”“可编辑多边形”，进入修改命令面板 → 进入命令栏修改器面板，根据需要进行相应的操作

“可编辑样条线”打开方法图解如图 1-16 所示，“可编辑网格”打开方法图解如图 1-17 所示，“可编辑多边形”打开方法图解如图 1-18 所示。

认识编辑样条线、编辑网格与编辑多边形

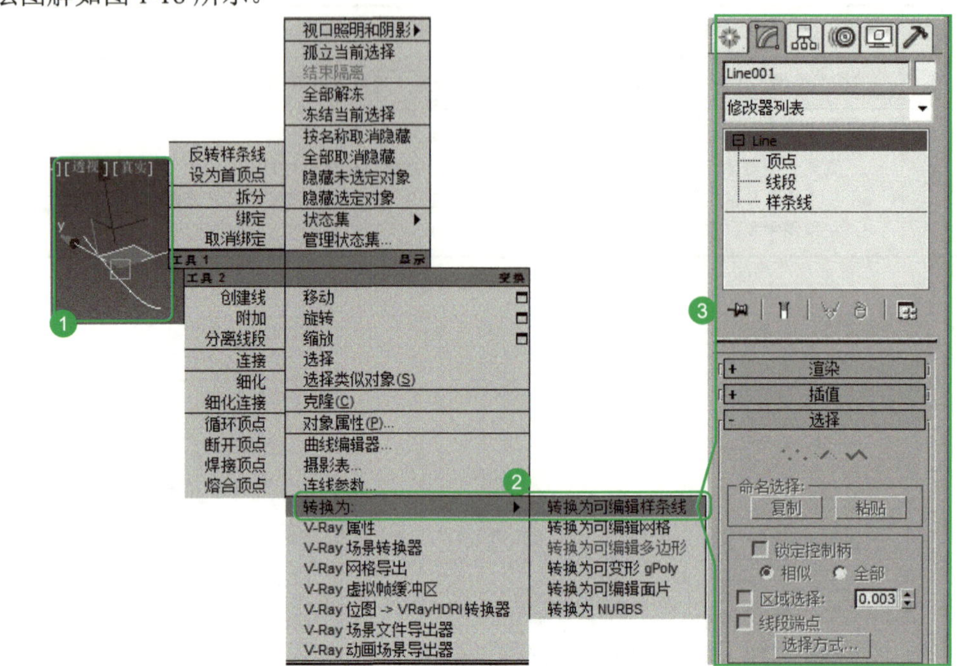

图 1-16　“可编辑样条线”打开方法图解

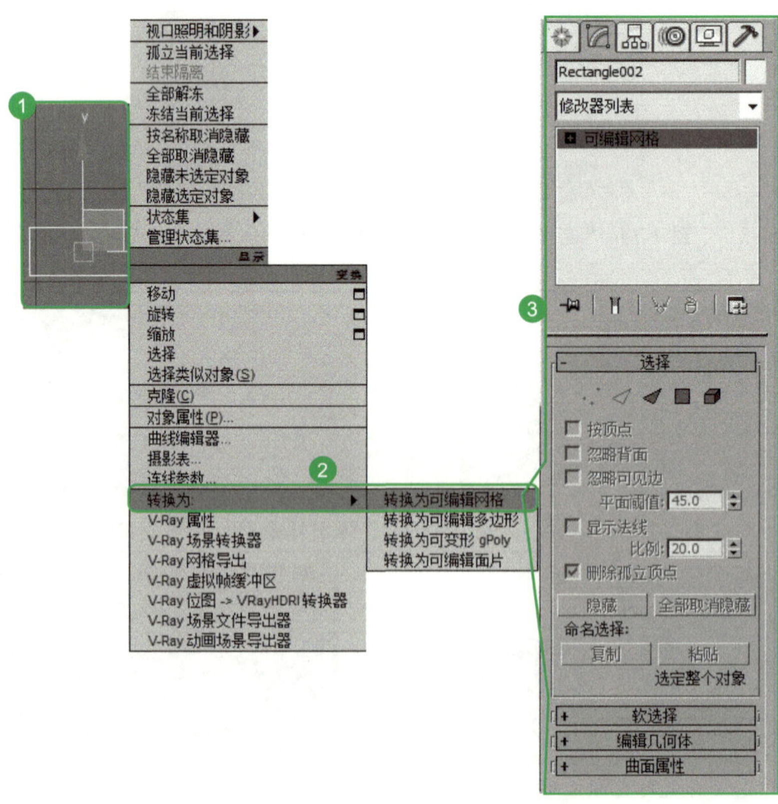

图 1-17　“可编辑网格”打开方法图解

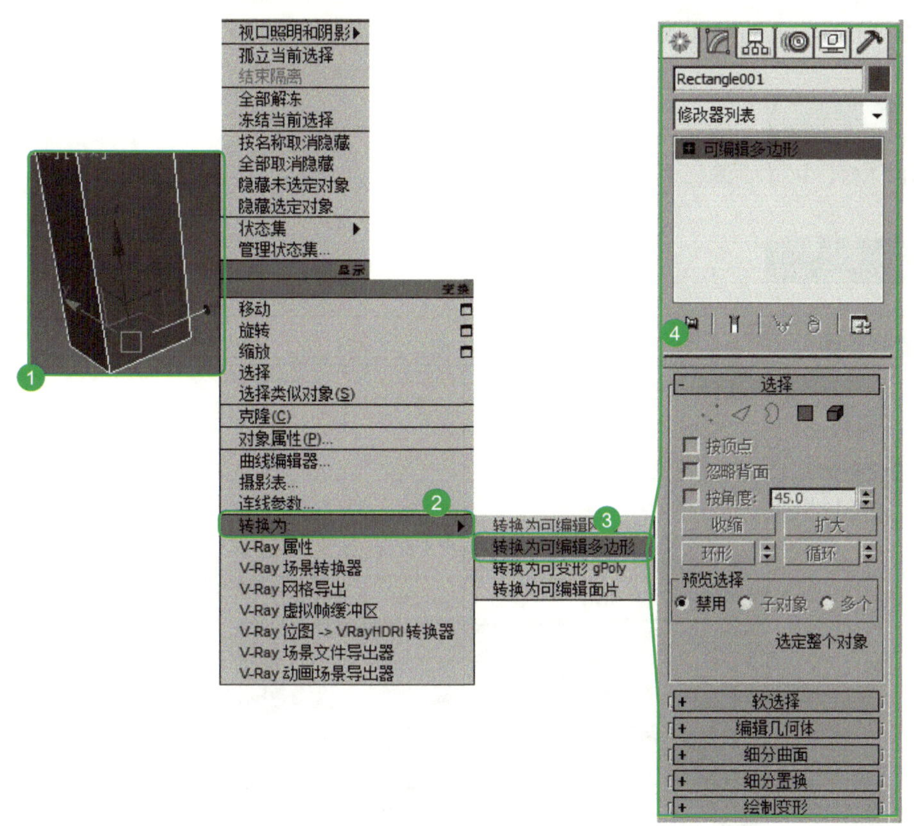

图 1-18　“可编辑多边形”打开方法图解

课堂任务 20：根据户型图运用可编辑多边形命令制作房体

	编辑样条线	编 辑 网 格	编辑多边形
适 用 对 象	线	物体	物体
次物体级别	顶点、线段、样条线	顶点、边、三角形面、多边形面和元素	顶点、边、三角形面、多边形面和元素
方　法	a．选中编辑对象 b．单击鼠标右键，选择“可编辑样条线”，进入修改命令面板 c．根据需要进行相应的操作	a．选中编辑对象 b．单击鼠标右键，选择“可编辑网格”，进入修改命令面板 c．根据需要进行相应的操作	a．选中编辑对象 b．单击鼠标右键，选择“可编辑多边形”，进入修改命令面板 c．根据需要进行相应的操作

工作任务

任务 1.3　认识材质编辑器与编辑材质

任务完成目标

通过完成本任务，掌握以下知识或方法：

☐　熟练掌握 3ds Max 的材质编辑器。

☐　掌握 3ds Max 常用的贴图类型。

任务内容描述

尝试操作 3ds Max 中材质编辑器进行材质编辑。

任务实施步骤

一、认识材质编辑器

1. 材质示例窗区

材质编辑器界面如图 1-19 所示。

认识材质编辑器

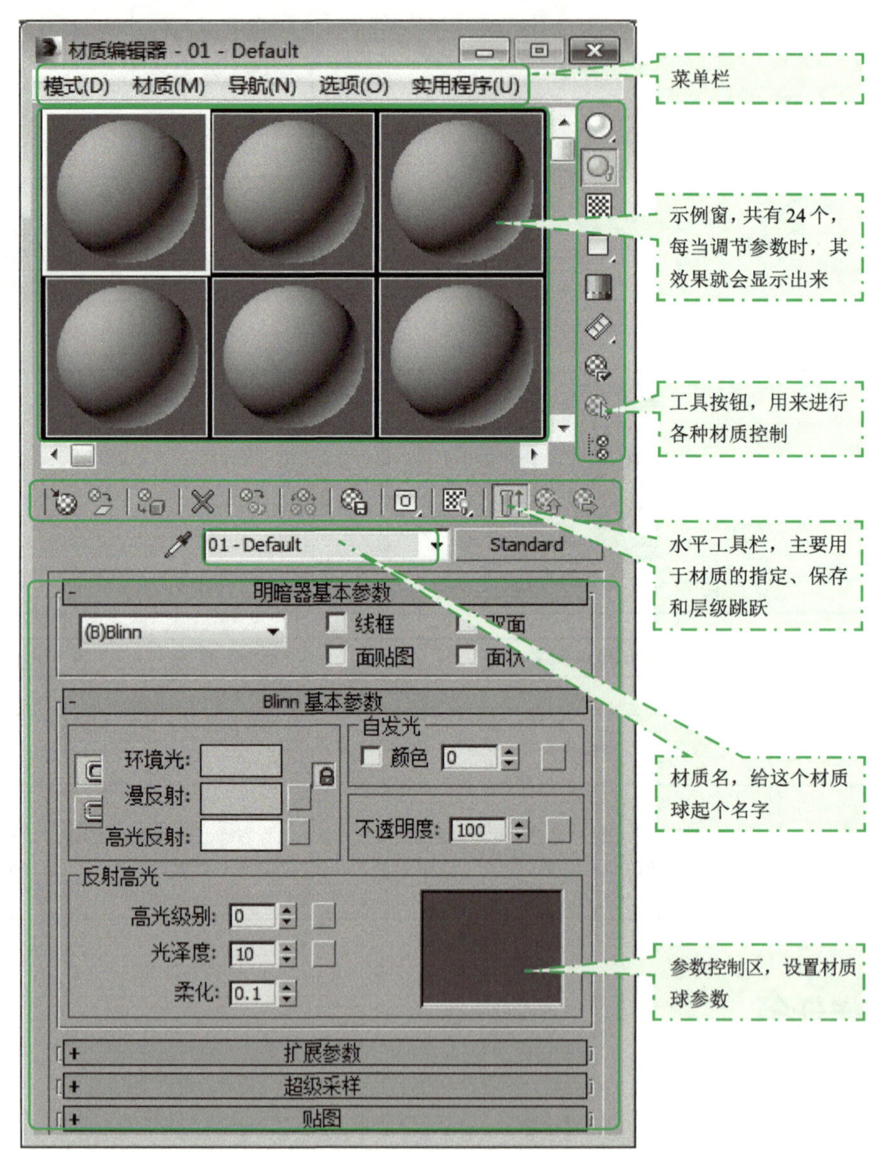

图 1-19　材质编辑器界面

2. 水平工具栏

水平工具栏功能按钮如图 1-20 所示。

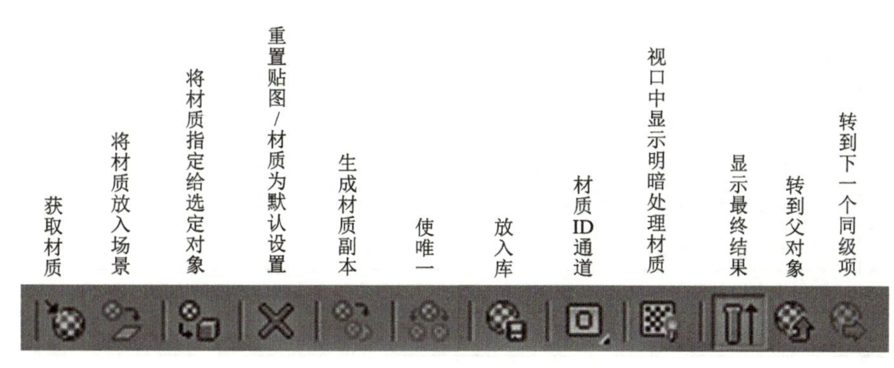

图 1-20　水平工具栏功能按钮

3. 材质 / 贴图浏览区

材质与贴图浏览器如图 1-21 所示。

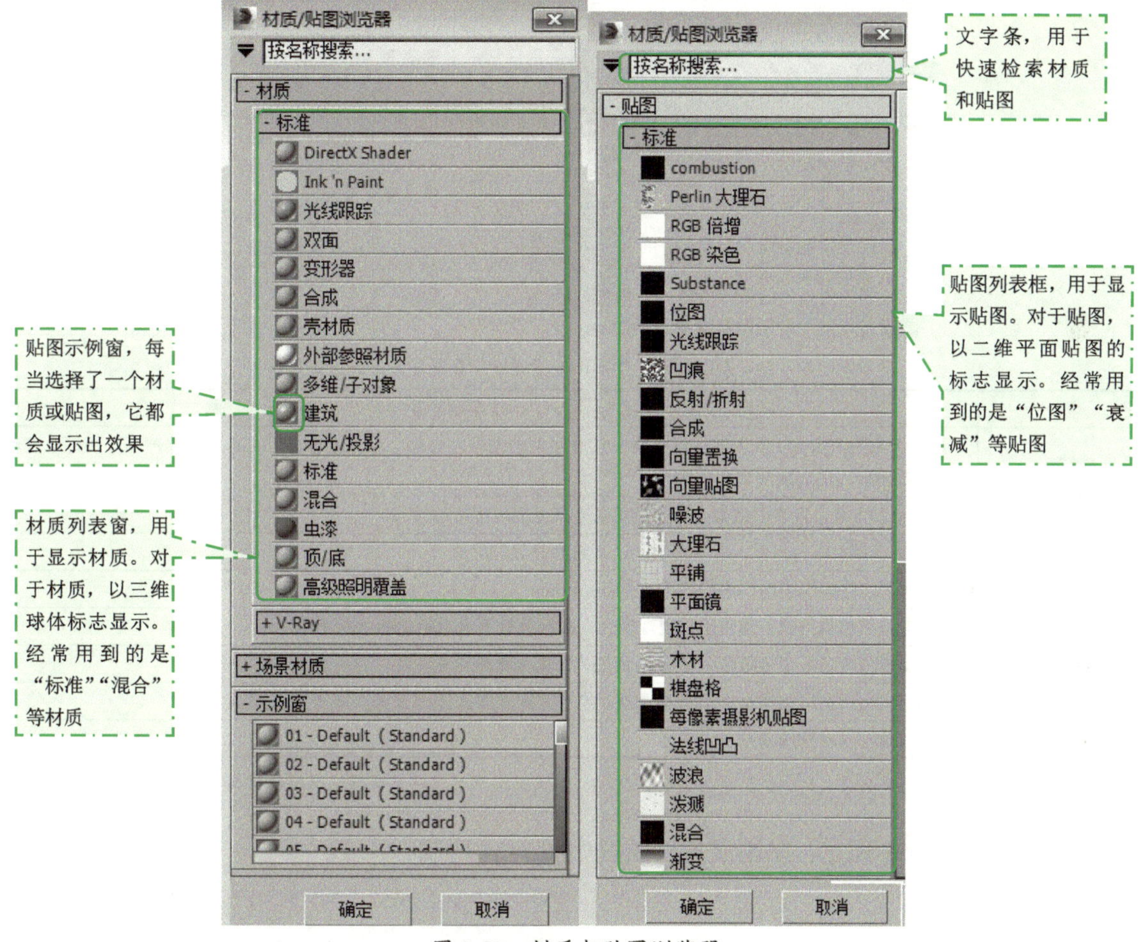

图 1-21　材质与贴图浏览器

名　称	功 能 作 用
Ink'n Paint	提供一种带“勾线”的均匀填色方式，主要用于制作卡通渲染效果
标准	经常用到的材质类型
虫漆	将一种材质叠加到另一种材质上
顶 / 底	为物体顶部表面和底部表面分别指定两种不同的材质
多维 / 子对象	可以组合多个材质同时指定给同一物体，根据物体在次物体级别选择面的材质 ID 号进行材质分配，材质可以多层嵌套
光线跟踪	通过参数控制，模拟现实中的光的衰减、反射、折射

（续）

名　称	功 能 作 用
合成	最多将 10 种材质复合叠加在一起，使用增加颜色、减去颜色或者不透明度混合的方式进行叠加
混合	由两种或更多的次材质所结合成的材质，用于为物体创建混合的效果
建筑	对于建筑相关的材料有相应的模板可以使用
壳材质	用于创建相应的烘焙纹理贴图
双面	为物体内外表面分别指定两种不同的材质，分为法线向外和法线向内两种情况
无光 / 投影	该材质能够使物体成为一种不可见物体，从而显露出当前的环境贴图

4. “standard”参数控制区

Blinn 基本参数界面如图 1-22 所示。

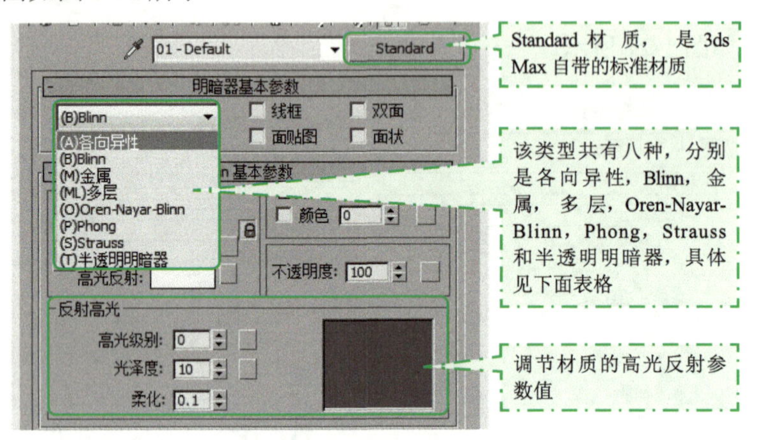

图 1-22　Blinn 基本参数界面

名　称	功 能 作 用
各向异性	通过调节两个垂直正交方向上可见高光尺寸之间的差额，提供一种“重折光”的高光效果，可以很好地表现毛发、玻璃和被擦拭过的金属等模型效果
Blinn	以光滑的方式进行表面渲染，高光点周围光晕是旋转混合的效果
金属	专用于金属材质的制作，可以提供金属所需的强烈的反光
多层	拥有两个高光区域控制，操作类似于 Anisotropic
Oren-Nayar-Blinn	是 Blinn 的特殊形式，通常用来表现织物、陶制品等不光滑粗糙物体的表面
Phong	以光滑的方式进行表面渲染，高光点周围光晕是发散混合的效果
Strauss	提供金属感的表面效果，操作比金属更简单
半透明明暗器	能够设置半透明的效果

5. 贴图展卷栏

扩展参数面板如图 1-23 所示，贴图展卷栏面板如图 1-24 所示。

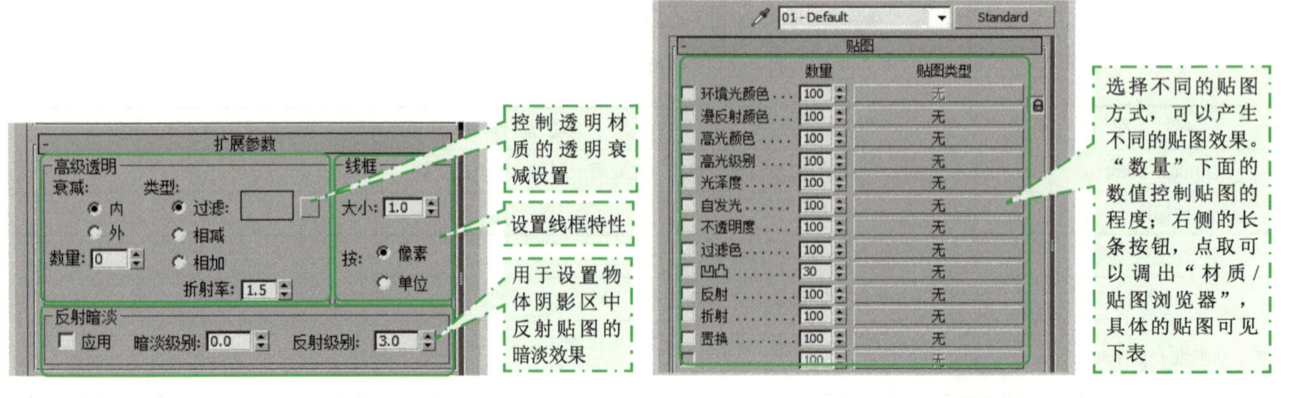

图 1-23　扩展参数面板　　　图 1-24　贴图展卷栏面板

名　称	功 能 作 用
环境光颜色	为物体的环境指定位图或程序贴图
漫反射颜色	用于表现材质的纹理效果
高光级别	通过贴图来改变物体高光部分的强度。白色的像素产生完全的高光区域，而黑色的像素则将高光部分彻底移除，处于两者之间的颜色不同程度地削弱高光强度
光泽度	通过贴图来影响物体高光出现的位置。白色的像素将光泽度彻底移除，而黑色的像素则产生完全的光泽，处于两者之间的颜色不同程度地减少高光区域的面积
自发光	贴在物体表面的图像产生发光效果，图像中纯黑色的区域不会对材质产生影响，其他区域将会根据自身的灰度值产生不同的发光效果
不透明度	利用图像的明暗度在物体表面产生透明效果，纯黑色的区域完全透明，纯白色的区域完全不透明
过滤色	专用于过滤方式的透明材质
凹凸	通过图像的明暗强度来影响材质表面的光滑程度，白色图像产生凸起，黑色图像产生凹陷，中间色产生过渡
反射	通常用于表面比较光滑的物体，可以制作出光洁亮丽的质感，如金属的强烈反光质感
折射	用于制作透明材质的折射效果，是在透明材质的“反射”和“折射”贴图上添加了“光线跟踪”类型的贴图后的效果
置换	根据贴图图案灰度分布情况对几何体表面进行置换，与“凹凸”贴图不同，它可以真正改变对象的几何形状

二、认识常用贴图类型

认识常用贴图类型

位图贴图材质获取流程如图 1-25 所示，凹痕贴图材质获取流程如图 1-26 所示，大理石贴图材质获取流程如图 1-27 所示，UVW 贴图修改器操作流程如图 1-28 所示。

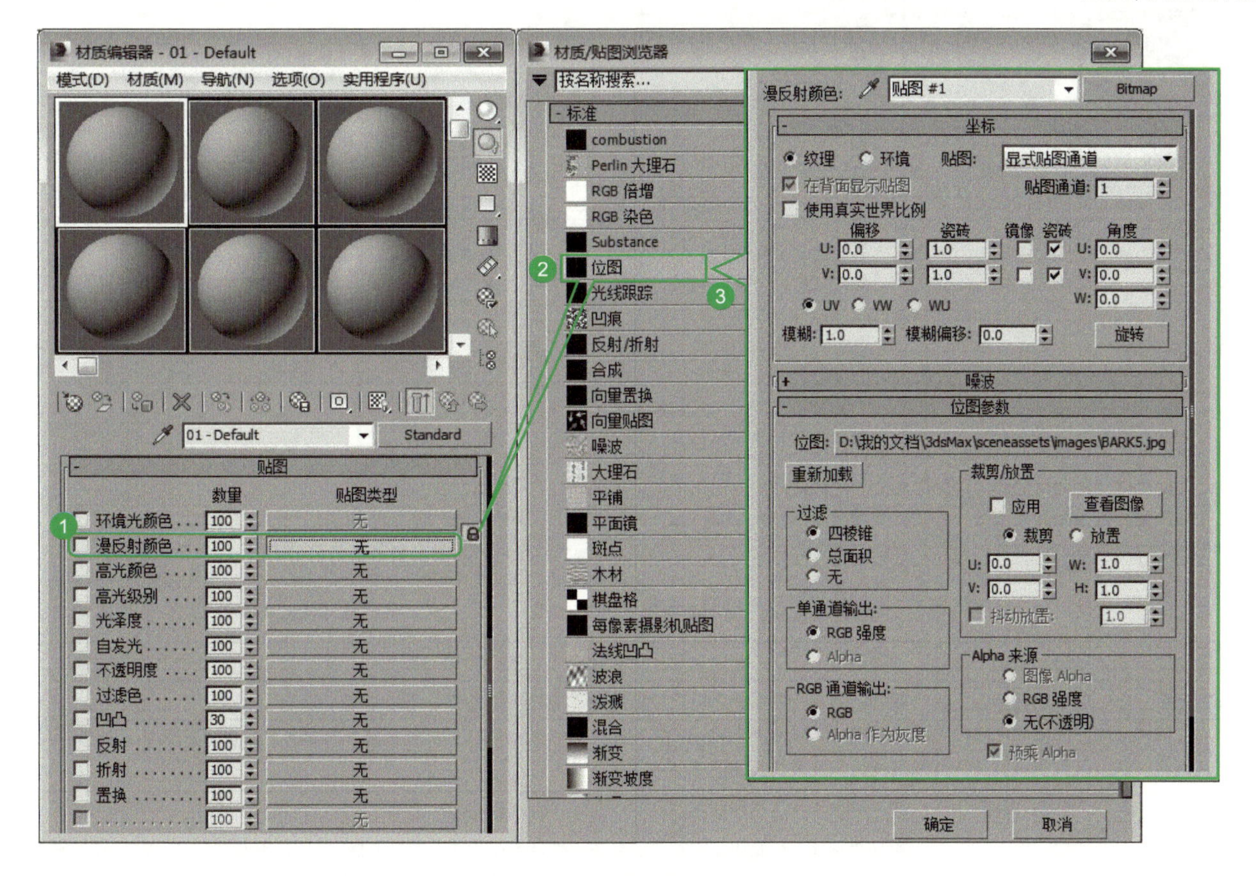

图 1-25　位图贴图材质获取流程

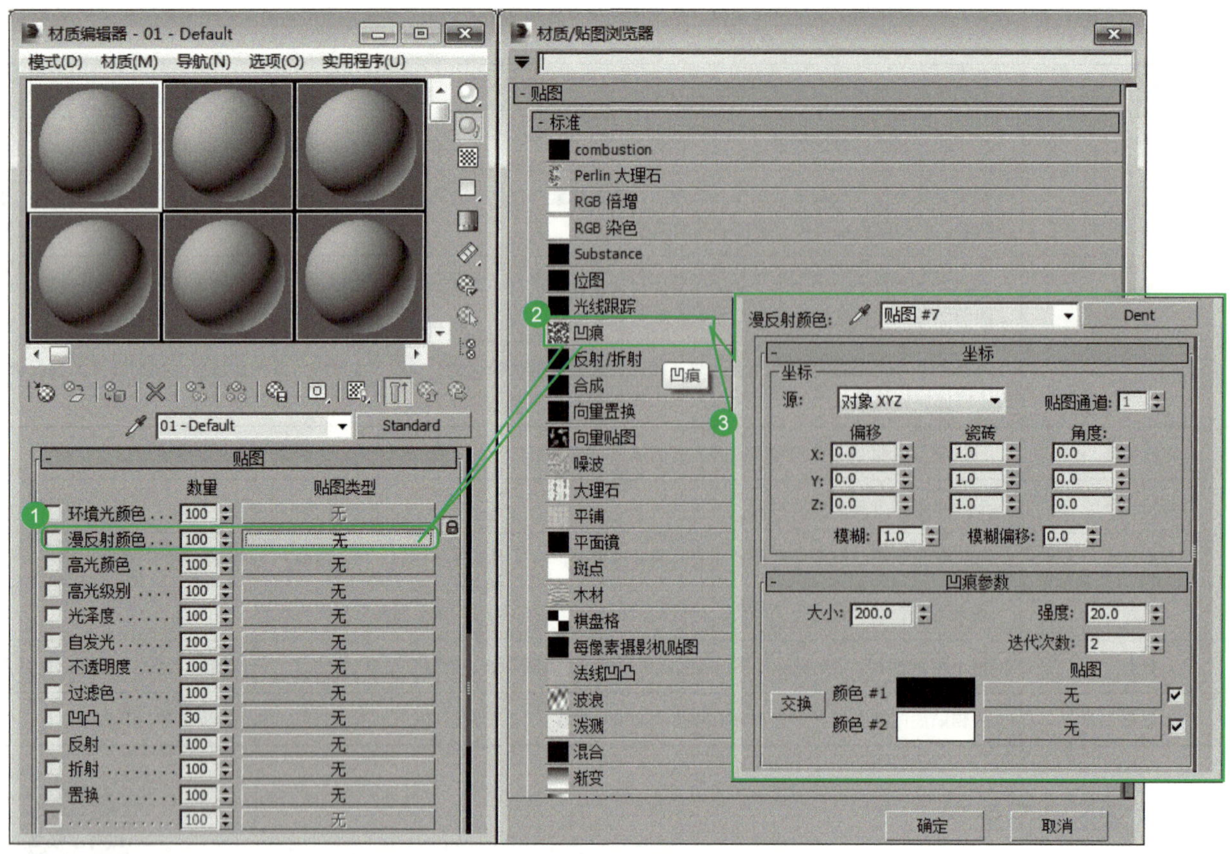

图 1-26　凹痕贴图材质获取流程

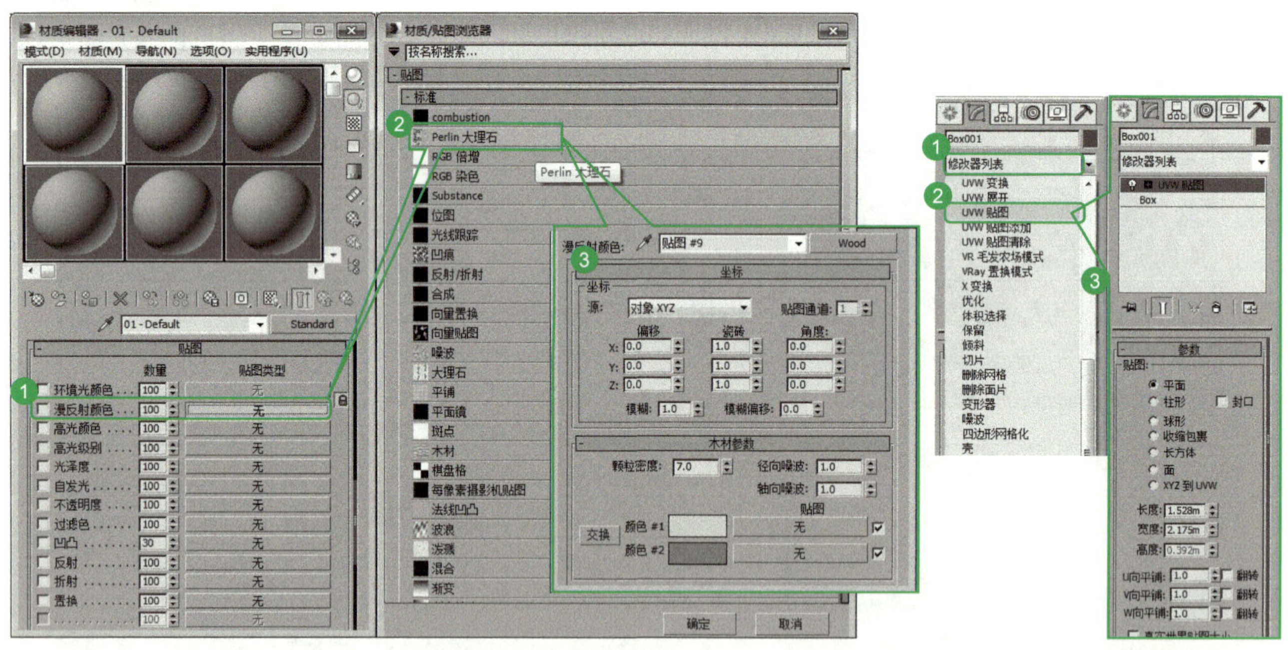

图 1-27　大理石贴图材质获取流程　　　　图 1-28　UVW 贴图修改器操作流程

名　称	分　类	操 作 要 点
二维贴图	位图	使用一张位图图像作为贴图，这是最常用的贴图类型
三维贴图	凹痕贴图	将该贴图应用于“漫反射颜色”和“凹凸”贴图时，可以在对象的表面上创建凹痕纹理，可用来表现路面的凹凸不平或物体风化和腐蚀的效果
	大理石贴图	用于制作大理石贴图效果，也可用来制作木纹纹理
UVW 贴图	—	贴图坐标修改器是用于控制纹理贴图正确显示在物体上的修改器，贴图位置通过 U、V、W 尺寸值来调节，“U”代表水平方向，“V”代表垂直方向，“W”代表深度，常用的是“长方体”“面”

工作任务

任务 1.4　认识 3ds Max 灯光与摄影机

任务完成目标

通过完成本任务，掌握以下知识或方法：

□　了解 3ds Max 灯光种类与展卷栏中各类别的功能作用。

□　了解 3ds Max 摄影机的作用。

3ds Max 灯光

任务内容描述

尝试操作与调制 3ds Max 灯光参数和摄影机。

任务实施步骤

一、认识 3ds Max 灯光

在大多数场景中，使用的灯光一般可以分为自然光和人造光两大类。

1. 3ds Max 标准灯光的类型

名　称	功能作用
泛光	类似于普通灯泡，它在所有方向上传播光线，并且照射的距离非常远，能照亮场景中所有的模型
目标（自由）聚光灯	类似于舞台上的射灯，可以控制照射方向和照射范围，它的照射区域为圆锥状。聚光灯有两种类型：目标聚光灯和自由聚光灯
目标（自由）平行光	在一个方向上传播平行的光线，通常用于光照强的光线效果，如太阳光线、探照灯的光线等，它的照射区域为圆柱状
天光	可以用来模拟日光效果，而且可以自行设置天空的颜色或为其指定贴图。选择该种类型的灯光，在视图中单击图标即可创建

2. 光度学灯光的类型

名　称	功能作用
目标灯光	从一个点向四周发散光能，如电灯泡中炽热的灯丝；有目标点光源和自由点光源两种类型
自由灯光	从一条线段向四周发散光能，如日光灯管；有目标线性光源和自由线性光源两种类型
mr 天空入口	从一个三角面或矩形面发散光能，有目标面光源和自由面光源两种类型

3. 3ds Max 标准灯光参数展卷栏面板

1）常规参数

标准灯光类型界面如图 1-29 所示，光度学灯光类型界面如图 1-30 所示，常规参数展卷栏如图 1-31 所示。

2）聚光灯参数展卷栏

当用户创建了目标聚光灯、自由聚光灯或是以聚光灯方式分布的光度学灯光物体后，就会出现“聚光灯参数”展卷栏，如图 1-32 所示。

二、认识 3ds Max 摄影机

摄影机通常是一个场景中必不可少的组成单位，最后完成的静态、动态图像都要在摄影机视图中表现，如图 1-33 所示。

名　称	功能作用
自由摄影机	包括摄影机和目标点，该摄影机方便操作
目标摄影机	只有摄影机，没有目标点
—	透视图要想转换为摄影机视图，可直接按 <C> 键

认识 3ds Max 摄影机

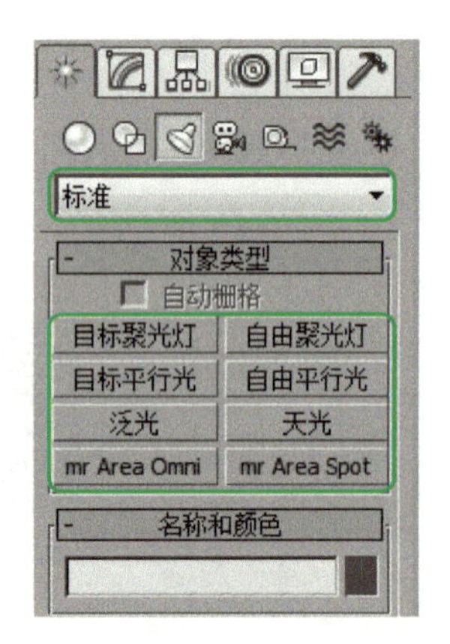

图 1-29　标准灯光类型界面

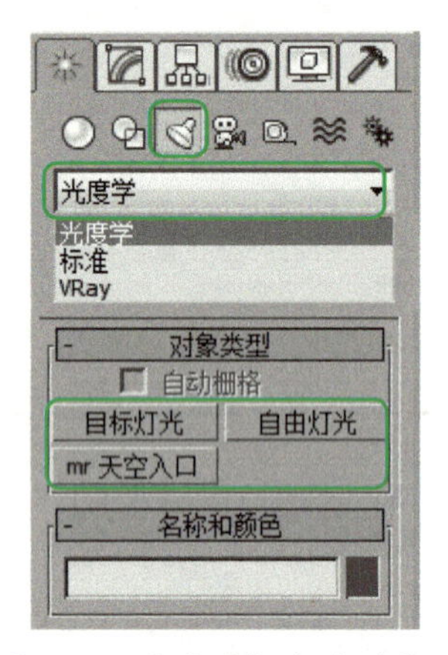

图 1-30　光度学灯光类型界面

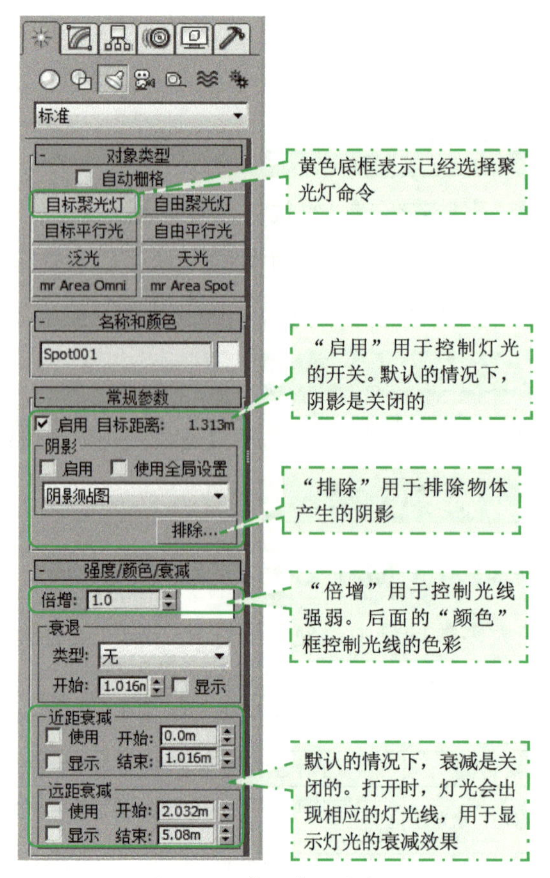

图 1-31　常规参数展卷栏

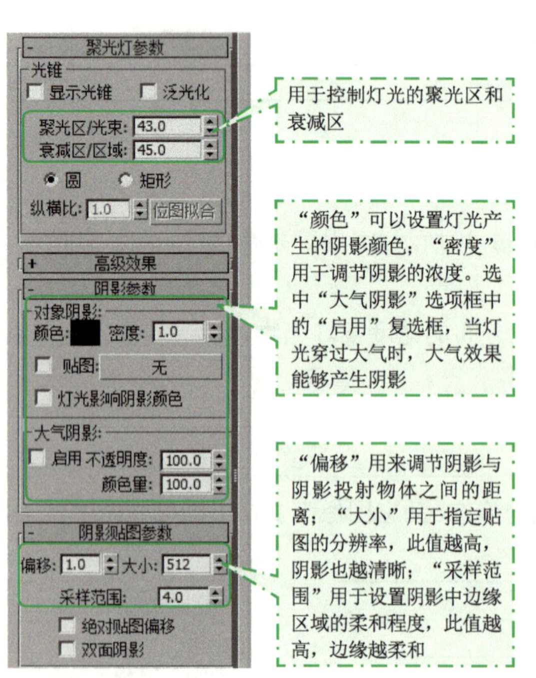

图 1-32　"聚光灯参数"展卷栏

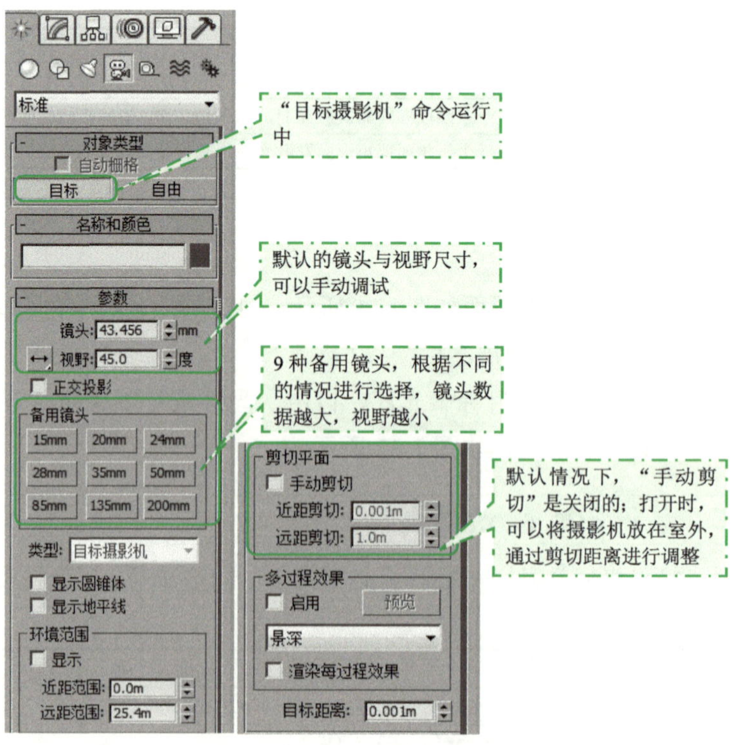

图 1-33　摄影机的参数

作业练习

练一练

1. 在 3ds Max 中，工作的第一步就是要创建（　　）。

A. 类　　B. 面板

C. 对象　　D. 事件

2. 3ds Max 的工作界面的主要特点是在界面上以（　　）的形式表示各个常用功能。

A. 图形　　B. 按钮

C. 图形按钮　　D. 以上说法都不确切

3. 在 3ds Max 中，（　　）是用来切换各个模块的区域。

A. 视图　　B. 工具栏

C. 命令面板　　D. 标题栏

4. （　　）是对视图进行显示操作的按钮区域。

A. 视图　　B. 工具栏

C. 命令面板　　D. 视图导航

5. （　　）是用于在数量非常多的对象类型场景中选取需要的对象类型，排除不必要的麻烦。

A. 选择过滤器　　B. 选取范围控制

C. 选取操作　　D. 移动对象

6. 在以下快捷键中，不正确的是（　　）。

A. 移动工具 W　　B. 材质编辑器 M

C. 相机视图 C　　D. 角度捕捉 S

7. 下面关于编辑修改器的说法正确的是（　　）。

A. 编辑修改器只可以作用于整个对象

B. 编辑修改器只可以作用于对象的某个部分

C. 编辑修改器可以作用于整个对象，也可以作用于对象的某个部分

D. 以上答案都不正确

8. 能够显示当前材质球的材质层次结构的是（　　）。

A. 依据材质选择　　B. 材质编辑器选项

C. 材质 / 贴图导航器　　D. 制作预示动画

9. 下面说法中正确的是（　　）。

A. 不管使用何种规格输出，该宽度和高度的尺寸单位为像素

B. 不管使用何种规格输出，该宽度和高度的尺寸单位为毫米

C. 尺寸越大，渲染时间越长，图像质量越低

D. 尺寸越大，渲染时间越短，图像质量越低

10. 使用“选择和移动”工具时，利用（　　）键可以实现移动并复制。

A. Ctrl　　B. Shift

C. Alt　　D. Ctrl+Shift

11. 3ds Max 的标准灯光有（　　）种。

A. 2　　B. 3

C. 8　　D. 10

12. “文件 / 保存”命令可以保存（　　）类型的文件。

A. MAX　　B. DXF

C. DWG　　D. 3DS

13. 3ds Max 默认的坐标系是（　　）。

A. 世界坐标系　　B. 视图坐标系

C. 屏幕坐标系　　D. 网格坐标系

14. 在做效果图时，要隐藏灯光的快捷键是（　　）。

A. Shift+L　　B. Shift+B

C. Alt+C　　D. Alt+B

15. 在透视图中调好视角，按（　　）可以快速创建摄影机。

A. Alt+C　　B. Ctrl+C

C. Shift+C　　D. Ctrl+L

16. 摄影机调整好后，为了查看需要表现的作品都在摄影机内并保证能渲染出来，需要打开安全框，快捷键是（　　）。

A. Shift+F　　B. Ctrl+F

C. Ctrl+L　　D. Shift+C

项目 2　认识 VRay 常用物理属性

项目导入

想一想

1. 什么是 VRay？在使用 3ds Max 制作效果图的过程中为什么要运用 VRay 插件？
2. 常用的 VRay 灯光是哪一种？它的发光强度受什么影响？
3. 结合项目 3 的案例，你会发现常用的 VRay 材质是哪一种？使用 VRay 材质一定要关联什么渲染器？
4. VRay 物理相机较 3ds Max 目标相机有什么不同？

工作任务

任务 2.1　认识 VRay 灯光照明编辑器控制面板

任务完成目标

通过完成本任务，掌握以下知识或方法：

□　熟练掌握 VRay 灯光常用的参数调节命令。

□　掌握 VRay 太阳常用的参数调节命令。

任务内容描述

尝试在 3ds Max 操作系统中找到 VRay 灯光和 VRay 太阳，在操作面板中进行创建和设置参数。

任务实施步骤

只有安装 VRay 渲染器，才能在“灯光”创建面板中选择 VRay 光源。VRay 光源最常用的 2 种类型分别是“VR 灯光”和“VR 太阳”，如图 2-1 所示。

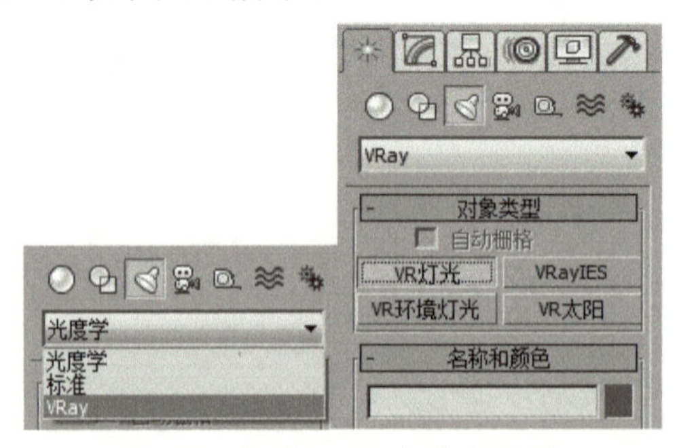

图 2-1　打开 VRay 灯光与类型

一、认识 VRay 灯光编辑器控制面板

VRay 灯光可以作为室内外主光源和补充光源，在制作效果图中经常使用，其参数控制面板如图 2-2 所示。

基本名称	作　用
开	打开 / 关闭 VRay 灯光
排除	排除灯光照射对象
类型	平面——此类型的光源下 VRay 光源呈现平面形状；球体——此类型的光源下 VRay 光源呈现球形；穹形——此类型的光源下 VRay 光源呈现穹顶状
名称和颜色	控制 VRay 光源的发光色彩，例如：白天发散偏黄色等暖色光源，夜晚发散偏蓝紫色等冷色光源
倍增器	控制 VRay 光源的亮度以及强度
大小	1/2 长——光源的 U 向尺寸；1/2 宽——光源的 V 向尺寸；W 大小——光源的 W 向尺寸
双面	灯光为平面光源时，勾选后会从两个面发射光源
不可见	勾选后，渲染图片时发光体不可见，一般情况下都需要勾选
忽略灯光法线	关闭，能够模拟真实的光线；打开，渲染的效果更加平滑
不衰减	不勾选，光线将随着模拟的空间距离而衰减，光线就会更加自然
存储发光图	勾选并且全局照明设定为 Irradiance map 时，VRay 会再次计算 VRay Light 的效果并且将其存储到光照贴图中
影响漫反射	控制灯光是否影响物体的漫反射
影响高光反射	控制灯光是否影响物体的反射，勾选则表示影响，在物体反射的时候就会看到这个发光源的轮廓
细分	参数值越大，阴影越细腻，渲染时间越长
阴影偏移	参数值越大，阴影的偏移越大

图 2-2　VRay 灯光参数控制面板

二、认识 VRay 太阳编辑器控制面板

VRay 太阳可以模拟室外真实的太阳光线，通过调节“VRay 太阳参数”控制面板可以调节不同效果类型的太阳光，如图 2-3 所示。

基本名称	作　用
启用	打开 / 关闭阳光
不可见	勾选后，渲染的过程中将不会出现发光的形状点
浊度	设置空气的透明度，参数值越大，空气越不透明，光线越暗
臭氧	设置臭氧层的稀薄度，参数值越小，到达地面的光能越多
强度倍增	设置阳光的强度、亮度
大小倍增	值越大，太阳的阴影就越模糊
阴影细分	设置阴影的细致程度，较大的值可以使模糊区域的阴影产生比较光滑的效果
阴影偏移	设置阴影的偏移距离
排除	将不需要的物体（如背景墙）排除在阳光照射的范围之外（即穿透背景墙，不受其遮挡）

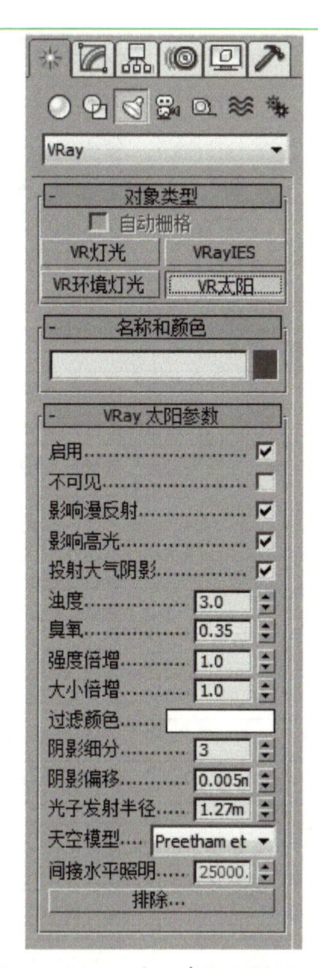

图 2-3 “VRay 太阳参数”控制面板

工作任务

任务 2.2　认识 VRay 材质编辑器控制面板

任务完成目标

通过完成本任务，掌握以下知识或方法：

☐ 重点掌握 VRayMtl 材质的设置和参数的调节。

☐ 掌握 VRay 灯光材质、VRay 材质包裹器、VRay 覆盖材质的参数调节要点。

□　了解 VRay 双面材质、VRay 快速 SSS、VRay 混合材质。

任务内容描述

尝试在 3ds Max 系统中找到并设置、调节 VRayMtl 材质。

任务实施步骤

VRay 材质是 VRay 渲染器（图 2-4）的专用材质，只有将 VRay 渲染器设置为当前渲染器后才能设置下面的几种材质。

图 2-4　VRay 渲染器

一、认识 VRayMtl 标准材质

VRayMtl 材质是经常使用的一种材质。使用这个材质能够更快地渲染，更方便地控制反射和折射参数，如图 2-5 所示。

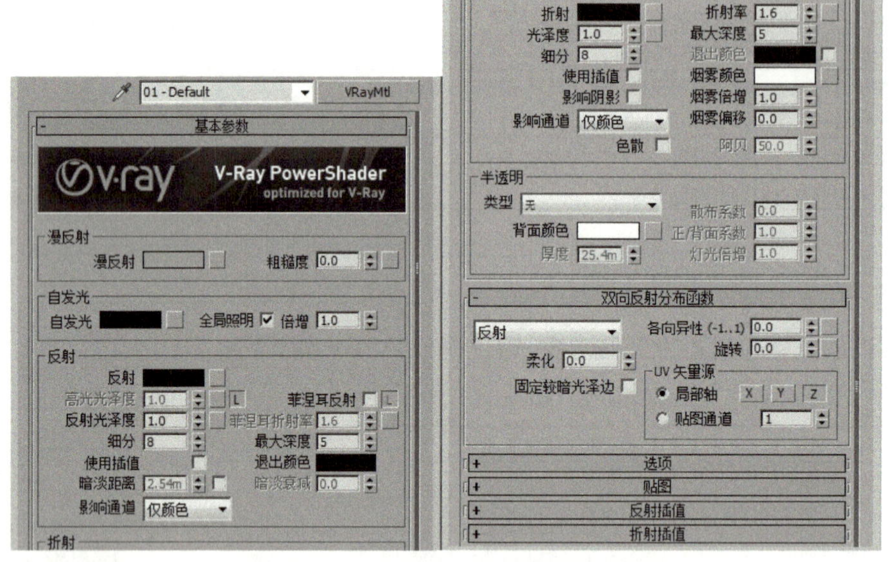

图 2-5　VRayMtl 材质编辑器控制面板

基本名称	作　用
漫反射	以物体的漫反射来决定所赋予材质的表面颜色。单击颜色框可以调整所需要的颜色，单击颜色框右面的按钮可以选择如位图等不同的贴图类型
粗糙度	数值越大粗糙效果越明显，例如布艺沙发绒布效果
反射	通过颜色黑白灰度值来控制反射值的大小，颜色越黑表示反射越弱，反之，颜色越白反射越强（全白会产生镜面反射）。颜色框右面的按钮一般较少使用
反射光泽度	参数值为 0.0，产生非常模糊的反射效果；值为 1.0，产生非常明显的镜面反射 注意：打开反射光泽度将增加渲染时间
细分	控制光线的数量，当反射光泽度参数值越大时，渲染图片越清晰
菲涅耳反射	打开时，将产生真实的玻璃反射
最大深度	光线跟踪贴图的最大深度
使用插值	勾选时，VRay 能够用一种接近发光贴图的缓存方式来加快模糊折射的计算速度
退出颜色	光线在场景中反射次数达到定义的最大深度值以后，将会停止反射
折射	一种折射倍增器
折射率	用来确定材质的折射率，例如：水取 1.34、玻璃取 1.65
最大深度	控制反射次数

（续）

基本名称	作　用
烟雾颜色	用烟雾来填充折射物体
烟雾倍增	参数值越小烟雾越透明
影响阴影	用于控制物体产生的透明阴影

二、认识 VRay 材质包裹器

VRay 材质包裹器最强大的功能在于可以将标准材质转换为 VRay 渲染器支持的材质类型（图 2-6），如彩色乳胶漆的材质。

基本名称	作　用
基本材质	用于嵌套的材质，此材质是 VRay 渲染器支持的材质类型
生成全局照明	生成全局光及其强度，控制当前赋予材质包裹器的物体是否计算 GI 光照的生成，后面的参数控制倍增强度
接收全局照明	接收全局光及其强度，控制当前赋予材质包裹器的物体是否计算 GI 光照的接收，后面的参数控制倍增强度
生成焦散	被赋予的材质是否生成焦散效果
接收焦散	被赋予的材质是否接收焦散效果
无光曲面	控制当前赋予材质包裹器的物体是否可见，勾选后物体将不可见
Alpha 基值	控制当前赋予材质包裹器的物体在 Alpha 通道的状态

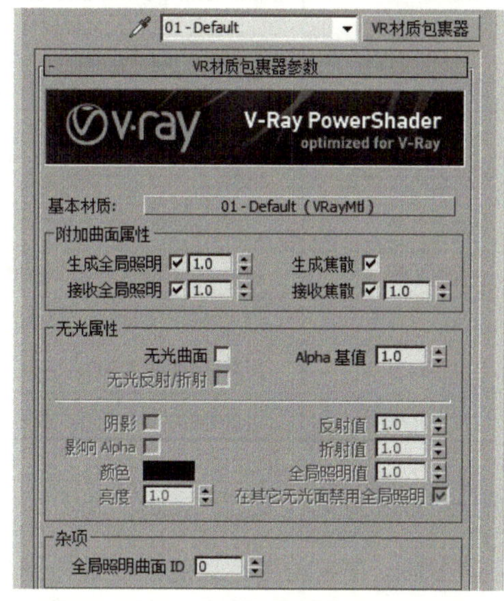

图 2-6　VRay 材质包裹器参数控制面板

三、认识 VRay 灯光材质

VRay 灯光材质是一种自发光的材质，通过设置不同的倍增值可以在场景中产生不同的明暗效果（图 2-7），如灯管材质、电视屏幕材质、环境材质、灯箱材质。

基本名称	作　用
颜色	设置自发光材质的颜色
不透明度	用于将贴图作为自发光设置使用，能遮挡，使部分不发光
背面发光	勾选后两面都将产生自发光效果

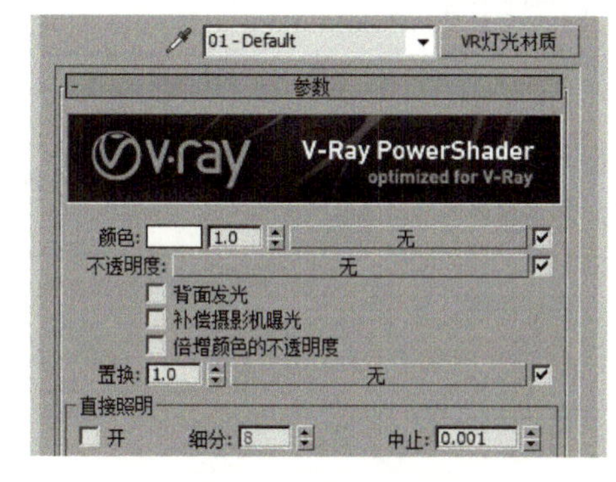

图 2-7　VRay 灯光材质控制面板

四、认识 VRay 双面材质

VRay 双面材质用于表现两面不一样的材质贴图效果，如图 2-8 所示。

基本名称	作　用
正面材质	设置物体正面材质为任意材质
背面材质	设置物体背面材质为任意材质
半透明	控制两种以上两种材质的混合度

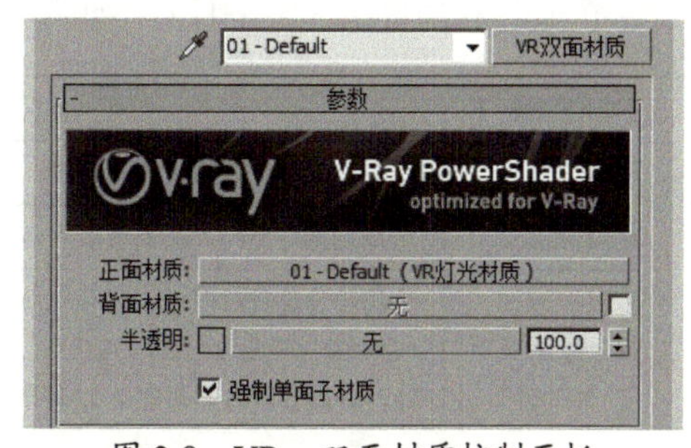

图 2-8　VRay 双面材质控制面板

五、认识 VRay 快速 SSS

VRay 快速 SSS 是用来计算次表面散射效果的材质，这是一个内部计算简化了的材质，比 VRayMtl 材质里的半透明参数的渲染速度更快，如图 2-9 所示。

基 本 名 称	作　用
预通过比率	值为 0 时不产生通过比率，-1 时通过效果相差一半
插值采样	用插值的算法来提高精度
漫反射粗糙度	数值越大粗糙程度越高，吸收光线越多，越不光滑
浅层半径	依照场景尺寸来衡量物体浅层的次表面散射半径
浅层颜色	控制次表面散射的浅层颜色
深层半径	依照场景尺寸来衡量物体深层的次表面散射半径
深层颜色	控制次表面散射的深层颜色
背面散布深度	调整材质背面次表面散射的深度
背面半径	调整材质背面次表面散射的半径
背面颜色	调整材质背面次表面散射的颜色
浅层纹理图	用浅层半径来附着的纹理贴图
深层纹理图	用深层半径来附着的纹理贴图
背面纹理图	用背面散射深度来附着的纹理贴图

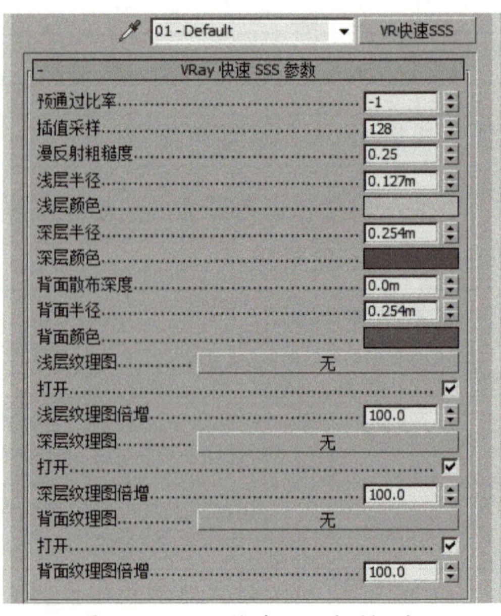

图 2-9　VRay 快速 SSS 控制面板

六、认识 VRay 覆盖材质

VRay 覆盖材质可以更广泛地控制场景的色彩融合、反射、折射，如图 2-10 所示。

基 本 名 称	作　用
基本材质	设置被替代物体的基本材质
全局照明材质	被设置的材质将替代基本材质参与到全局照明的效果当中
反射材质	被设置的材质将作为基本材质的反射效果，在反射里看到
折射材质	被设置的材质将作为基本材质的折射效果，在折射里看到
阴影材质	基本材质的阴影将用该参数中的材质来控制，而基本材质的阴影将无效

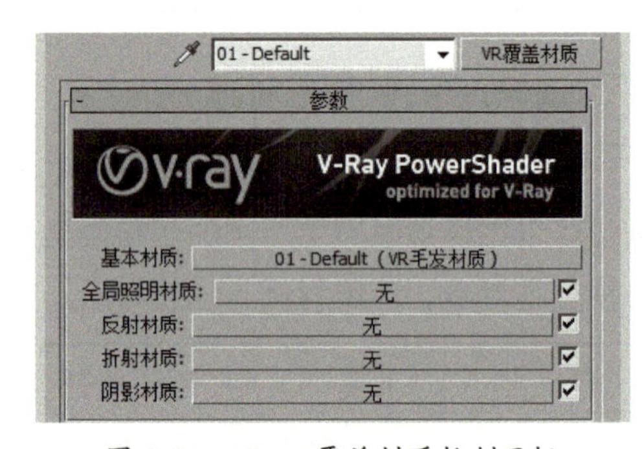

图 2-10　VRay 覆盖材质控制面板

七、认识 VRay 混合材质

VRay 混合材质可以让多个材质以层的方式混合后来模拟物理世界中的复杂材质（图 2-11），如花纹窗纱材质。

基 本 名 称	作　用
基本材质	被设置混合的第一种材质层
镀膜材质	被设置用于与“基本材质”混合在一起的其他材质层
混合数量	用于设置两种以上、两种材质层的透明度比例 注意：颜色为黑色，完全显示基础材质层的漫反射颜色；颜色为白色，完全显示镀膜材质层的漫反射颜色

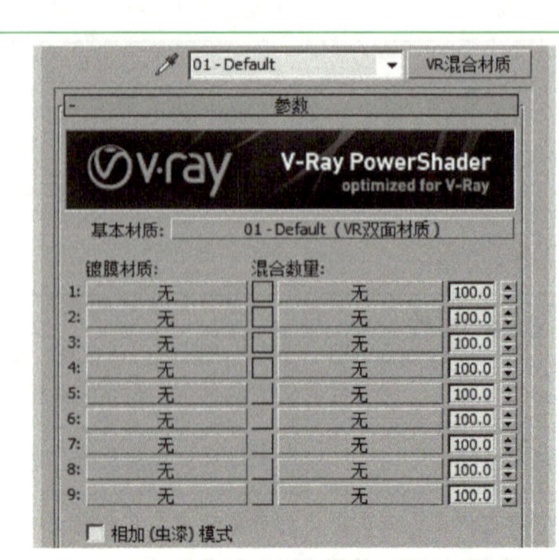

图 2-11　VRay 混合材质控制面板

工作任务

任务 2.3　认识 VRay 物理相机和控制面板

任务完成目标

通过完成本任务，掌握以下知识或方法：

- ☐ 了解 VRay 物理相机的作用及特点。
- ☐ 了解 VRay 摄影机面板和焦散控制面板。

任务内容描述

尝试创建一个 VRay 物理相机。

任务实施步骤

一、认识 VRay 物理相机

VRay 物理相机能模拟真实成像，能轻松地调节透视关系，如图 2-12、图 2-13 所示。

图 2-12　打开 VRay 物理相机

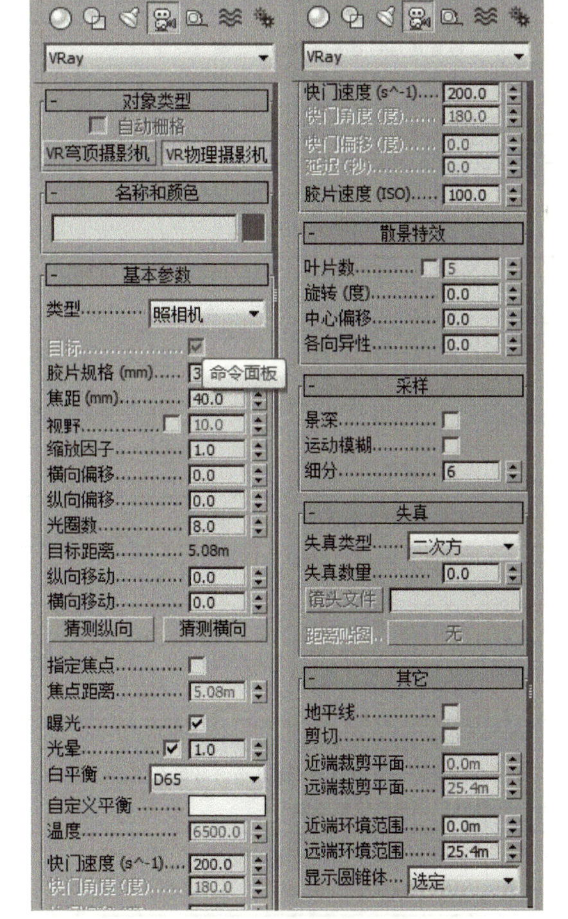

图 2-13　VRay 物理相机控制面板

基 本 名 称	作　　用
缩放因子	设置最终图像的近、远效果
焦距	设置焦距光圈大小 注意：系数越小，口径越大，光通亮越大，主体越清晰
快门速度	用于设置快门速度 注意：数字越大越快，快门速度越小，实际速度越慢，通过的光线越多，主体越清晰
胶片速度（ISO）	设置照相机的感光系数 注意：白天 ISO 控制在 100 ～ 280，黄昏或阴天 ISO 控制在 290 ～ 300，夜晚 ISO 控制在 310 ～ 400

二、认识 VRay 摄影机面板

VRay 摄影机是系统里的一个摄影机特效功能，其控制面板如图 2-14 所示。

基 本 名 称	作　　用
开	是否打开景深效果
光圈	设置摄影机的光圈大小，光圈参数调大，图像模糊程度将加强
中心偏移	设置模糊中心的位置 注意：值为正数时，模糊中心位置向物体内部偏移；值为负数时，模糊中心位置向物体外部偏移
焦距	设置焦点到所关注物体的距离 注意：远离视点的物体将会模糊
从摄影机获取	选项激活时，焦点由摄影机的目标点确定
细分	设置景深物效的采样点的数量 注意：参数值越大效果越好

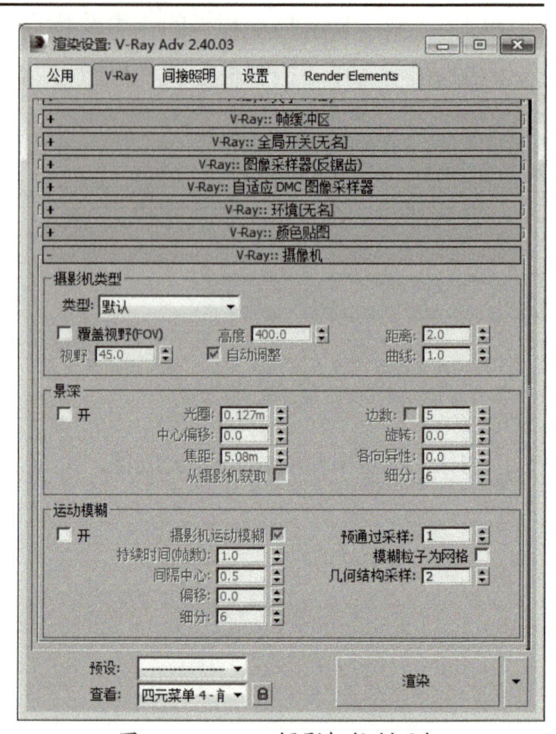

图 2-14　VRay 摄影机控制面板

三、认识 VRay 焦散控制面板

焦散是影像中一种特殊的物理效果，其控制面板如图 2-15 所示。

基 本 名 称	作　　用
倍增器	设置焦散强度
搜索距离	设置投射在物体平面上的光子距离 注意：较小数值会渲染出斑状效果，较大数值会渲染出模糊效果
最大光子	设置投射在物体平面上的最大光子数量 注意：光子数量高于默认值，效果会比较模糊，低于默认值，焦散效果消失
最大密度	用于控制光子的最大密集程度 注意：默认值为 0，焦散效果比较锐利

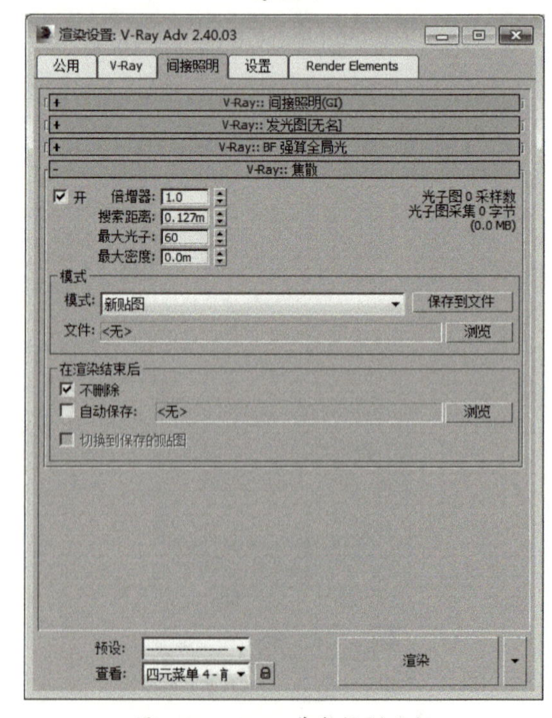

图 2-15　VRay 焦散控制面板

作业练习

练一练

1. VRay 的下列灯光中，可以调用广域网文件的是（　　）。

A．VRay 光源　　B．VRay IES

C．VRay 环境光　　D．VRay 太阳

2. VRay 灯光的阴影质量不高时，可以提高（　　）参数。

A．漫反射　　B．细分

C．反射　　D．倍增

3．在 VRay 灯光缓存渲染引擎中，测试效果图，一般会把细分值设到（　　）。

A．500 以上　　B．800 以上

C．200 以下　　D．1200 以上

4. 目标平行光灯会在做（　　）场景中使用。

A．太阳光　　B．射灯灯光

C．台灯　　D．VR 灯

5．VRay 渲染时发光贴图渲染引擎中，勾选基本参数选项里面的（　　），可以看到从大面积运算到小面积运算。

A．显示直接照明　　B．显示采样

C．显示计算过程　　D．使用相机路径

6．VRay 渲染时灯光缓存渲染引擎中，勾选计算参数选项里面的（　　），可以看到渲染过程，方便及时修改。

A．使用相机路径　　B．自适应跟踪

C．显示计算状态　　D．保存直接光

7. 在 VRay 中，为了模拟周围环境对场景的光线照明，往往可以在环境贴图通道里使用（　　）。

A．VR_HDRI　　B．衰减贴图

C．位图　　D．光线跟踪

8. 在 VRay 中，为了模拟场景对象对周围环境的反射和折射，往往在打开天光通道后，还需要把天光通道里面的 VR_HDRI 贴图实例复制到（　　）。

A．反射折射环境覆盖　　B．凹凸

C．折射环境覆盖　　D．不需要复制

9．在 VRay 中调节花纹窗纱材质，简单来说，在（　　）中添加花纹黑白贴图也是可以的。

A．反射　　B．折射

C．高光光泽度　　D．反射光泽度

10．高光光泽度的作用是（　　）。

A．控制饱和度　　B．控制高光范围

C．没用　　D．控制像素

11．反射光泽度的作用是（　　）。

A．控制反射模糊　　B．控制反射强弱

C．控制明暗　　D．无用

12．在反射和折射选项里，细分值的设置的作用是（　　）。

A．控制渲染质量　　B．控制渲染明暗

C．控制渲染颜色　　D．无用

13．VRay 光源生成的阴影边缘比较（　　）。

A．锐利　　B．无特点

C．变形　　D．柔和

14．在 VRay 中，制作毛毯时，如果不需要特写，只是一般表现，可以使用（　　）。

A．凹凸贴图　　B．置换贴图

C．光泽度贴图　　D．VRay 毛发

15．在调节电视机屏幕以及模拟室外环境贴图时，一般可以使用（　　）提高亮度。

A．VRay 发光材质　　B．VRay 发光贴图

C．漫反射贴图　　D．高光贴图

16．在 VRay 中，焦散效果一般在调节（　　）时使用。

A．金属　　B．玻璃

C．混凝土　　D．陶瓷

项目 3　小休闲室白天场景制作

项目导入

想一想

1. 要制作白天的室内场景效果图需要哪几个步骤？本项目的操作步骤是否可以颠倒？为什么？
2. 用 VRay 渲染出来的效果图为什么要经过 Photoshop 软件的调整与修改呢？

工作任务

任务 3.1　室内房体单面建模

任务完成目标

通过完成本任务，掌握以下知识或方法：

□ 学会正确调试 3ds Max 软件的单位设置。

□ 能够正确使用长方体命令创建一个精确尺寸的房体。

□ 能够正确使用平面命令创建地面。

□ 学会正确使用可编辑多边形中的分离、连接、挤出、倒角等命令进行窗户的建模。

□ 利用“选择并移动”命令中的“绝对：世界”与“偏移：屏幕”进行点、线的精确移动。

任务内容描述

熟练使用 3ds Max 对室内房间进行精确的单面建模，创建出房体、地面、窗户、雨篷等模型。

任务实施步骤

微课视频 1

一、调试单位

01　在“菜单栏”中单击【自定义】按钮，在其下滑栏中选择【单位设置】，如图 3-1 所示。

02　在【单位设置】命令框中，首先单击【系统单位设置】按钮，在【系统单位比例】下滑单位栏中选取单位为“毫米”，单击【确定】按钮；然后点开【公制】前的圆圈按钮，选取单位为“毫米”，设置完成后，单击【确定】按钮，退出【单位设置】命令框，如图 3-2 所示。

注意：系统单位设置统一为“毫米”，在导入 CAD 文件（*.dwg 格式）时，能够保持整个单位的统一性，不会出现长、宽、高比例的失衡。

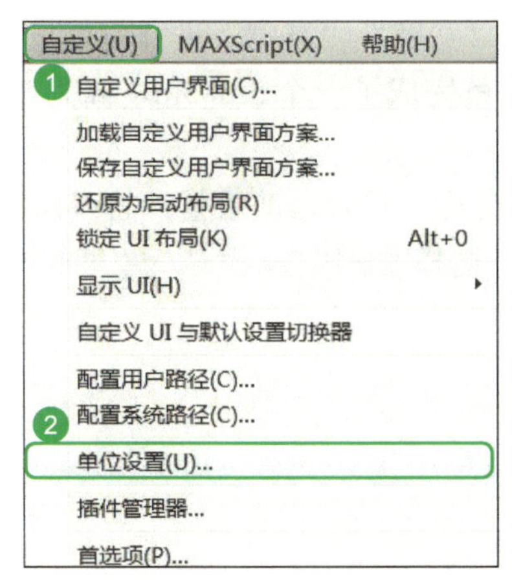

图 3-1　选择单位设置命令

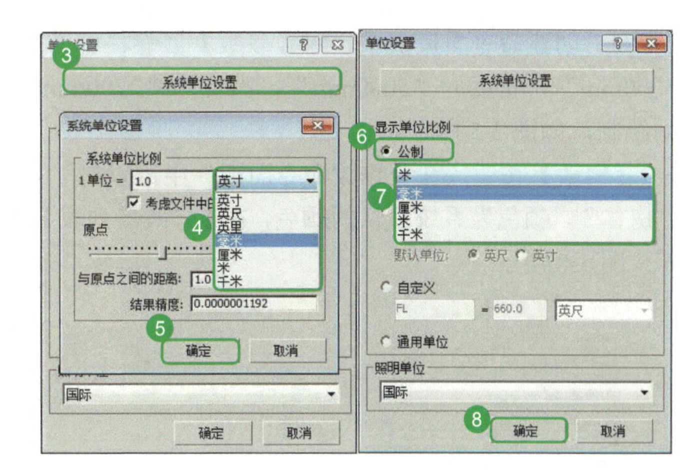

图 3-2　系统单位设置调试

微课视频 2

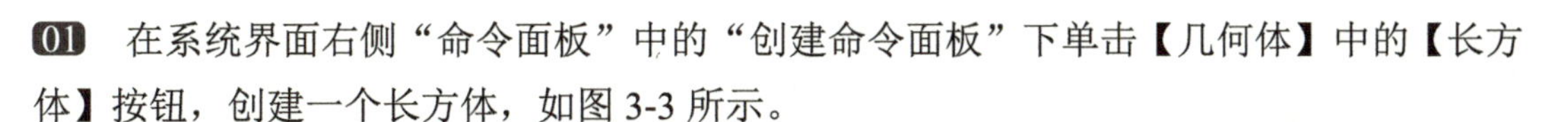

二、创建房体

01 在系统界面右侧“命令面板”中的“创建命令面板”下单击【几何体】中的【长方体】按钮，创建一个长方体，如图 3-3 所示。

说明：在 3ds Max 软件的应用过程中，正在运行当中的命令或按钮都会如图 3-3 中所显示的呈现“黄色”的底块。例如绘制“长方体”时，如果【长方体】按钮一直处于“黄色”底块的状态，那么就会一直处于长方体绘制命令过程当中。

02 在“顶视图”中，按住鼠标左键不放，在屏幕上由“左上角”向“右下角”方向拖动，拖至合适位置，此时就会确定“长方体”的“长”和“宽”。松开鼠标左键，将鼠标指针向屏幕上方拖动，拖动至合适位置，接着单击鼠标左键。这样，一个长方体的盒子就创建完成了，如图 3-4 所示。

注意：如果对创建的长方体不满意，或者多余，可以选中这个“长方体”按键盘上的“Delete”键将其删除。

图 3-3　选择长方体命令

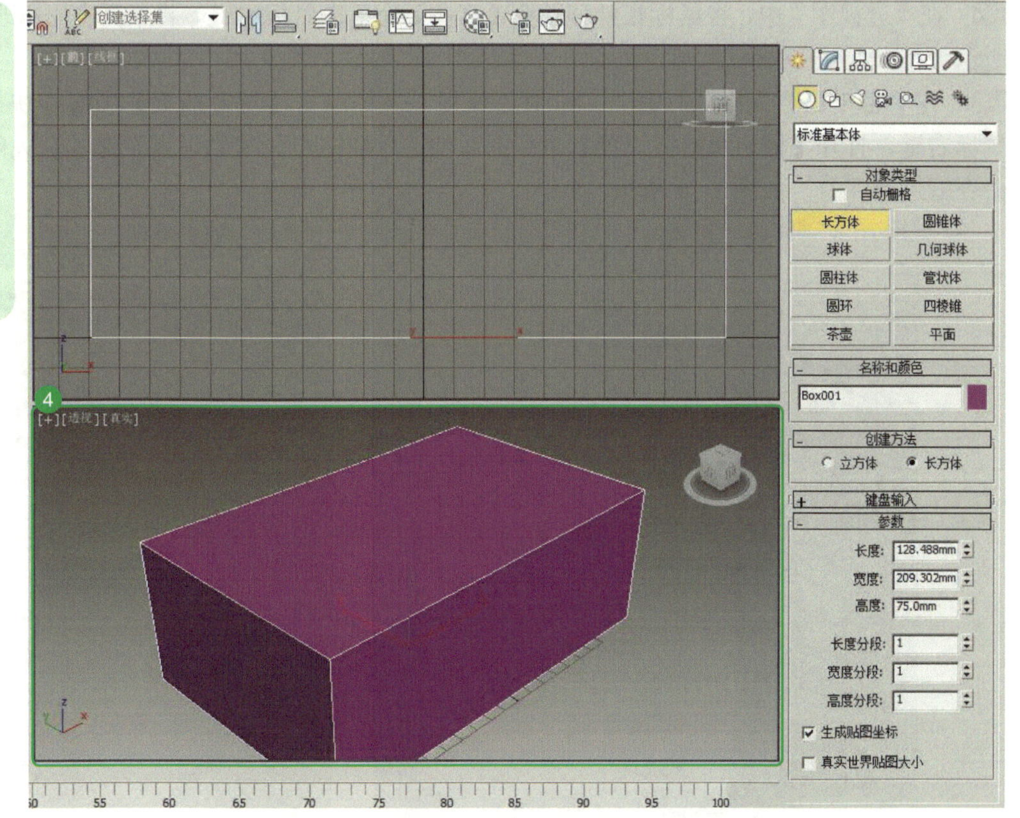

图 3-4　创建长方体

03 在右侧“创建命令面板”中，对【参数】展卷栏中的“长度”“宽度”“高度”进行数值设置，长度为“5000mm”，宽度为“5000mm”，高度为“2700mm”，这样就完成了一个 5m×5m，高为 2.7m 的精确房间绘制，如图 3-5 所示。

04 单击【修改】按钮，在“修改命令面板”中可以对“名称”“色彩”进行修改设置，将“Box001”修改为“房体”，颜色为系统默认的颜色，在【修改器列表】展卷栏中选择“法线”，默认为“翻转法线”，如图 3-6 ～图 3-8 所示。

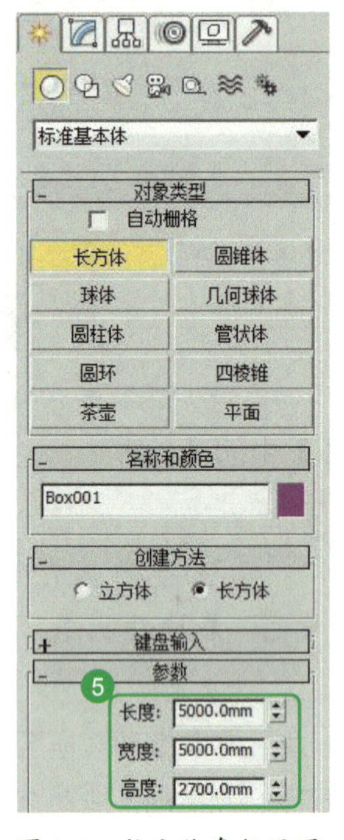

图 3-5　长方体参数设置

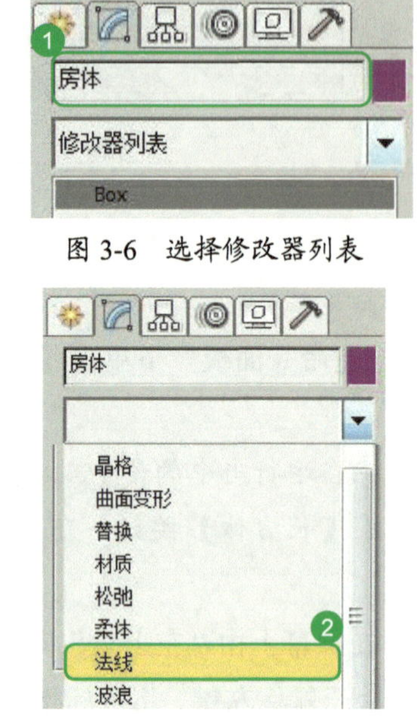

图 3-6　选择修改器列表

图 3-7　选取法线命令

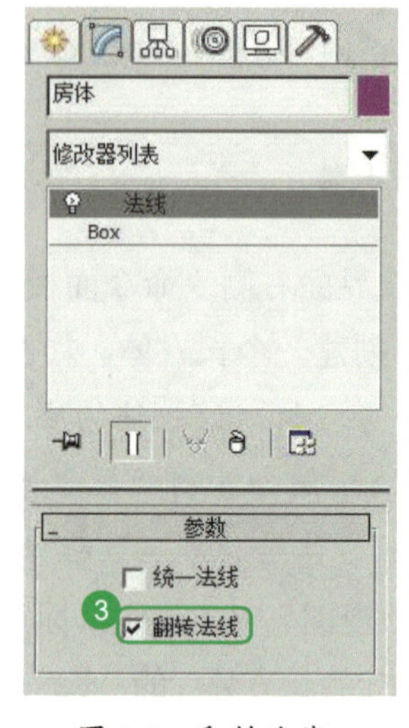

图 3-8　翻转法线

05 在“透视图”中，将鼠标指针移动到【真实】处单击鼠标右键，将“真实”修改为“线框”，如图 3-9 所示。

06 在“主工具栏”中，打开“二维对象捕捉”。先单击【对象捕捉】图标（快捷键 <S>），然后单击鼠标右键，打开【栅格和捕捉设置】命令框，勾选“栅格点”和“顶点”选项，关闭【栅格和捕捉设置】命令框进行保存，如图 3-10 所示。

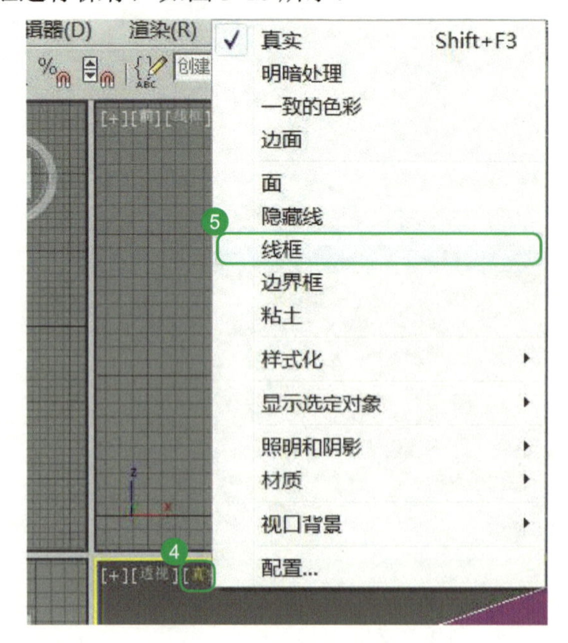

图 3-9　转换为线框视图

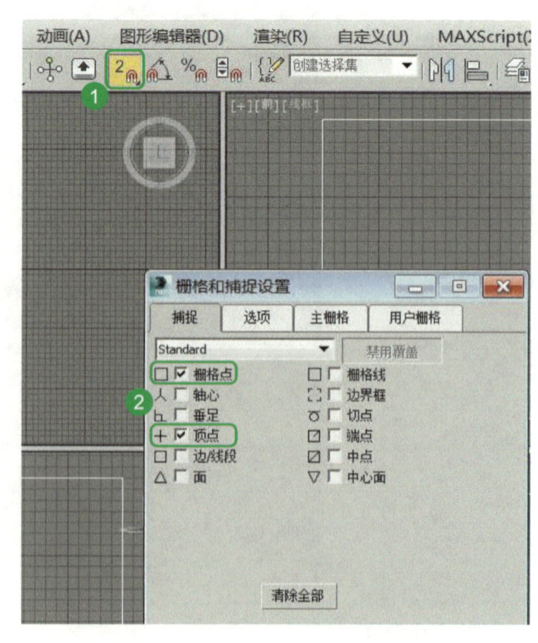

图 3-10　捕捉命令的栅格和捕捉设置

说明：长按住【对象捕捉】按钮不放，会出现“二维捕捉”“二维半捕捉”“三维捕捉”。

07 在“主工具栏”中，单击【选择并移动】按钮（快捷键 <W>）。在“顶视图”中，按住鼠标左键将房体“左下角”拖动至中心坐标原点，然后将【捕捉开关】按钮关闭（快捷键 <S>），如图 3-11 所示。

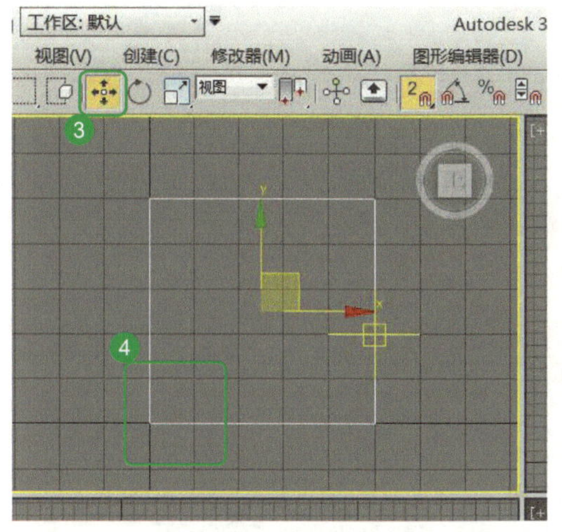

图 3-11　坐标原点对齐

注意：在“顶视图”中，将房体“左下角”通过【对象捕捉】命令移动到中心坐标原点的步骤十分重要，此步骤涉及后面“四、编辑建模落地窗户”中第 4 步的数据偏移。

说明：使用完【对象捕捉】命令后，用鼠标左键单击一下即可关掉此命令。

三、分离与创建地面

微课视频 3

01 在“顶视图”中，选中房体，单击鼠标右键，打开“显示与变换”面板，在【转换为】中选择【转换为可编辑多边形】，如图 3-12 所示。

02 在“系统界面”右侧的“修改命令面板”中选择【可编辑多边形】展卷栏中的【顶点】【边】【边界】【多边形】和【元素】命令（相对应的是键盘上的 <1><2><3><4><5> 数字键），可以进行相应建模命令的操作，如图 3-13 ～图 3-17 所示。

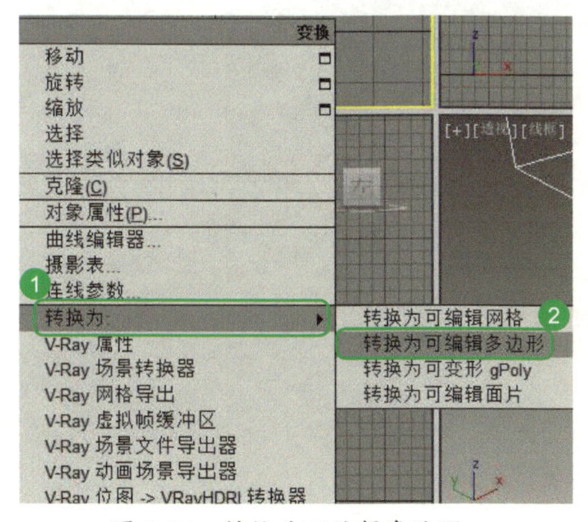

图 3-12　转换为可编辑多边形

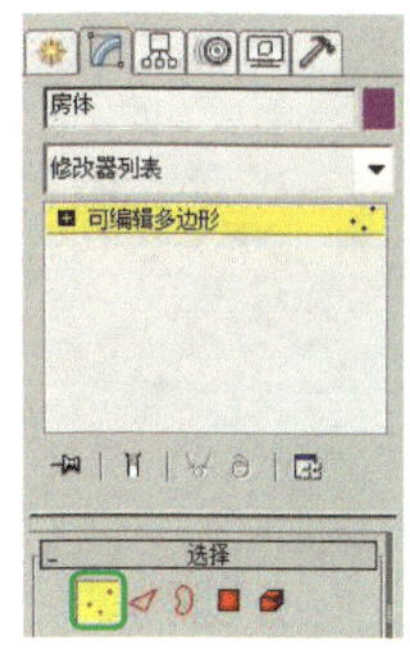

图 3-13　顶点

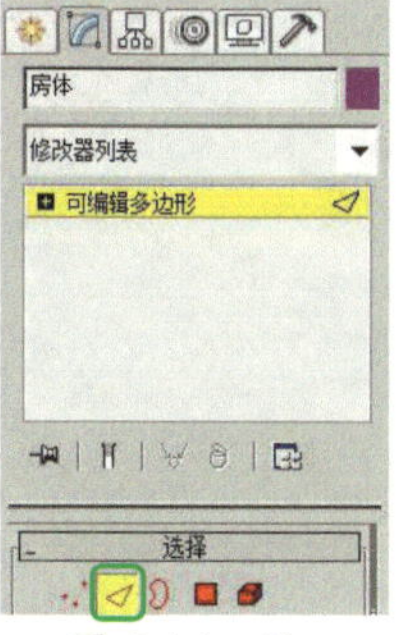

图 3-14　边

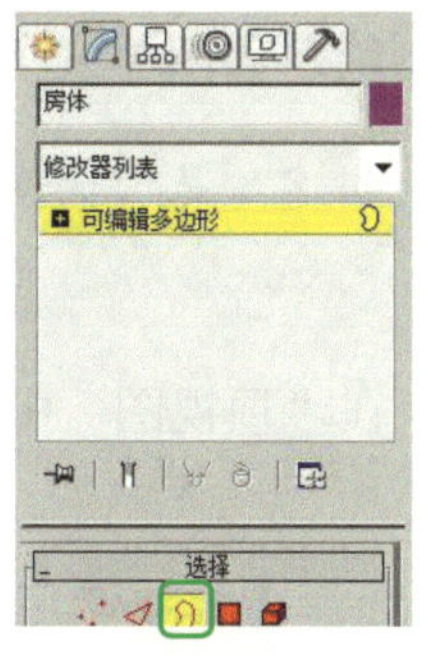

图 3-15　边界

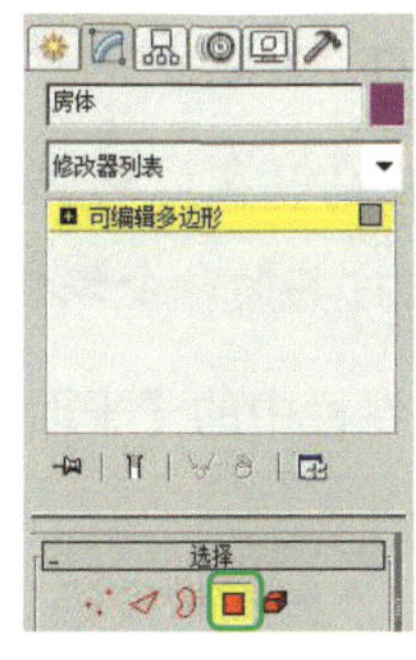

图 3-16　多边形

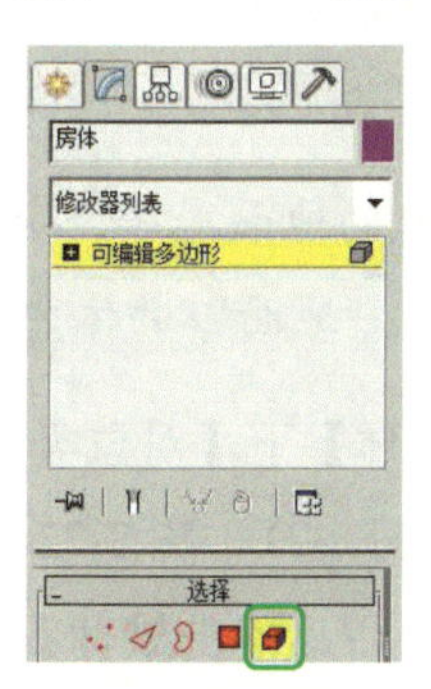

图 3-17　元素

03 单击键盘上的数字〈4〉键，选择【多边形】，在【透视图】中“双击”才能选中“地面”（即长方体的底面），如图 3-18 所示。

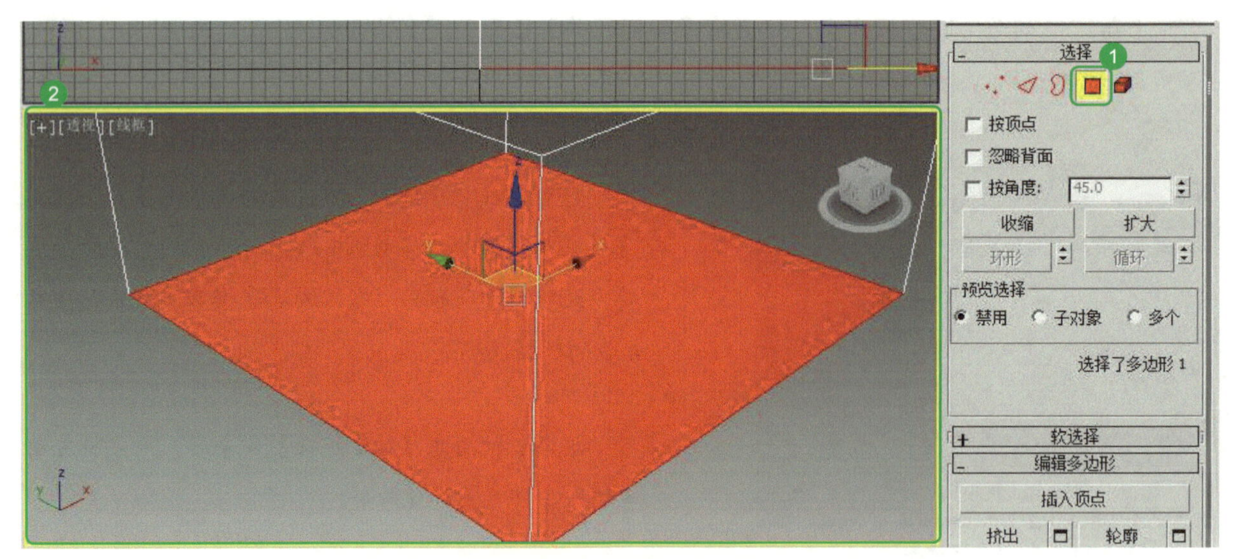

图 3-18　双击选中长方体底面

04 将右侧的“修改命令面板”向上拖动，在“编辑几何体”展卷栏下，单击【分离】按钮。分离命令框中显示为“分离为：对象 001”，单击【确定】按钮，将“长方体”底面进行分离，如图 3-19 所示。

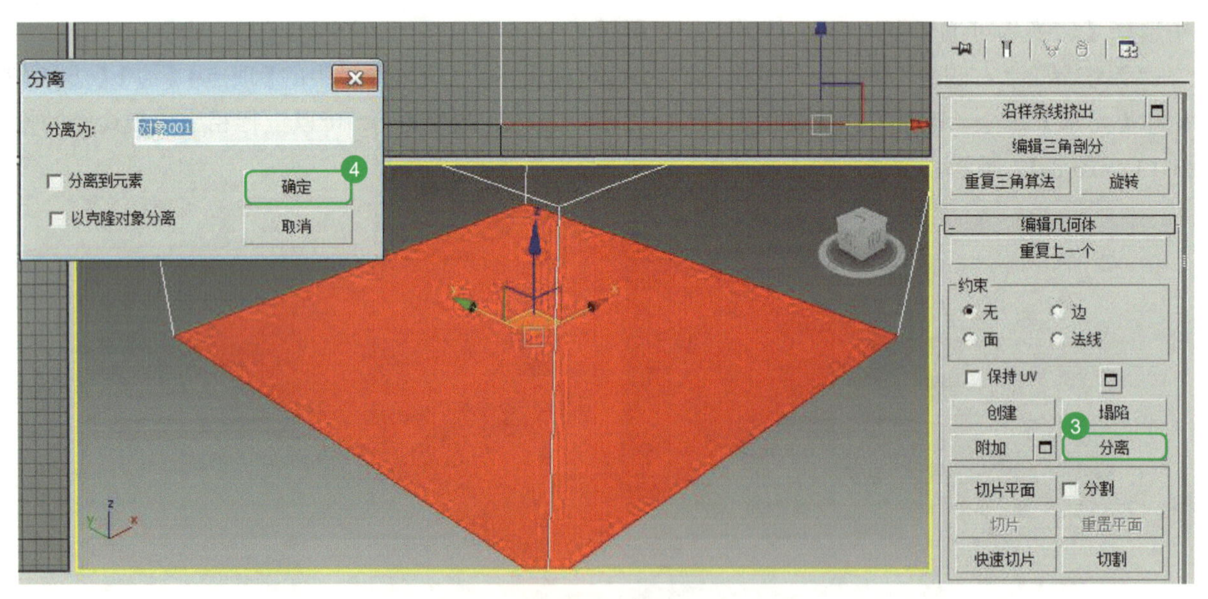

图 3-19　分离对象

05 单击右侧“创建命令面板”，在“透视图”中，重新选择刚分离出来的底面边线（或是在真实的视图下选中分离出来的“地面”），按键盘上的〈Delete〉键对其进行删除，如图 3-20 所示。

注意： 分离出来的地面是一个相对单独的物体，之所以选择“创建”是因为要退出对“长方体”的编辑模式，再进入“地面”物体才能实现对其的命令编辑。

06 单击【标准基本体】下【对象类型】展卷栏中的【平面】按钮，在“顶视图”中创建一个地面，大小以包裹墙体为准，如图 3-21、图 3-22 所示。

07 创建完成地面以后，单击鼠标右键弹出“显示与变换”面板。选择【隐藏选定对象】，将刚创建的地面进行隐藏，如图 3-23 所示。

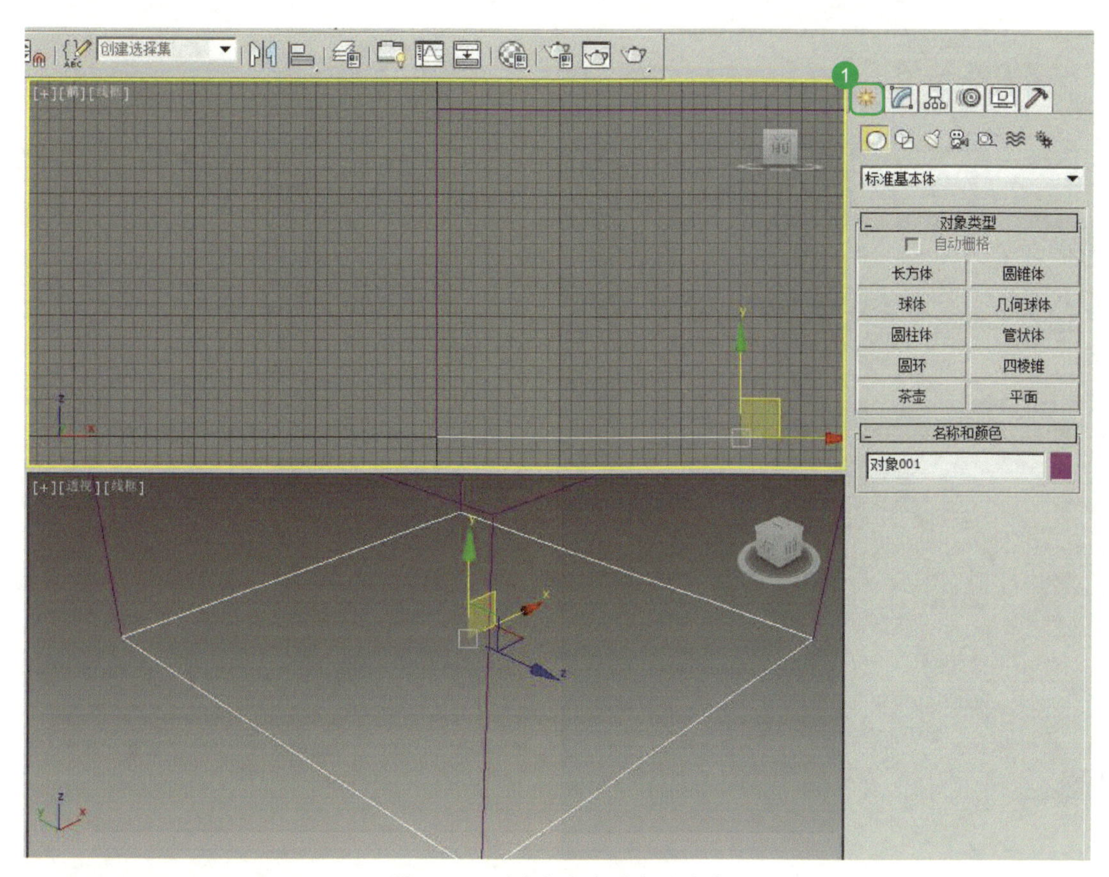

图 3-20　删除分离出的底面边线

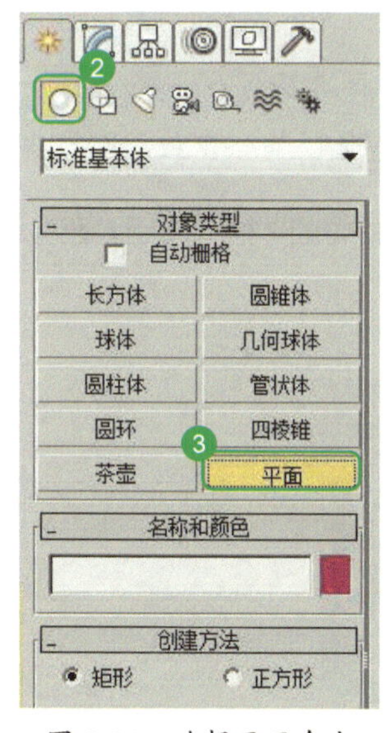

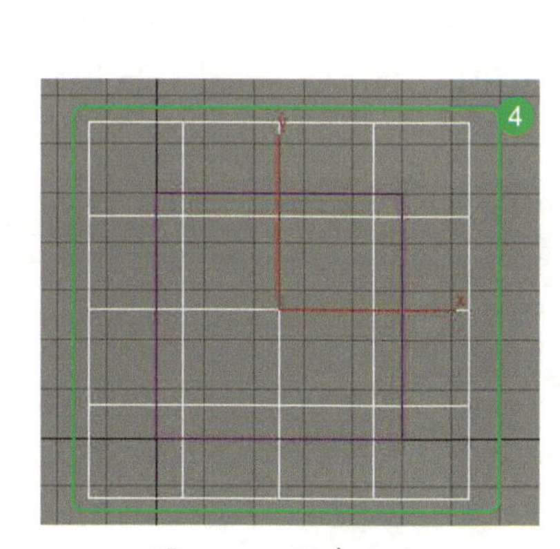

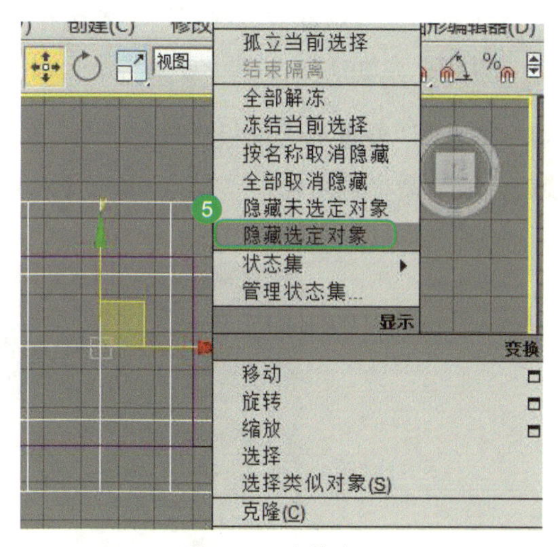

图 3-21　选择平面命令　　图 3-22　创建地面　　图 3-23　隐藏地面

四、编辑建模落地窗户

微课视频 4

01　选中房体后，在右侧“修改命令面板”中，单击【可编辑多边形】中【选择】展卷栏下【边】的命令（快捷键数字〈2〉）。在“前视图”中对左侧重合的两条线进行“框选”，通过“透视图”可以看到窗口的两条“边线”已经变“红”，表示已经被选中，如图 3-24 所示。

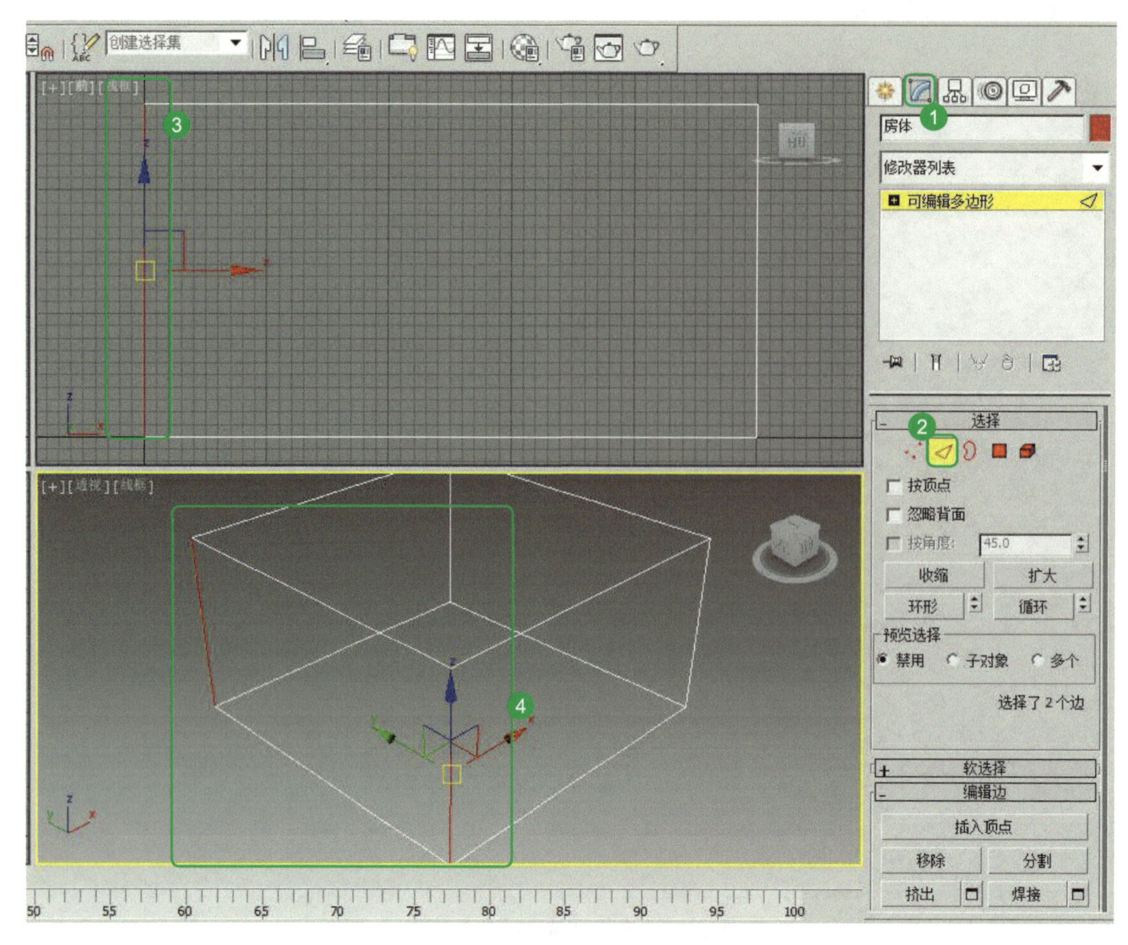

图 3-24　框选窗体的两条竖线

注意：也可以在“透视图”中先选择一条线，然后按住键盘上的 <Ctrl> 键，再选择另外一条边线。

说明：在 3ds Max 中“可编辑多边形”命令中被选中的“点”“边”“多边形”都会变红。

02 将右侧“修改命令面板”向上滑动，单击【编辑边】展卷栏下的【连接】按钮后面的“框”按钮，在“连接边分段”命令框中输入“2”，单击【对号】按钮以示确认，如图 3-25 所示。

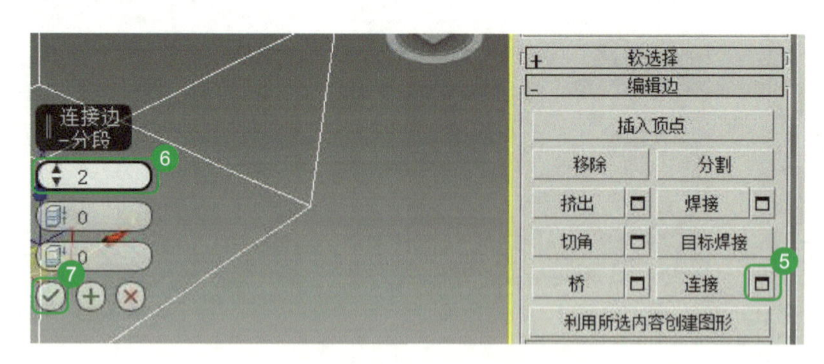

图 3-25　连接分段产生窗体

03 在“左视图”中，先选择刚连接出来的下面的边线，移动鼠标指针到【移动并选择】按钮（快捷键 <W>）上方，单击鼠标右键。此时会弹出【移动变换输入】命令框，将“Z”值设置为“150mm”，按下键盘上的 <Enter> 键，关闭【移动变换输入】命令框，如图 3-26、图 3-27 所示。

04 在右侧“修改命令面板”中的【选择】展卷栏下，单击【多边形】按钮（快捷键数字 <4>）。在“透视图”

中选择下面的窄面，单击右侧【编辑多边形】下面【挤出】后的“框”按钮，此时会弹出“挤出多边形”命令框，将其“挤出高度”的数值修改为“-120mm”，单击【对号】按钮以示确认，如图 3-28、图 3-29 所示。

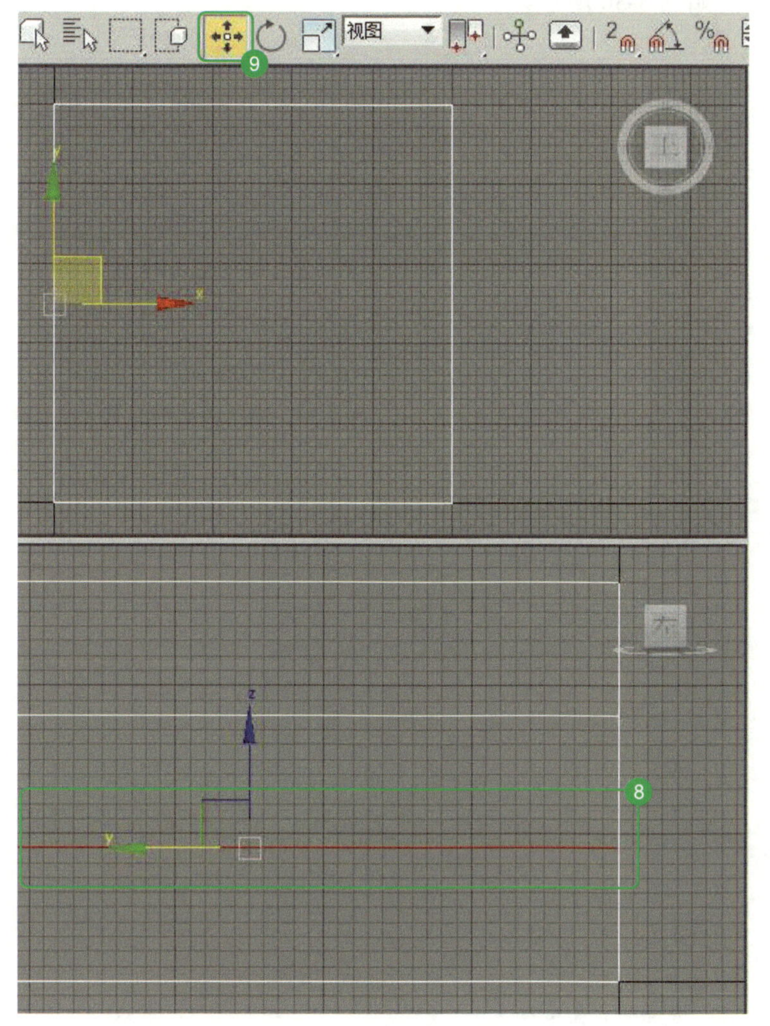

图 3-26　选择连接的地面线

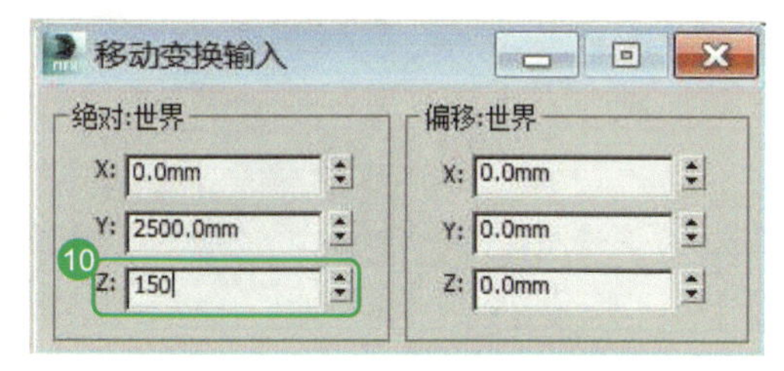

图 3-27　输入勒脚 Z 坐标值

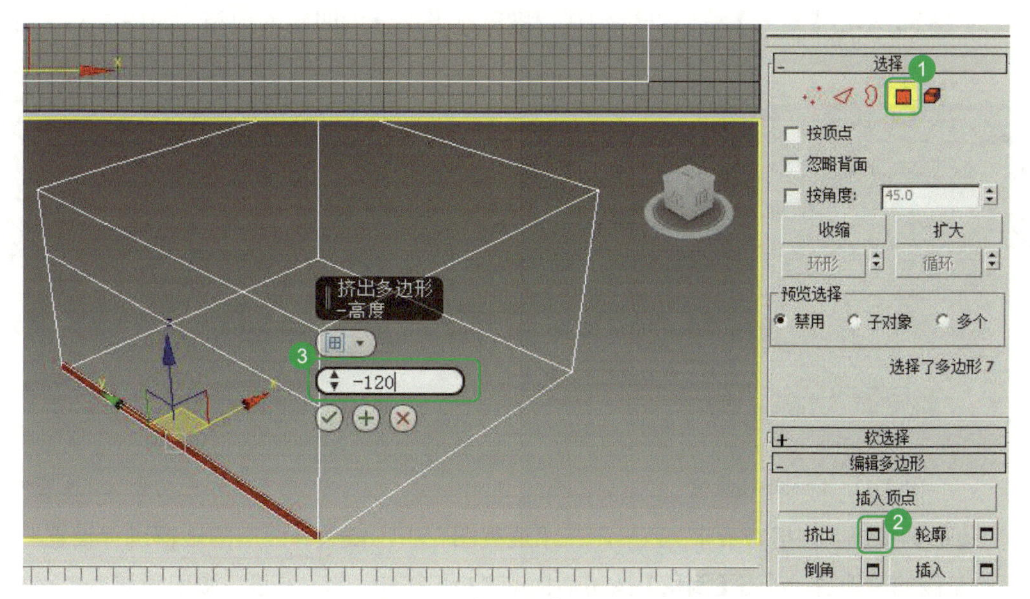

图 3-28　挤出勒脚数值设置

05　同上所示，在“透视图”中单击【边】按钮，选中刚连接出来的上面的边线，移动鼠标指针选择【移动并选择】按钮（快捷键〈W〉），单击鼠标右键，弹出【移动变换输入】命令框，将“Z”值设置为“2600mm”，按〈Enter〉键，关闭【移动变换输入】命令框，如图 3-30 所示。

选中“底面”的上边线，如图 3-31 所示。

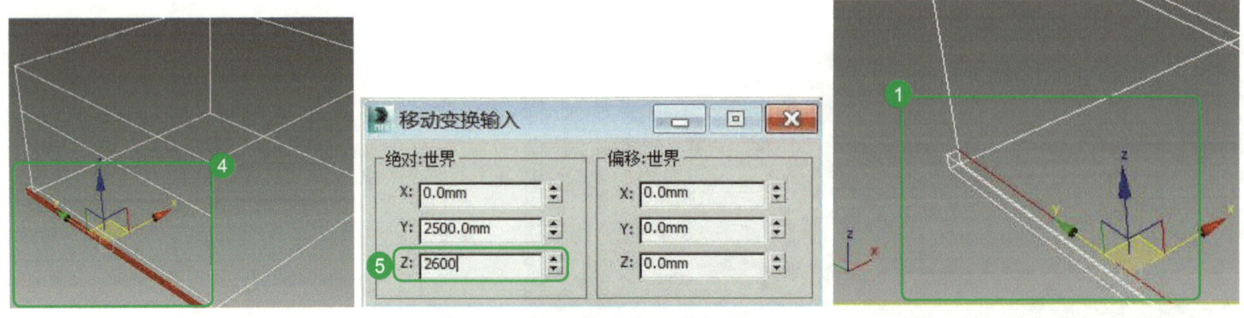

图 3-29　挤出的效果　　图 3-30　输入窗顶部 Z 坐标值　　图 3-31　选中窗底面边线

06　按住键盘上的〈Ctrl〉键，点选上边线，如图 3-32 所示。

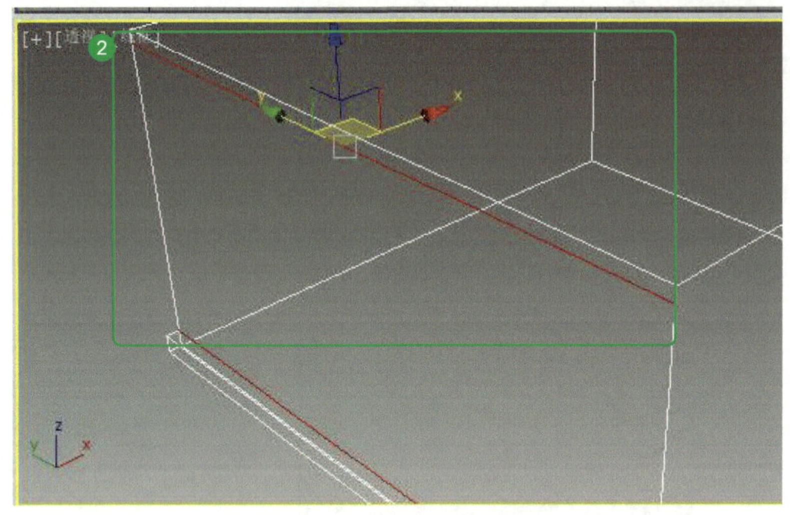

图 3-32　选中窗顶面边线

07　将右侧“修改命令面板”向下滑动，单击【编辑边】展卷栏中的【连接】按钮后面的“框”按钮，设置分段数值为“3”，单击【对号】按钮以示确认，将房体平均分为四扇落地窗，如图 3-33、图 3-34 所示。

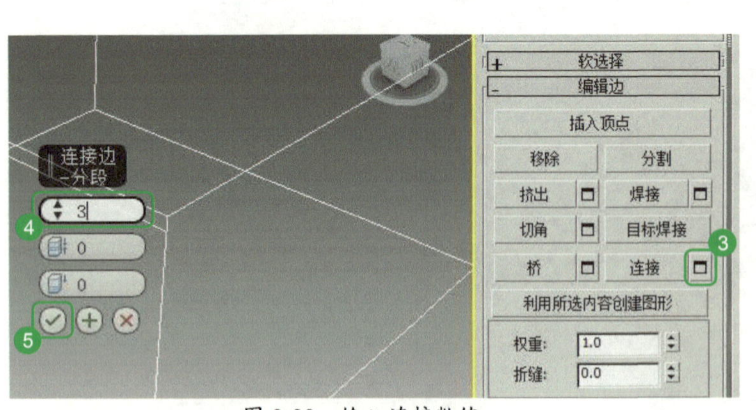

图 3-33　输入连接数值

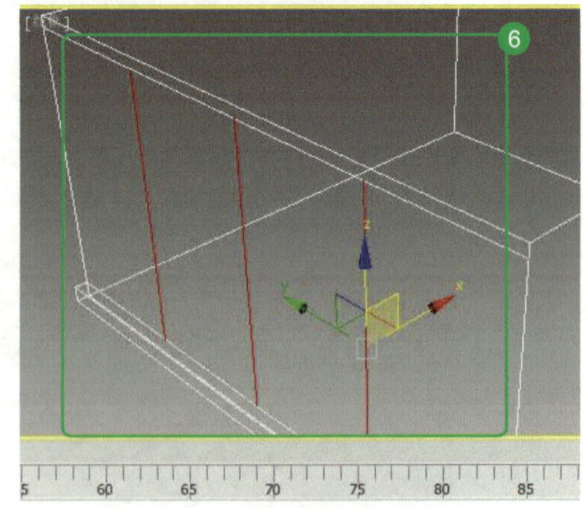

图 3-34　平均分段产生窗体

08　单击【多边形】按钮（快捷键数字〈4〉），在“透视图”中，依次对四扇落地窗进行设置，将右侧栏向下滑动。选中最左侧的落地窗，单击【倒角】按钮后面的“框”按钮，将“高度”数值设置为“−40mm”，“轮廓”设置为“−40mm”，单击【对号】按钮，如图 3-35 所示。在“左视图”中可以看到效果，如图 3-36 所示。

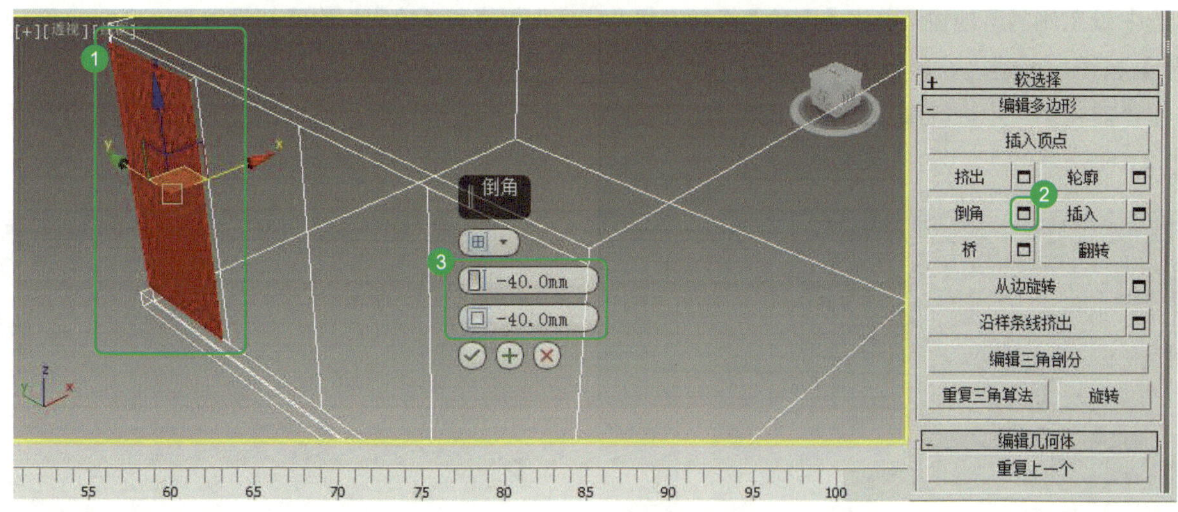

图 3-35 倒角设置产生窗扇

09 依次选中其他三扇落地窗进行同样的“倒角”命令设置，因数值默认相同，所以不需要重复输入数值，只需要单击【对号】按钮以示确认即可，如图 3-37 所示。

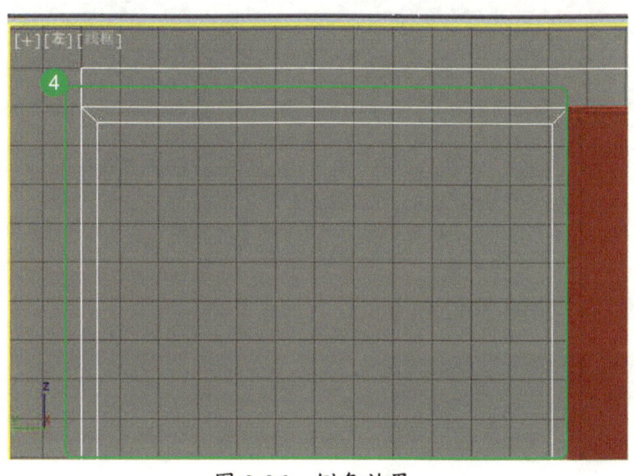

图 3-36 倒角效果

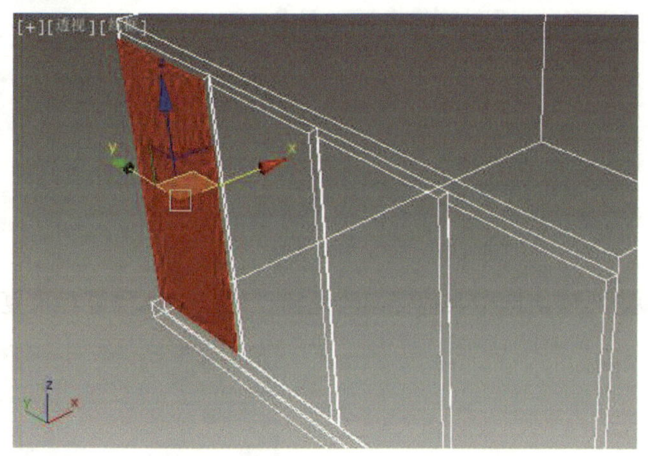

图 3-37 落地窗全部倒角效果

10 选中最左侧的落地窗，单击【挤出】按钮，设置高度数值为“-10mm”，单击【对号】按钮，如图 3-38 所示。

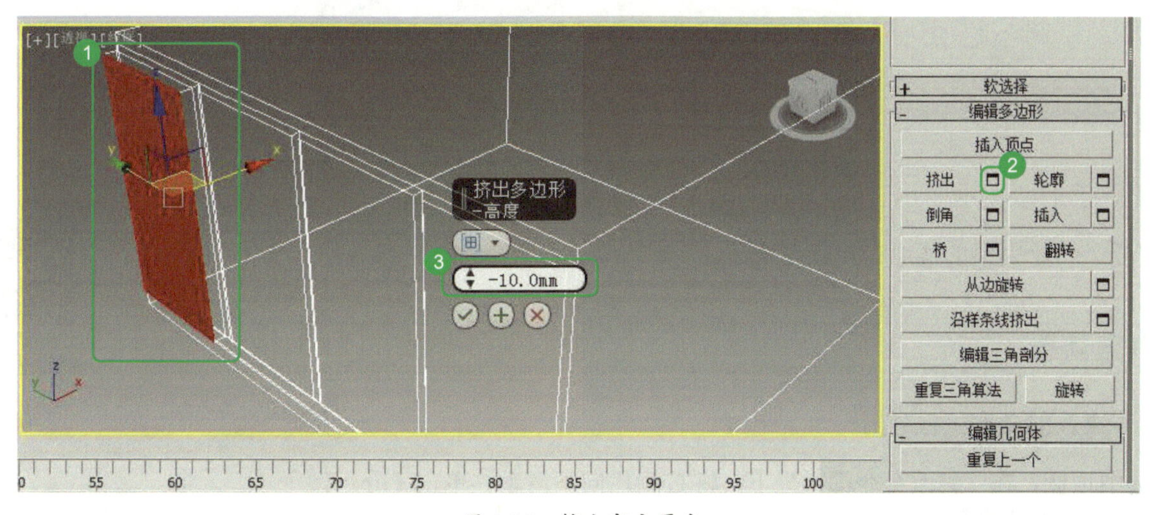

图 3-38 挤出窗户厚度

11 依次选中其他三扇落地窗进行同样的【挤出】设置，因数值默认相同，所以不重复输入数值，只需要单击【对号】按钮即可，如图 3-39 所示。

12 选中最左侧的落地窗，单击【倒角】按钮，将“高度”数值和“轮廓”数值都设置为“−10mm”，单击【对号】按钮，创建“玻璃窗面”，如图 3-40 所示。

13 在“前视图”中进行细致观察，同时在“透视图”中选中玻璃窗面，然后按 <Delete> 键将此面删除，如图 3-41 所示。

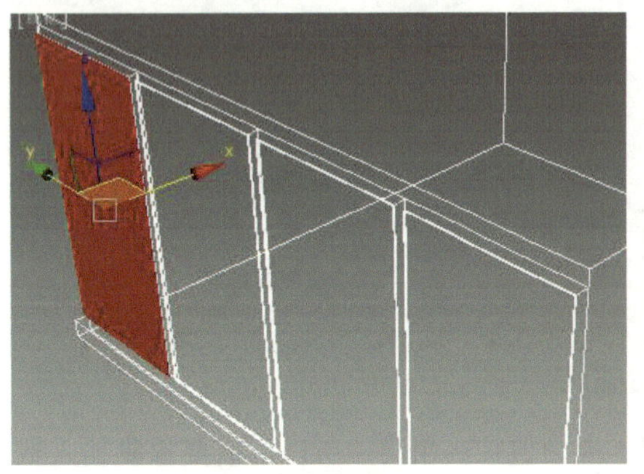

图 3-39　挤出效果

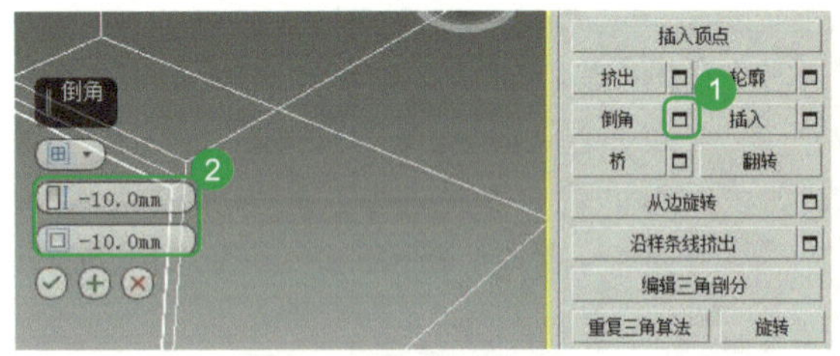

图 3-40　输入倒角数值

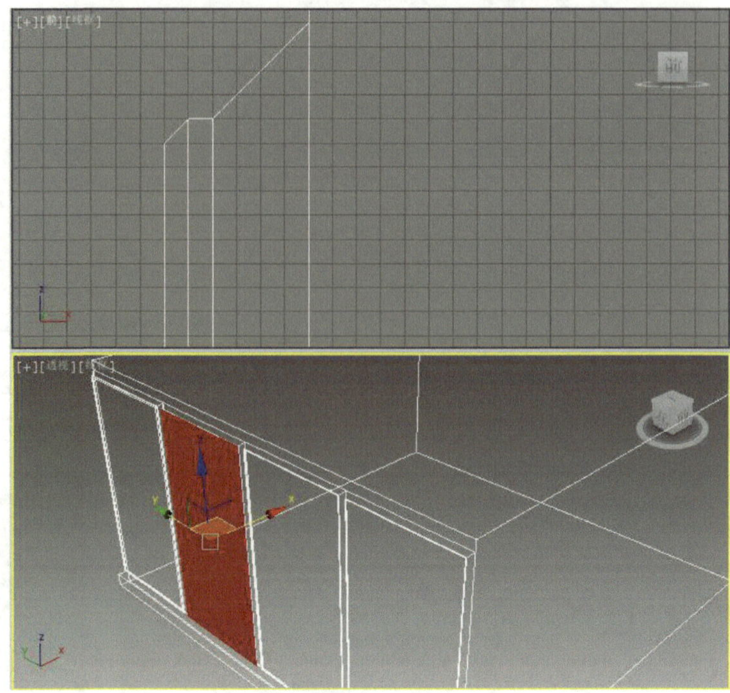

图 3-41　删除玻璃窗面

14 依次选中其他三扇落地窗，按以上步骤进行重复设置，如图 3-42 所示。

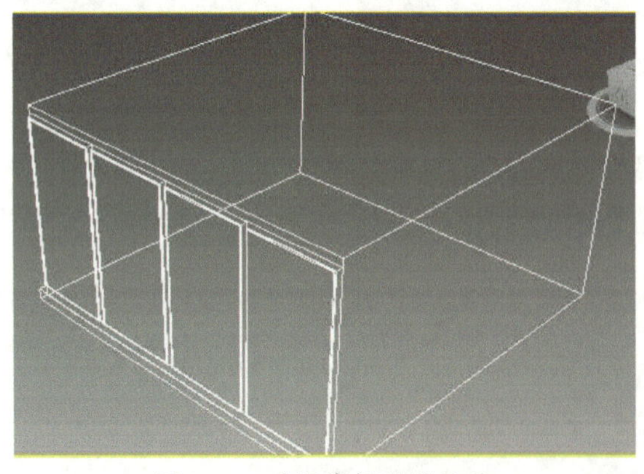

图 3-42　透视线框效果显示

这样，一个完整的落地窗户就完成了。

微课视频 5

五、创建雨篷

接下来，对顶棚进行分离。

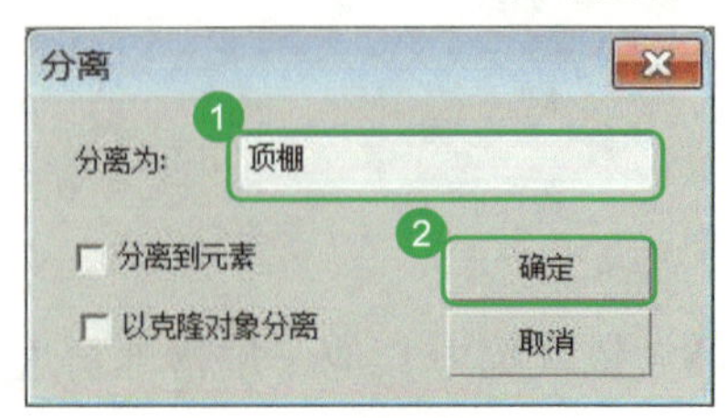

图 3-43　顶棚名称设置

01 选中顶棚，在“修改命令面板”下，将右侧栏向下滑动，单击【分离】按钮，在【分离】命令框中，将名称设置为“顶棚”，单击【确定】按钮，如图 3-43 所示。

02 单击【创建】命令，在“创建命令面板”下，选中顶棚后，在“修改命令面板”下，单击【点】按钮（快捷键数字 〈1〉），在“前视图”中，运用框选，将一对“点”同时选中，如图 3-44 所示。

注意：“框选”不同于“点选”，“点选”是指鼠标左键单击一下；“框选”是指鼠标左键从该选取点的左上角向右下角拖动，并且拖动的过程中鼠标左键一直按住不放。

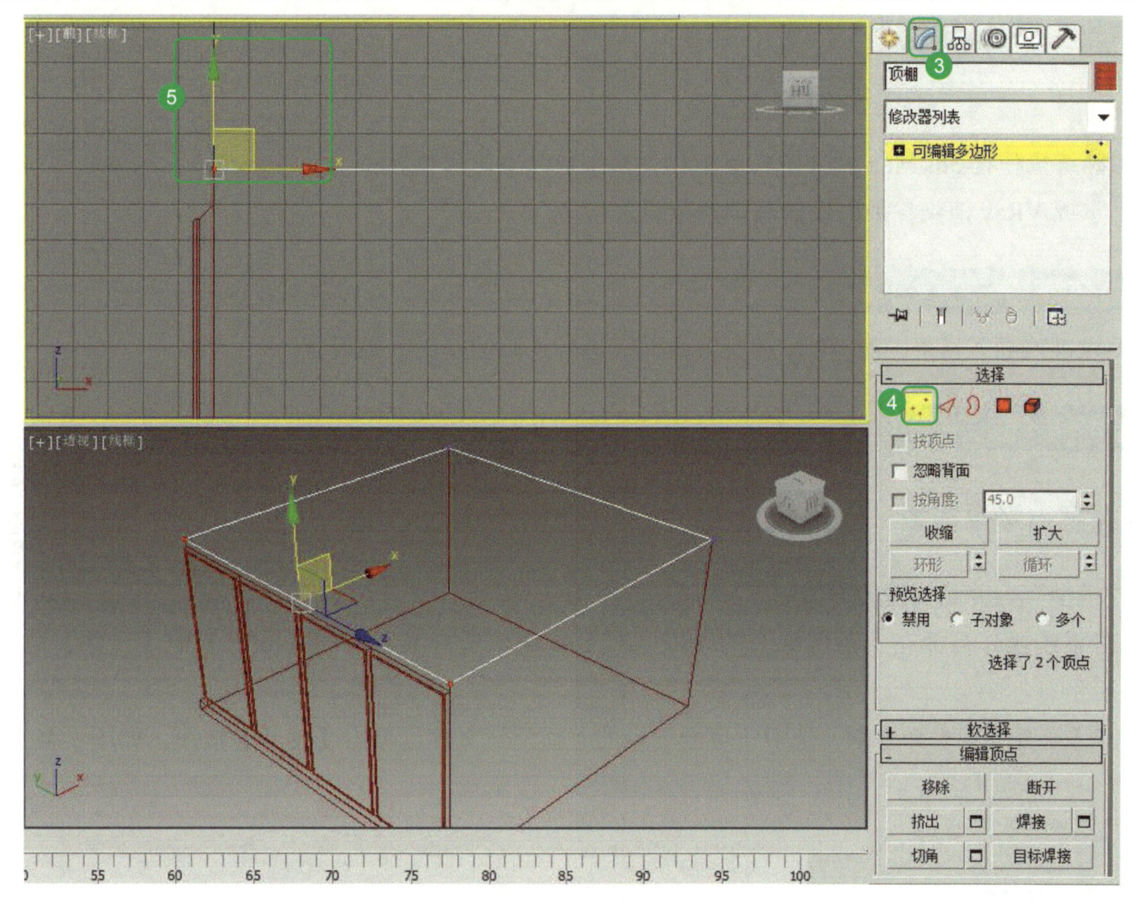

图 3-44　框选点

03　单击【移动并选择】按钮，打开【移动变换输入】命令框，将“偏移：屏幕”下的“X”数值设置为“−550mm”，按下 〈Enter〉 键，如图 3-45 所示。

04　关闭【移动变换输入】命令框，在界面中看到延伸出的雨篷，如图 3-46 所示。

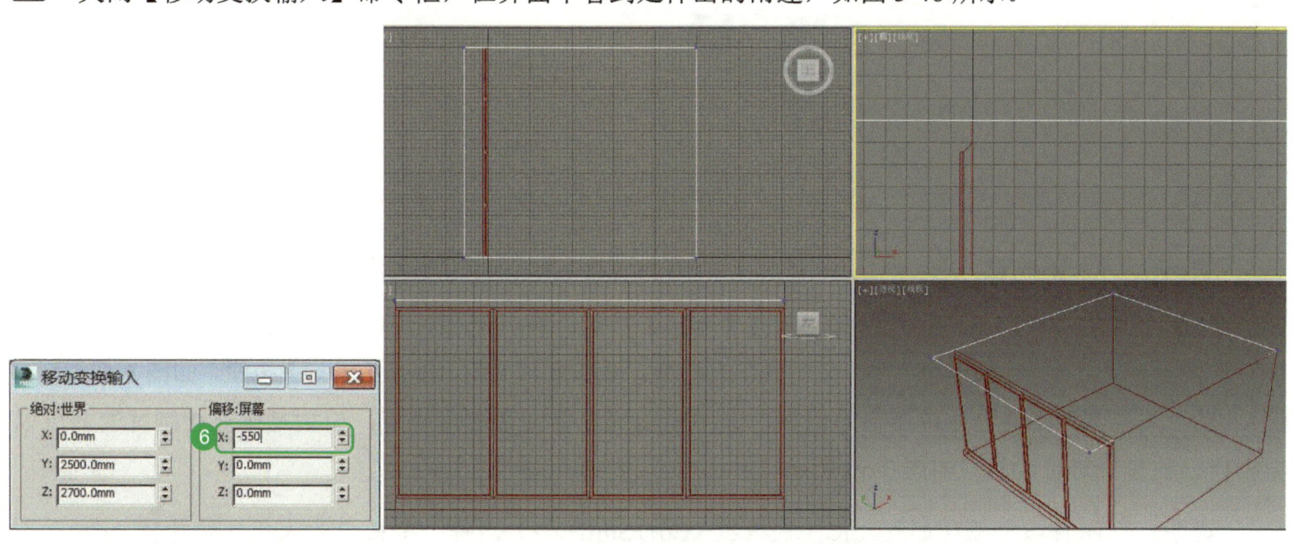

图 3-45　屏幕数值偏移设置　　　　图 3-46　雨篷制作效果

工作任务

任务 3.2　合并模型与基础渲染参数面板设置

任务完成目标

通过完成本任务，掌握以下知识或方法：

□　熟练操作在 3ds Max 软件中将单个物体模型导入室内房体。

□　掌握 VRay 渲染参数面板的基础参数设置。

任务内容描述

按要求准确导入模型，对 VRay 渲染参数面板进行正确的基础参数设置。

任务实施步骤

一、合并室内场景模型

微课视频 6

将“模型”合并到创建的房体中。

01　单击系统操作界面左上角图标旁的【嵌入式】按钮，选择其下滑栏【导入】中【合并】命令，如图 3-47 所示。

02　打开【合并文件】命令框，选中“桌面”中的“模型”文件，单击【打开】按钮，如图 3-48 所示。

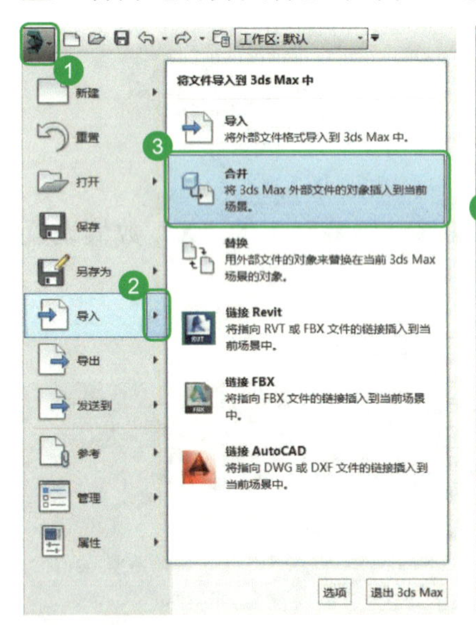

图 3-47　导入合并模型

图 3-48　查找模型文件路径

03　打开【合并 - 模型 .max】命令框，单击【全部】按钮，将其全部选中，在“列出类型”中，为了避免有的图形中“灯光”“摄影机”“骨骼对象”的影响，可以将其关闭，单击【确定】按钮，如图 3-49 所示。

04　在“顶视图”中将合并进图形的模型，选中拖动到靠窗位置进行放置，模型是提前绘制好的，可以根据自己的喜好进行绘制，如图 3-50 所示。

说明：可以将四个视口都最大化（快捷键 <Ctrl+Shift+Z>），将一个视口最大化（快捷键 <Z>），也可以在“前视图”“顶视图”“左视图”“透视图”中分别进行观察。

说明：合并模型时只能使用高版本的 3ds Max 软件模型合并低版本的 3ds Max 软件模型。例如，需要使用 3ds Max 2014 版本软件打开模型并另存为“Max. 2012”版本格式文件，然后才可以使用 3ds Max 2012 版本软件打开这个文件进行模型合并。

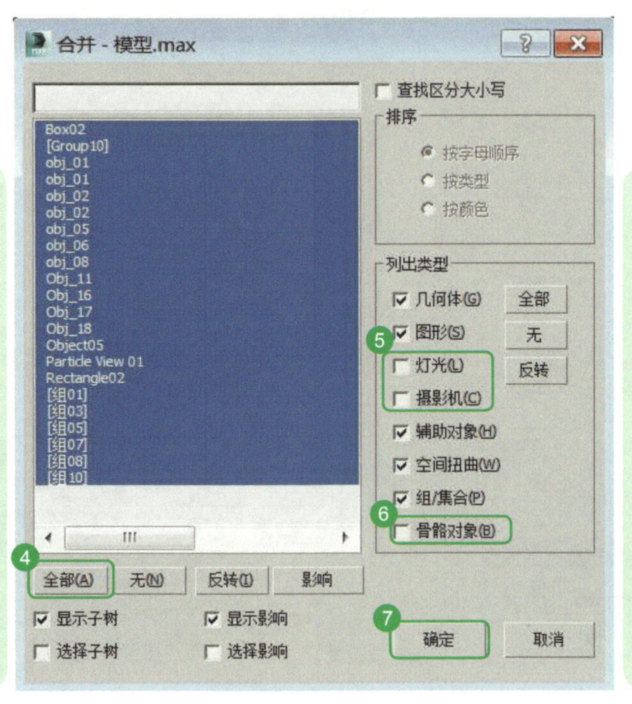

说明：合并模型时，有时会弹出对话框要求重复合并名称相同的模型，此时在对话框中打勾同意合并即可。

注意：合并进来的模型一定要同时观察“前视图”，以确保模型都放置于地平面上方位置，如与地平面重合应及时调整。

图 3-49 全部选中要合并的模型

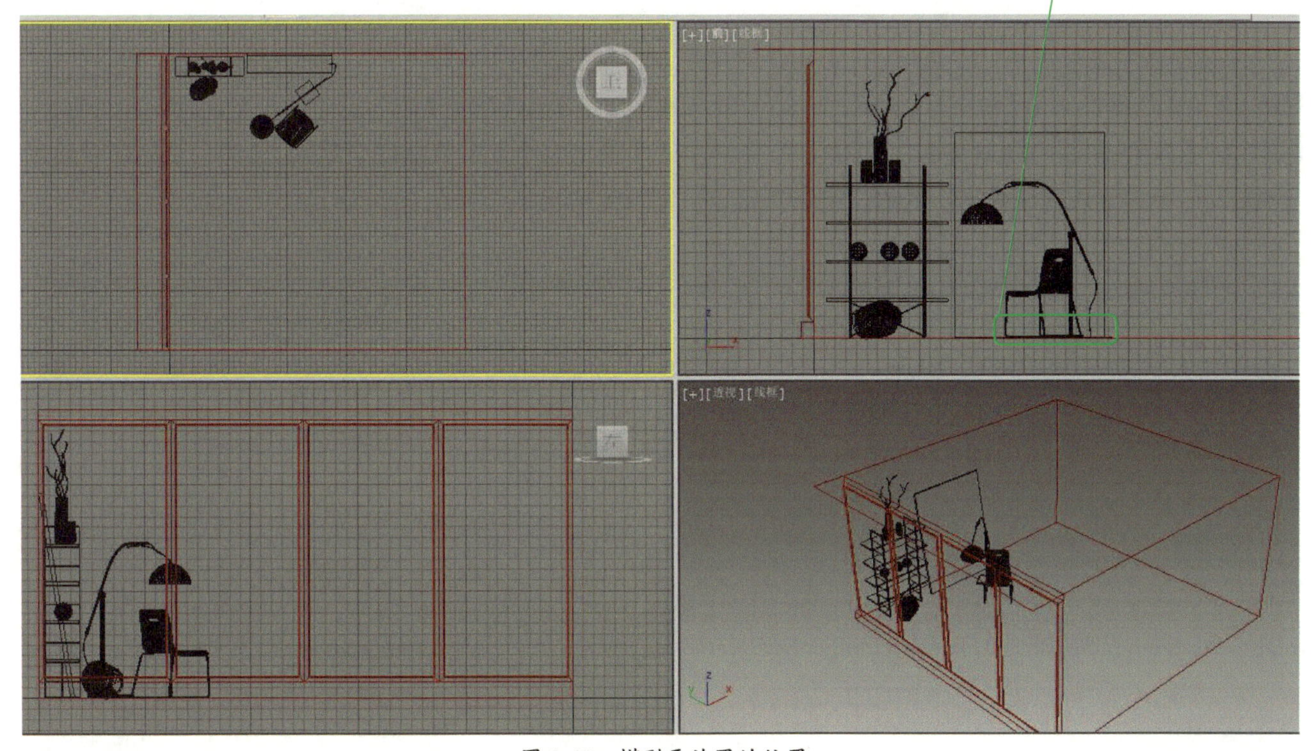

图 3-50 模型要放置的位置

二、基础渲染参数面板设置

微课视频 7

接下来，对基础渲染部位的面板进行设置。

01 单击“菜单栏”中的【渲染】按钮（快捷键<F10>），选择其下滑栏中的“渲染设置”，如图 3-51 所示。

02 打开【渲染设置：默认扫描线渲染器】命令框，将其滑动至低端，打开【指定渲染器】展卷栏，单击【默认扫描线渲染器】右侧按钮，如图 3-52 所示。

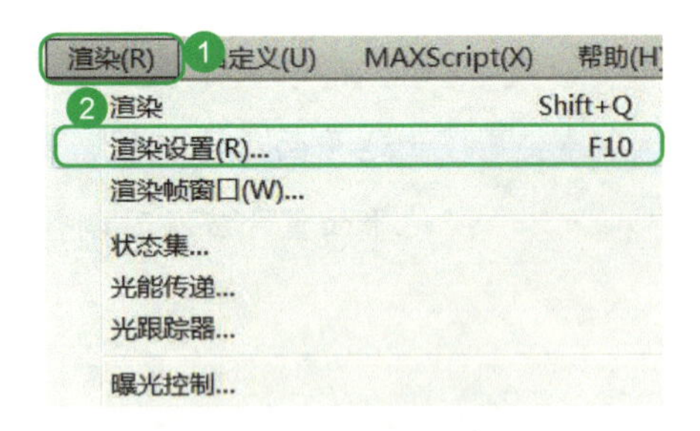

图 3-51　渲染设置命令

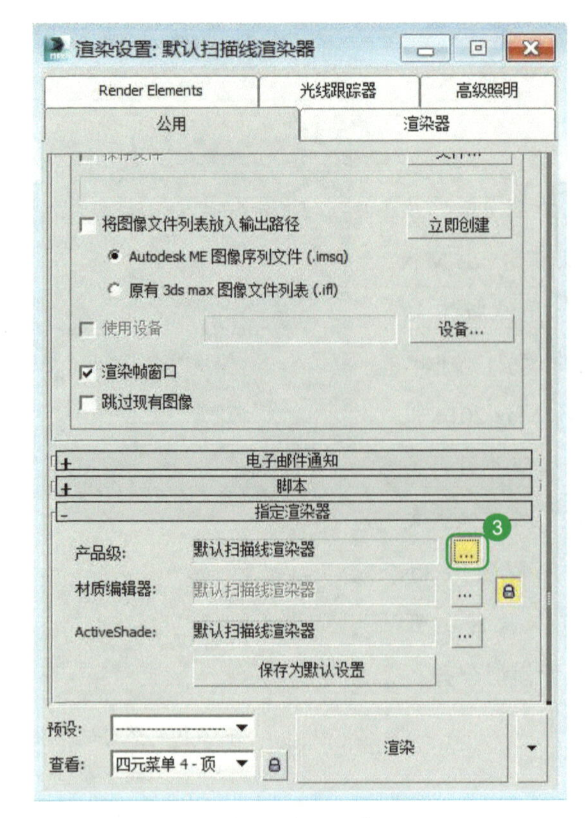

图 3-52　修改渲染器

03　打开【选择渲染器】命令框，点选“V-Ray Adv 2.40.03”，单击【确定】按钮退出命令框，如图 3-53 所示。

04　在【渲染设置：V-Ray Adv 2.40.03】命令框中的【输出大小】中将宽度设置为“350”，高度设置为“500”，单击“图像纵横比”后的“小锁”锁定“图像纵横比”，如图 3-54 所示。

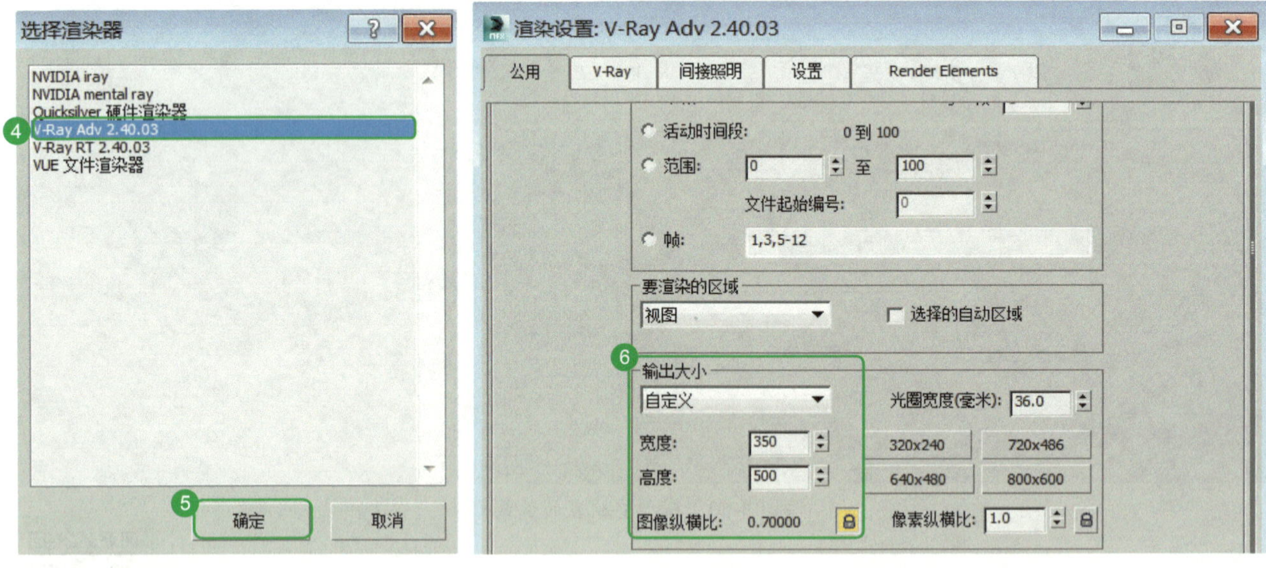

图 3-53　选择 V-Ray Adv 2.40.03 渲染器　　　　图 3-54　输出渲染图片大小设置

注意：基础渲染图像输出的大小不宜过大，数值越小，在调节灯光参数的时候，渲染的草图速度会越快。

05　在【V-Ray】中，打开【图像采样器（反锯齿）】展卷栏，【类型】选择为“固定”，并关闭“抗锯齿过滤器”，如图 3-55、图 3-56 所示。

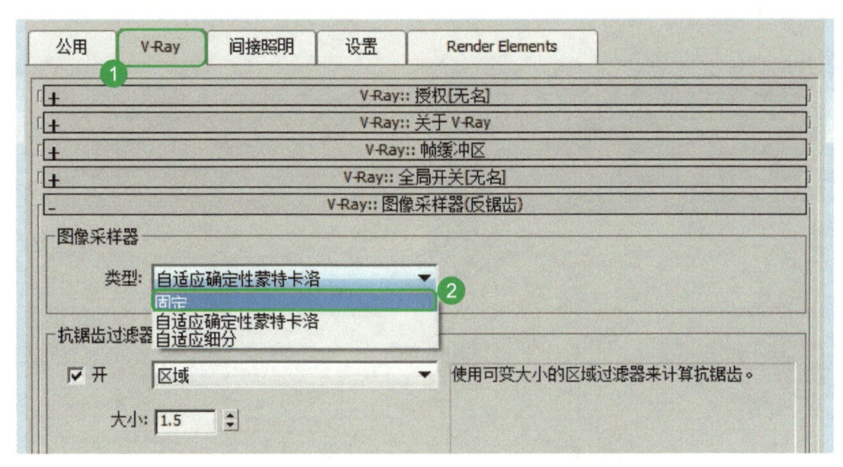

图 3-55　选择“固定”图像采样器类型

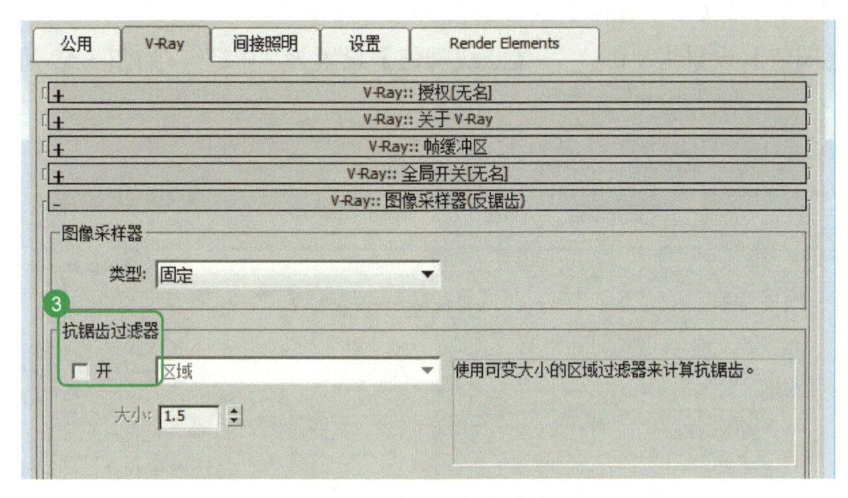

图 3-56　关闭抗锯齿过滤器

06 在【间接照明】中，打开【间接照明（GI）】展卷栏，勾选打开【开】，【全局照明引擎】选择“灯光缓存”，如图 3-57 所示。

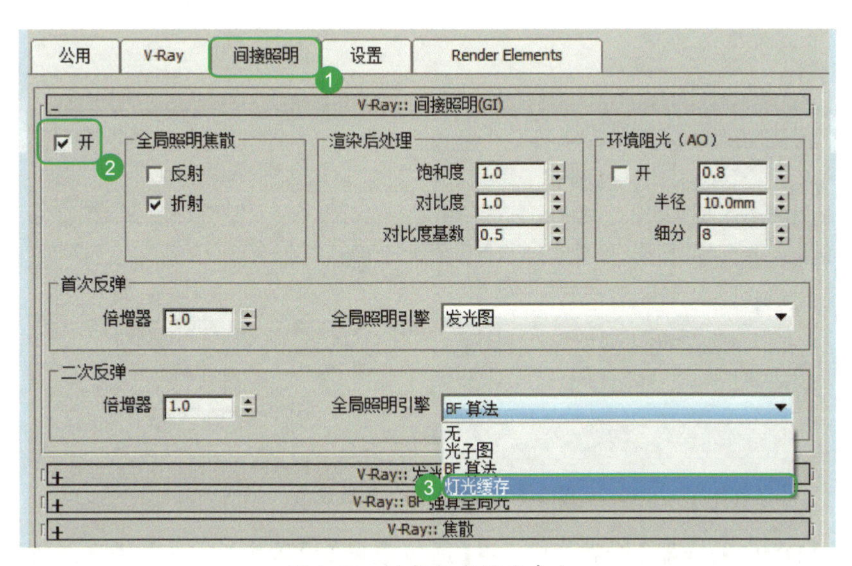

图 3-57　选择灯光缓存命令

07 打开【发光图】展卷栏，在【内建预置】中将【当前预置】设置为“自定义”，如图 3-58 所示。

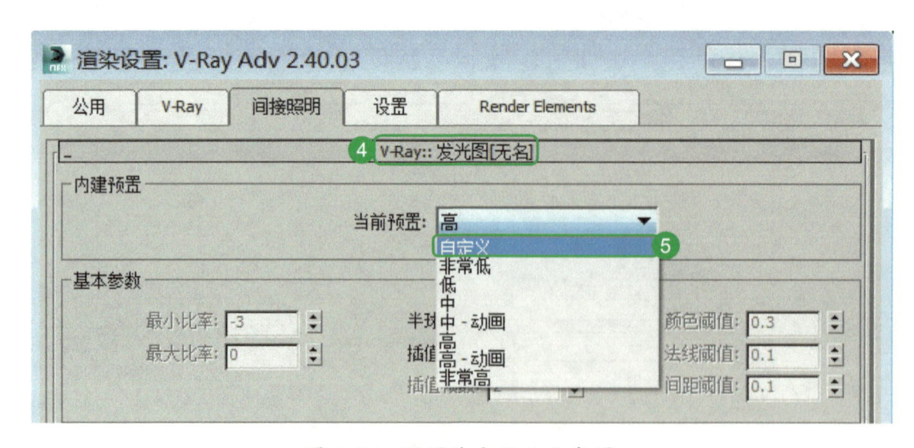

图 3-58　设置为自定义发光图

08　在【基本参数】中，将【最小比率】设置为“−6”，【最大比率】设置为“−5”，【半球细分】设置为“20”，【颜色阈值】设置为“0.4”，【法线阈值】设置为“0.2”，如图 3-59 所示。

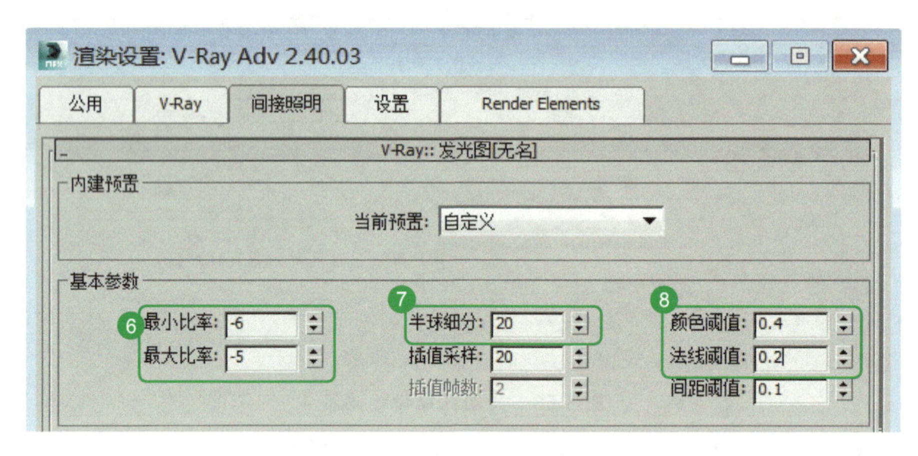

图 3-59　发光图基本参数设置

09　在【灯光缓存】展卷栏中的【计算参数】中将【细分】设置为“200”，勾选【显示计算相位】，如图 3-60 所示。

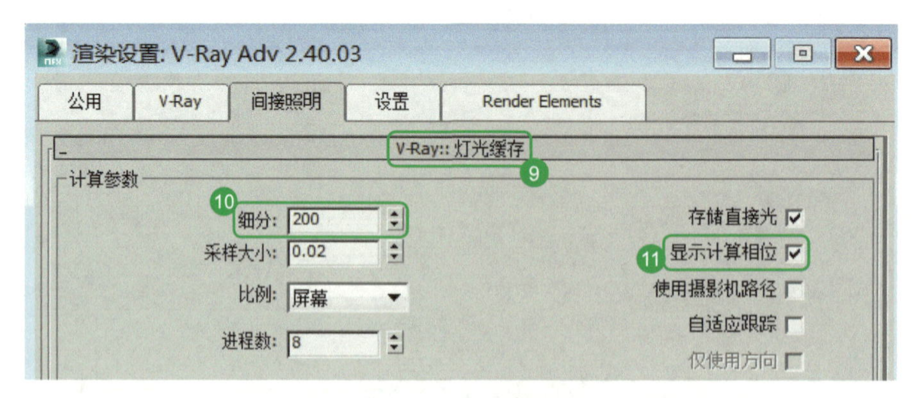

图 3-60　灯光缓存参数设置

10　在【设置】下的【DMC 采样器】展卷栏中，将【适应数量】设置为“0.85”，【噪波阈值】设置为“0.01”，【最小采样值】设置为“8”，如图 3-61 所示。

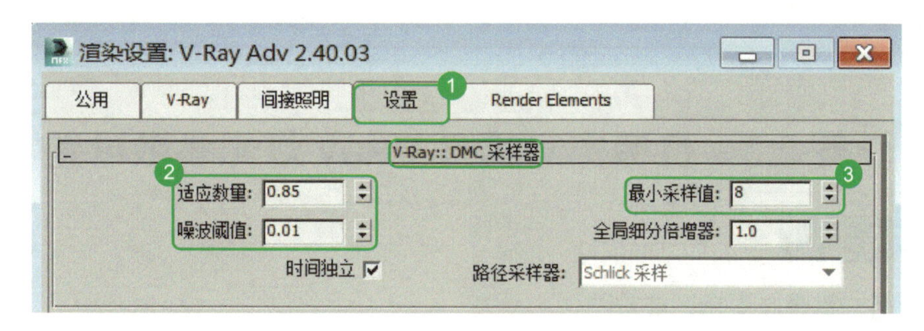

图 3-61　DMC 采样器参数设置

11 在【V-Ray】下的【颜色贴图】展卷栏中，将【类型】设置为“指数”，如图 3-62 所示。

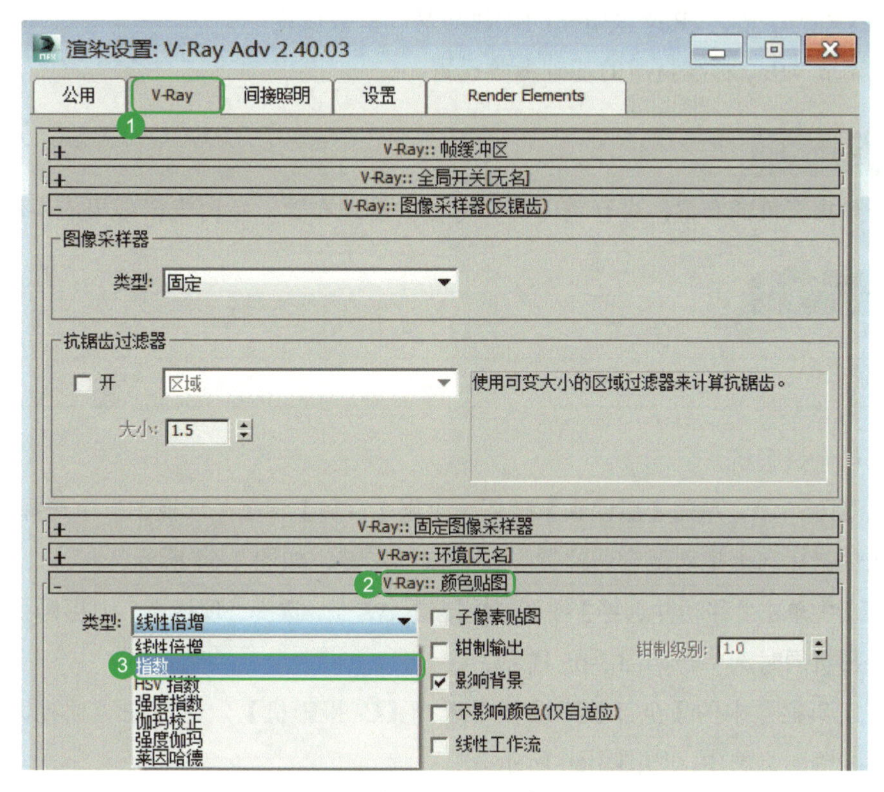

图 3-62　选择“指数”颜色贴图类型

12 将【亮度倍增】设置为“0.85”，勾选【子像素贴图】和【钳制输出】，关闭【影响背景】，如图 3-63 所示。

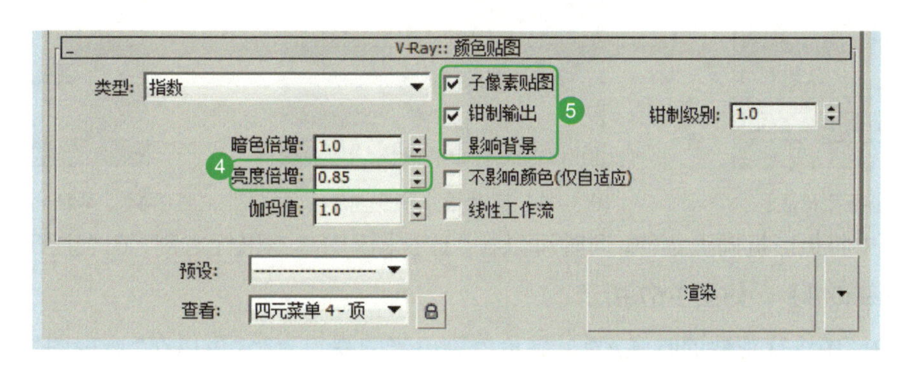

图 3-63　颜色贴图参数数值设置

13 关闭【渲染设置：V-Ray Adv 2.40.03】命令框，这样，基础参数设置就完成了。

工作任务

任务 3.3 目标摄影机与 VRay 灯光参数设置

任务完成目标

通过完成本任务，掌握以下知识或方法：

□ 能够正确创建、安放目标相机，进行视距参数设置。

□ 掌握背景墙的制作方法。

□ 熟练掌握 VRay 灯光、VRay 太阳光的创建与基础参数设置。

□ 能够熟练调节 VRay 标准材质的基础参数设置。

任务内容描述

完成对室内场景摄影机的布置，进行室内灯光方位的合理布置，室内光影效果应柔和。

任务实施步骤

微课视频 8

一、摄影机设置

接下来，置入一个摄影机。

01 在“创建命令面板”下，单击【摄像头】按钮，点选【目标】，在“顶视图”中选择一个合适的位置，单击鼠标左键，按住鼠标向上拖动至合适位置，松开鼠标左键，如图 3-64 所示。

02 在“主工具栏”中单击【移动并选择】按钮（快捷键 <W>），选择“顶视图”中摄影机中间的“直线”，将前面的视口和摄影机同时选中，如图 3-65 所示。

或者，在“主工具栏”中的【全部】下滑栏中选择【C- 摄影机】，然后在“顶视图”中进行框选，也可以同时将视口和摄影机选中，如图 3-66 所示。

图 3-64 选择目标摄影机

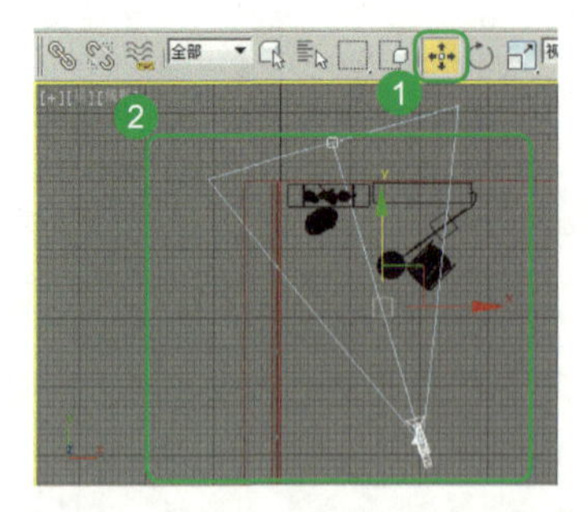

图 3-65 同时选中摄影机和视口

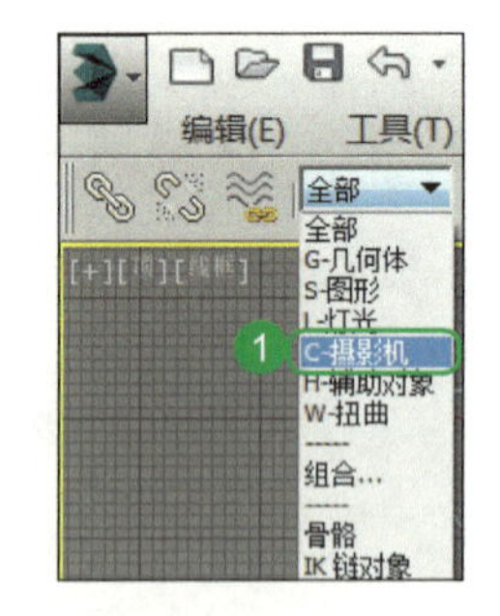

图 3-66 单独选择摄影机设置

03 在“前视图”中将摄影机向上拉伸，同时可以在“透视图”中单击鼠标右键，在“主工具栏”中选择【摄影机】中的【Camera001】，如图 3-67 所示。

04 在“Camera001”中进行观察的时候，为了显示渲染出来的视口大小，可以在“透视图”中单击鼠标右键，选择【显示安全框】（快捷键 <Shift+F>）从而进行观察，如图 3-68 所示。这时，在安全框中显示的物体就是渲染图中所看到的物体，如图 3-69 所示。

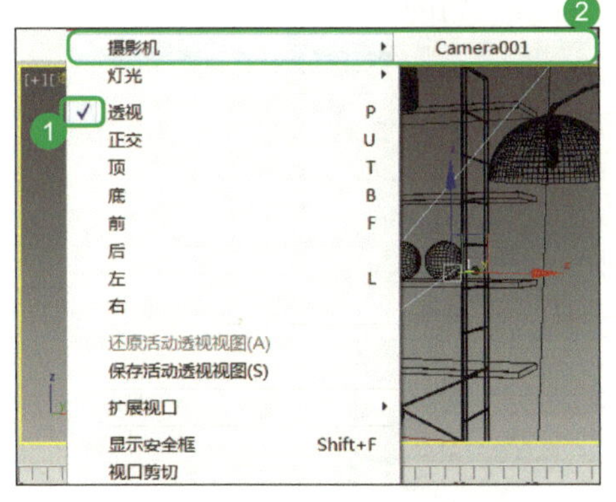

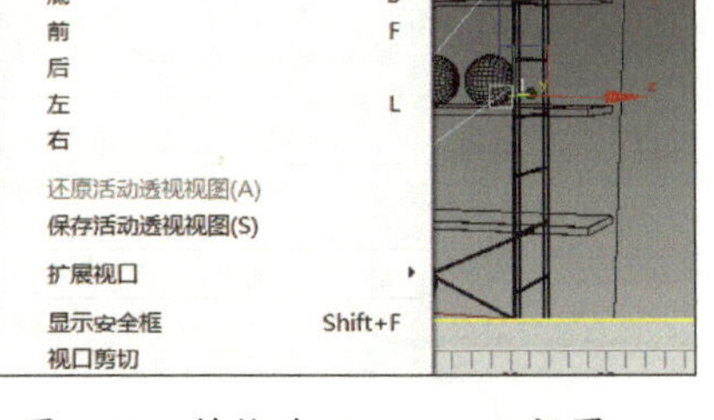

图 3-67　转换为 Camera001 视图

图 3-68　打开渲染的显示安全框

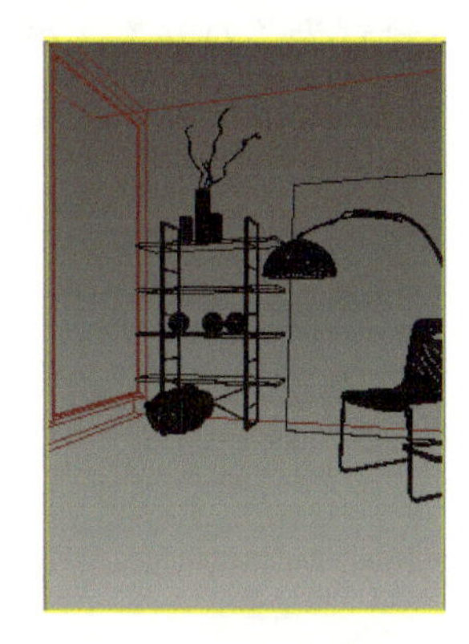

图 3-69　安全框内显示的图像

05 在“顶视图”“前视图”“左视图”中拖动摄影机，对其进行合适位置的调控。选中摄影机之后，也可以在“修改命令面板”中，修改【镜头】数值为“37”，如图 3-70 所示。

06 在“透视图”中拖动显示的物体，进行合适位置的调控，如图 3-71 所示。

07 单击 3ds Max 系统操作界面右下角视图导航区的【所有视图最大化显示选定对象】按钮（快捷键 <Alt+W>），出现的界面将是以后渲染过程中看到的物体，如图 3-72 所示。

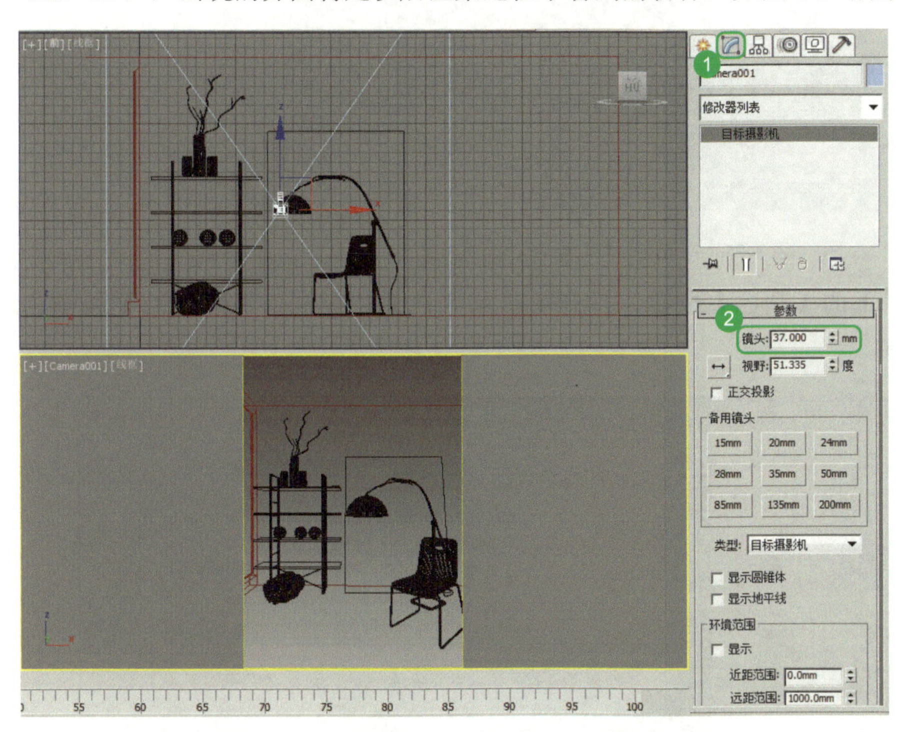

图 3-70　调整安全框内镜头要显示渲染的物体

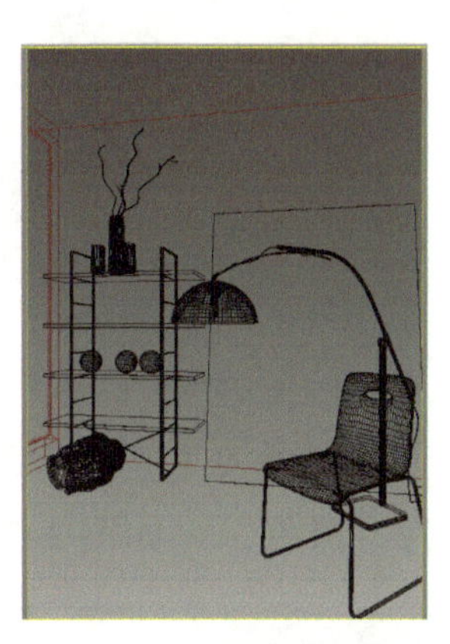

图 3-71　合适位置的调控

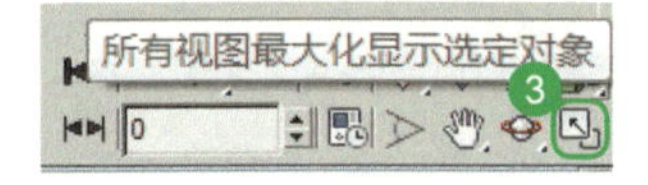

图 3-72　所有视图最大化显示选定对象按钮

说明：单击【所有视图最大化显示选定对象】按钮，视图区由原来的 4 个视图切换为 1 个视图，重复单击此按钮就会还原成之前的 4 个视图，退出视图最大化。

二、制作背景墙

微课视频 9

01 退出视图最大化，在“创建命令面板”下，选择【几何体】，在“主工具栏”中的【C- 摄影机】的下滑栏中选择【全部】，如图 3-73、图 3-74 所示。

02 在右侧“创建命令面板”中单击【平面】按钮，在“左视图”中创建一个平面，平面长度设置为“3832”，宽度设置为“3126”，平面长度分段设置为“1”，宽度分段设置为“11”，如图 3-75 所示。

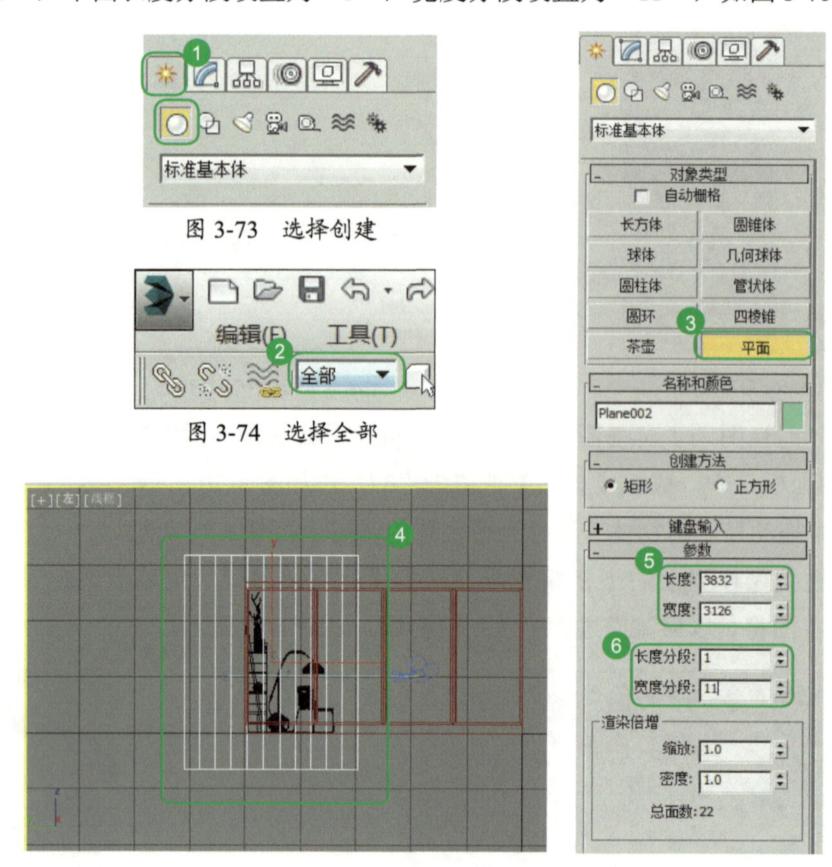

图 3-73　选择创建

图 3-74　选择全部

图 3-75　平面创建背景墙

03　单击【命令和颜色】展卷栏下的【颜色】按钮，打开【对象颜色】命令框，将修建的平面颜色设置为“黑色”，如图 3-76 所示。

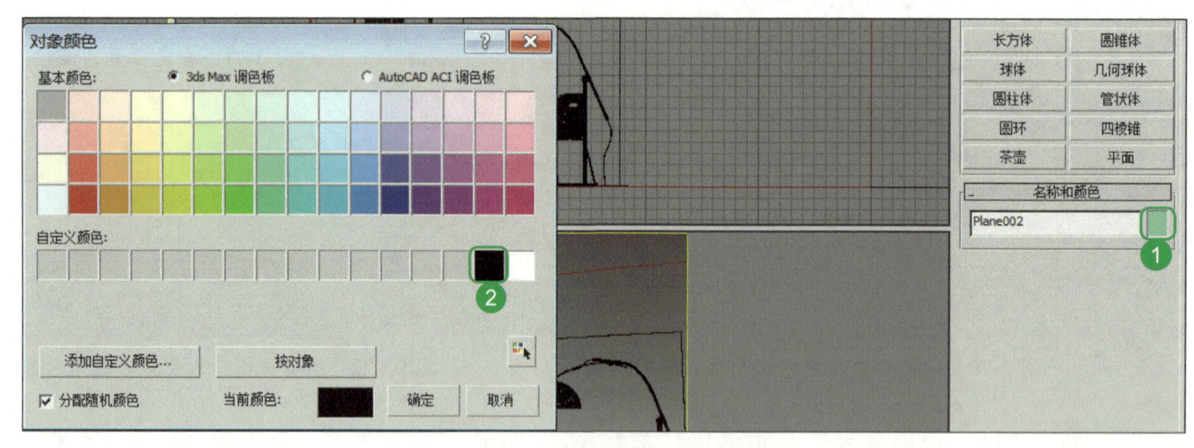

图 3-76　背景墙平面颜色设置

04　单击“主工具栏”中的【选择并均匀缩放】按钮，将创建的平面进行拉伸，如图 3-77 所示。

05　在“顶视图”中单击【选择并移动】按钮（快捷键 <W>），将平面拖动至合适位置，作为背景墙所使用的一个面板，如图 3-78 所示。

06　在“顶视图”中，单击鼠标右键选择【全部取消隐藏】，如图 3-79 所示。

07　单击“主工具栏”中的【选择并均匀缩放】按钮，选中“地面”后将其进行缩放，尺寸不要过大，颜色设置为“黑色”，如图 3-80 所示。

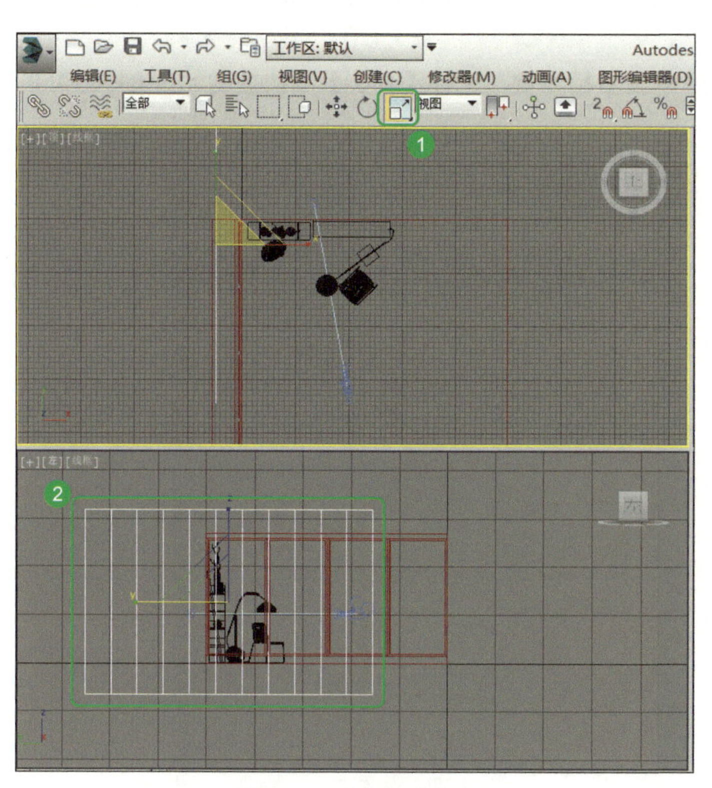

图 3-77　均匀缩放命令

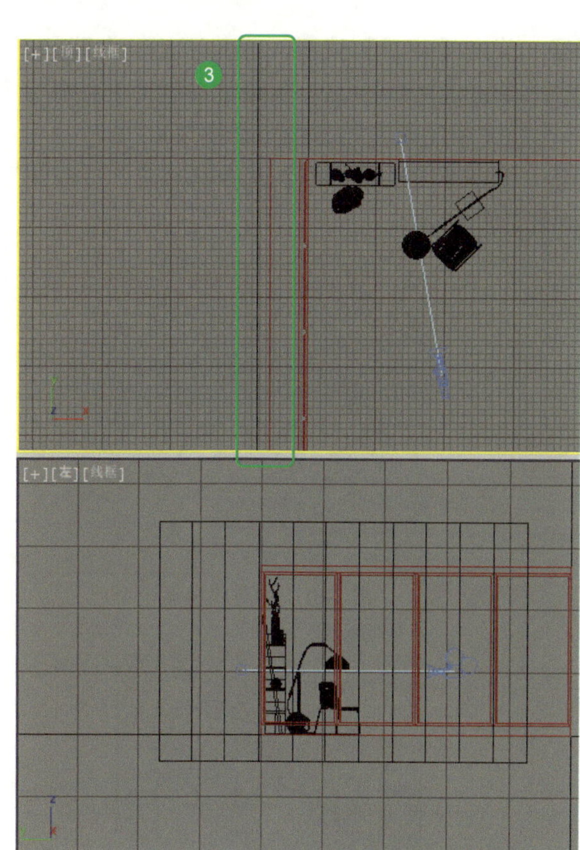

图 3-78　顶视图中背景墙平面移动的位置

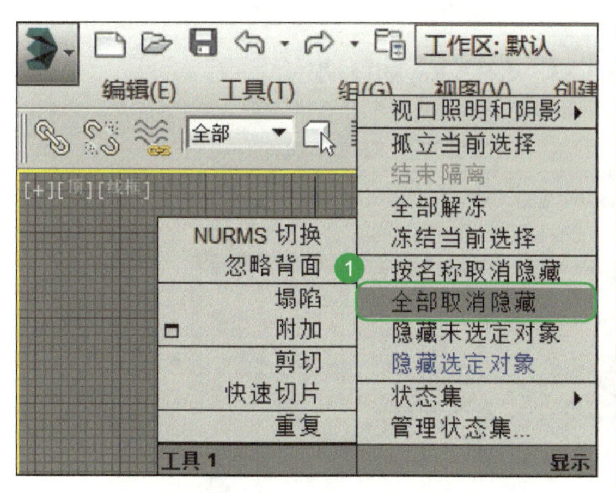

图 3-79　全部取消隐藏

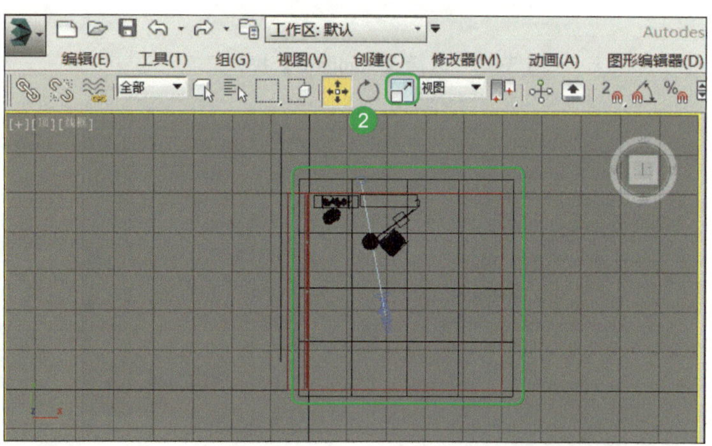

图 3-80　显示地面

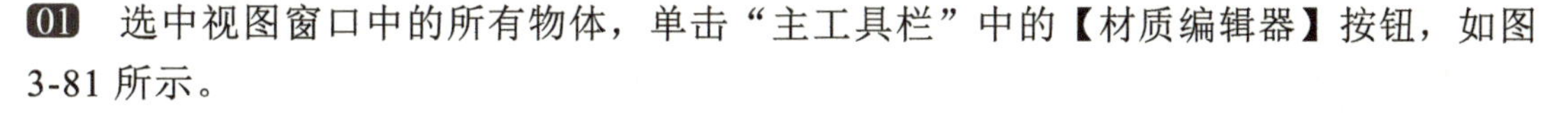

三、基础材质球设置

微课视频 10

01　选中视图窗口中的所有物体，单击“主工具栏”中的【材质编辑器】按钮，如图 3-81 所示。

02　打开【材质编辑器】命令框选择一个材质球，单击【Standard】按钮，如图 3-82 所示。

03　打开【材质 / 贴图浏览器】命令框，在【V-Ray】展卷栏中选择 VRay 标准材质【VRayMtl】，单击【确定】按钮，如图 3-83 所示。

04　在【材质编辑器】命令框中，单击【漫反射】按钮，打开【颜色选择器：漫反射】命令框，将颜色调制为“白色”，单击【确定】按钮，如图 3-84 所示。

05　单击【背景】按钮，为其添加一个背景，如图 3-85 所示。

06　单击【视口中显示明暗处理材质】按钮，再单击【将材质指定给选定对象】按钮，将材质附着到前面已经选中的所有物体中，如图 3-86 所示。

07　缩小【材质编辑器】命令框，在“透视图”中单击鼠标右键，选择【真实】（快捷键 <Shift+F3>），如图 3-87 所示。

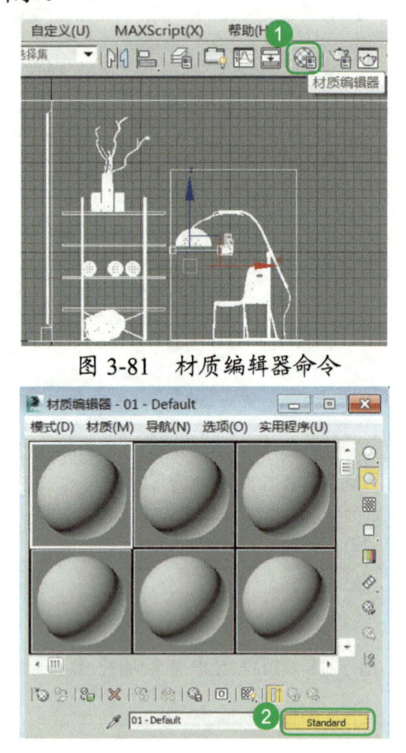

图 3-81　材质编辑器命令

图 3-82　选择【Standard】按钮

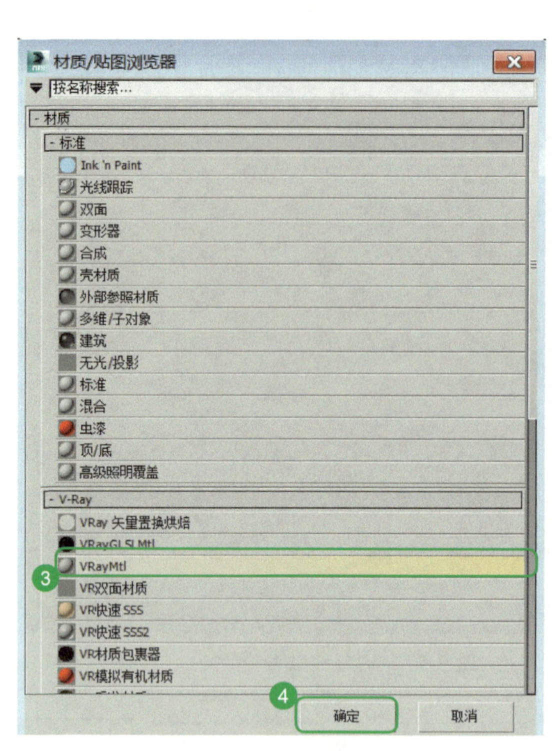

图 3-83　选择 VRayMtl 材质

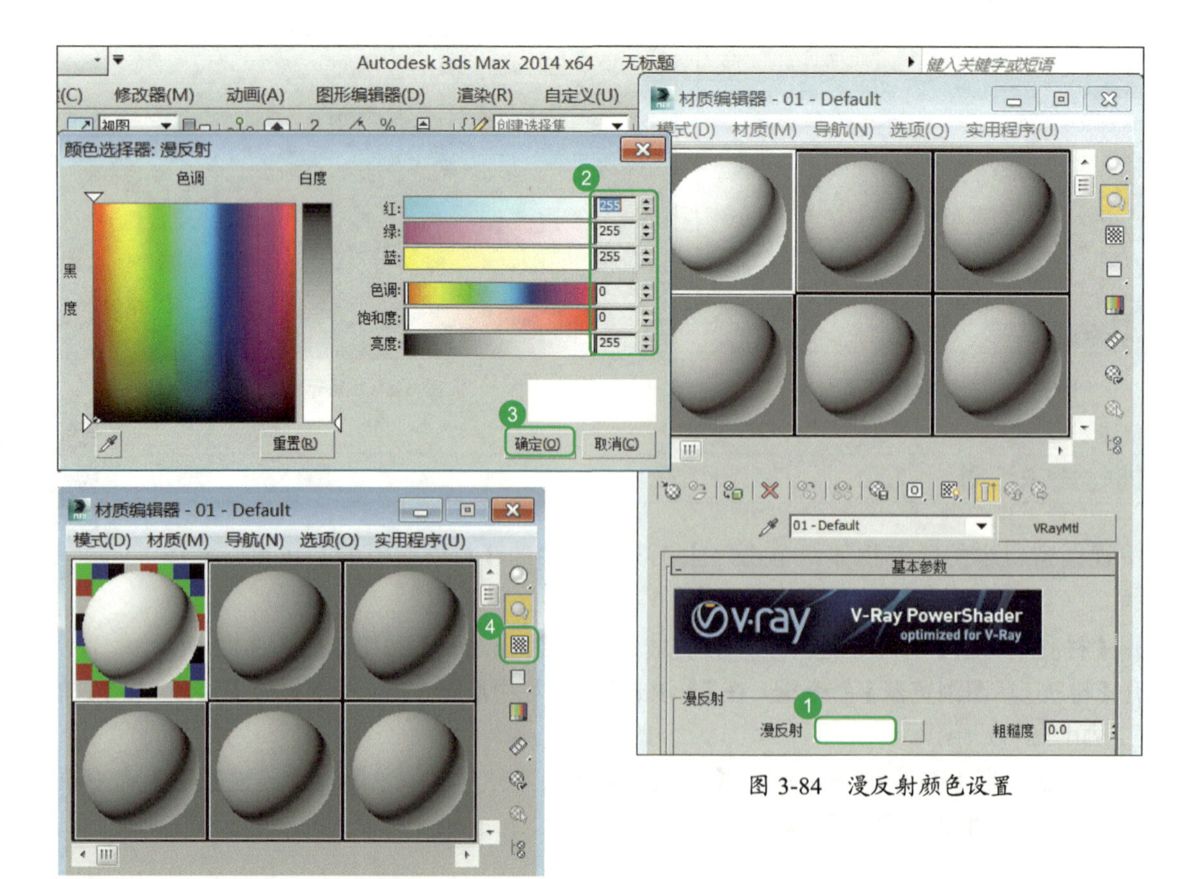

图 3-84　漫反射颜色设置

图 3-85　打开材质球背景

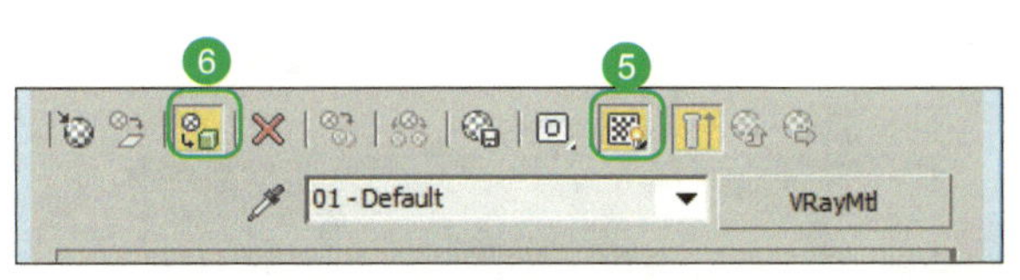

图 3-86　材质显示与附着命令

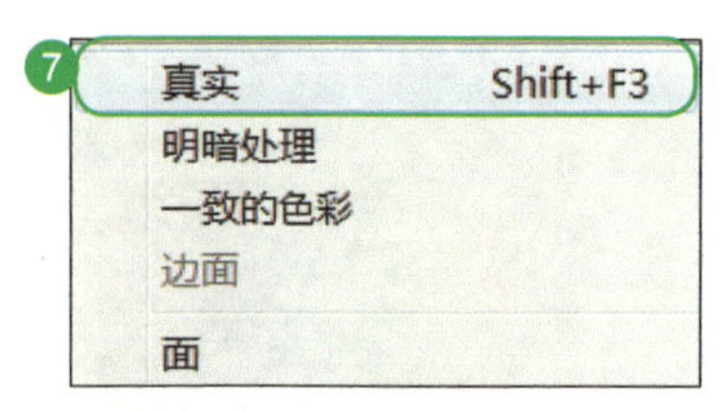

图 3-87　切换为真实显示

说明：此时在“透视图”中，可以看到画面是一片漆黑的，因为没有灯光，所以下面将进行一个灯光打射设置。

四、VRay 灯光参数设置

微课视频 11

01 在“创建命令面板”下，单击【灯光】按钮，将【光度学】修改为【VRay】，如图 3-88 所示。

02 在【对象类型】中单击【VR 灯光】按钮，如图 3-89 所示。

03 在“左视图”中打一个灯光，灯光范围上下跨过墙体，跨过房顶和底面，左右两侧的位置设定为靠近左侧位置，因为看不到右侧位置，所以暂且不管右侧。

04 在“修改命令面板”中，在【参数】展卷栏中，将【倍增器】设置为“5”，如图 3-90 所示。

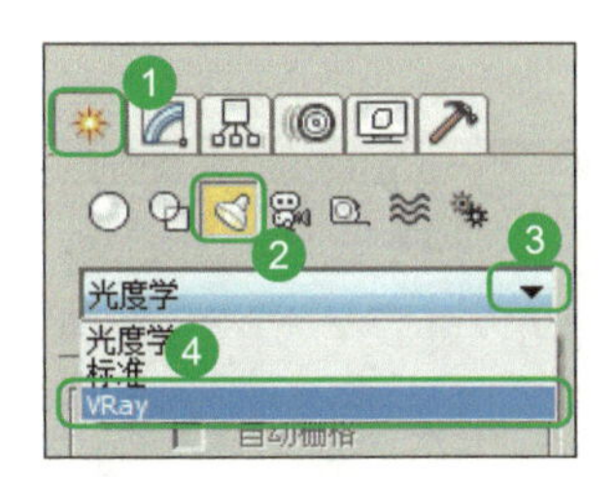

图 3-88　选择 VRay 对象灯光

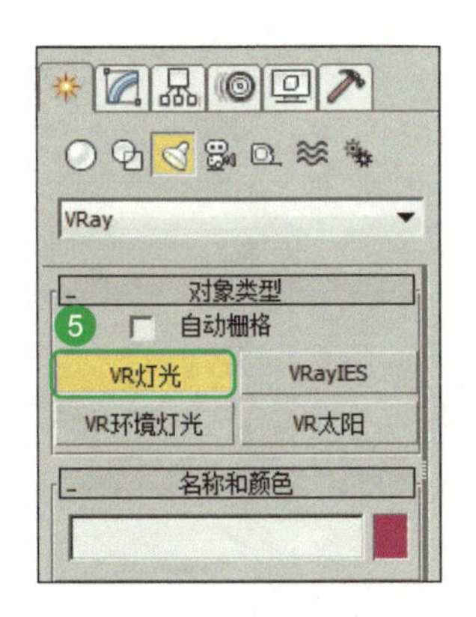

图 3-89　VR 灯光命令

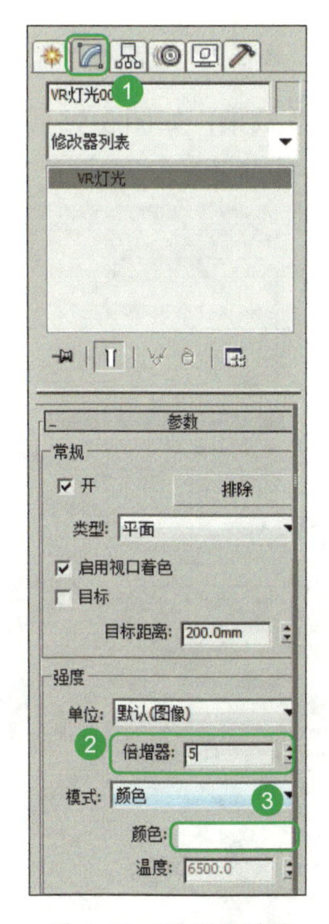

图 3-90　设置倍增值

05 单击【颜色】右侧的颜色方框，打开【颜色选择器：颜色】命令框，将【红】修改为“255”，【绿】修改为“240”，【蓝】修改为“200”，单击【确定】按钮退出命令框，如图 3-91 所示。

06 在“修改命令面板”中的【选项】下，打开【不可见】，如图 3-92 所示。

07 在“透视图”中会显示出一个大约的影像效果，如图 3-93 所示。

08 单击“主工具栏”中的【渲染产品】按钮（快捷键 <F9> 或 <Shift+Q>），如图 3-94 所示。

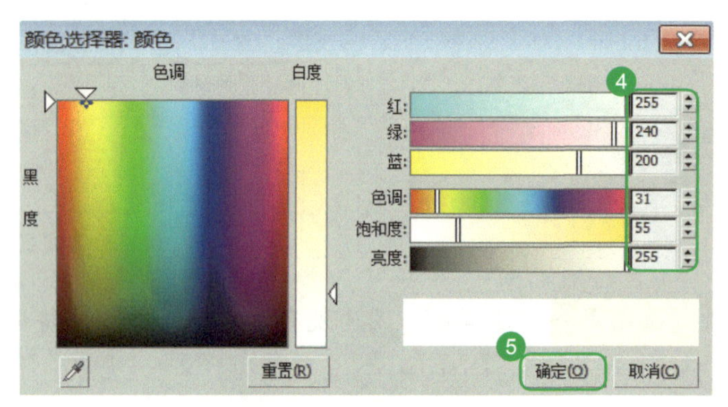

图 3-91　修改灯光颜色

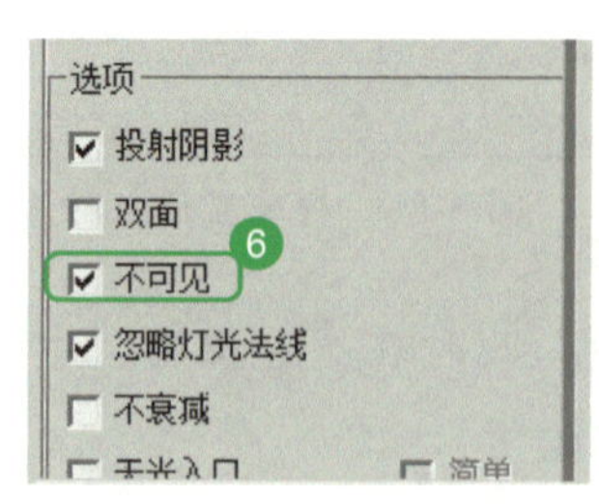

图 3-92　勾选不可见

图 3-93　透视图影像效果

图 3-94　渲染产品按钮

09　对其测试渲染，查看效果，如图 3-95 所示。

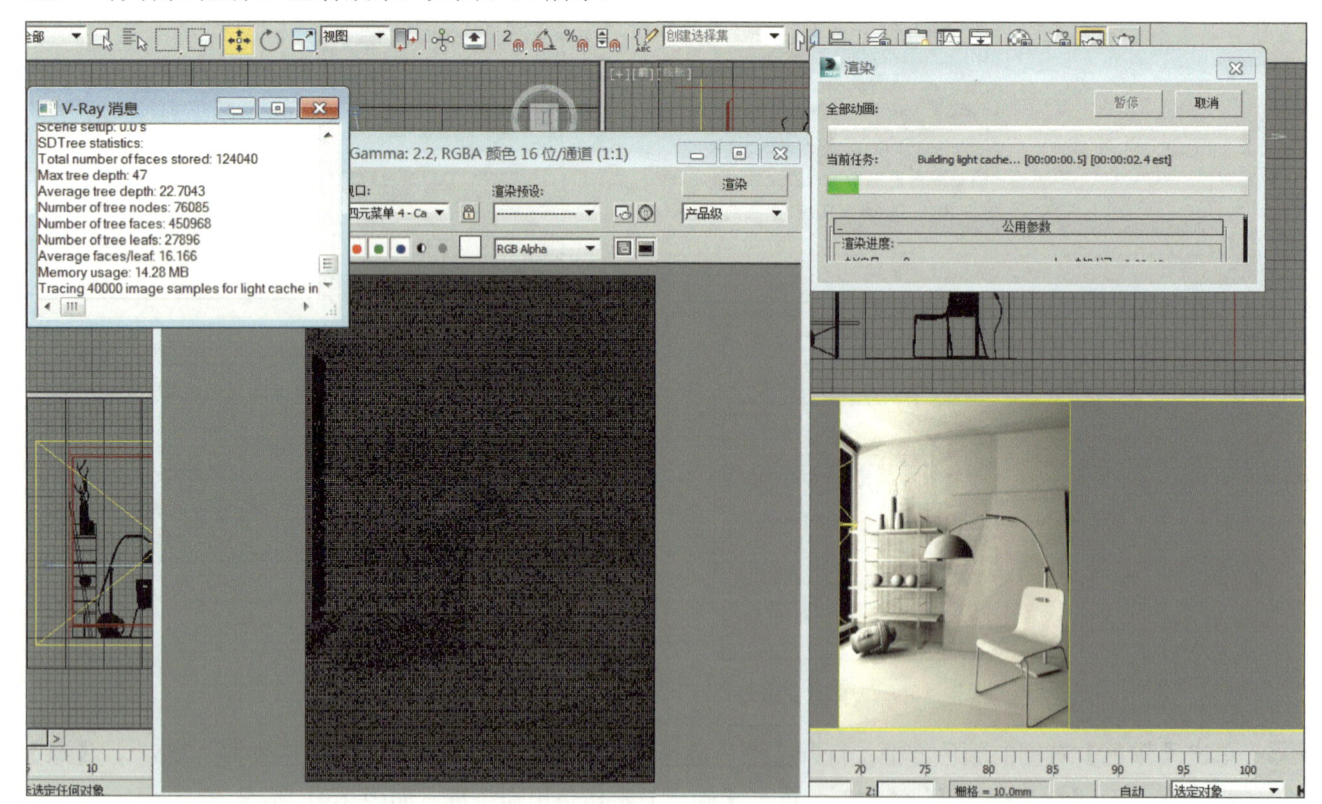

图 3-95　测试渲染

10　结果发现，像是阳光光线过强一样，整张图出现曝光现象，如图 3-96 所示。

11　关闭【V-Ray 消息】命令框，单击【克隆渲染帧窗口】按钮，如图 3-97 所示。

12 打开【Camera001，帧 0 的克隆】命令框，可以更清晰地看到渲染后的图像，如图 3-98 所示。

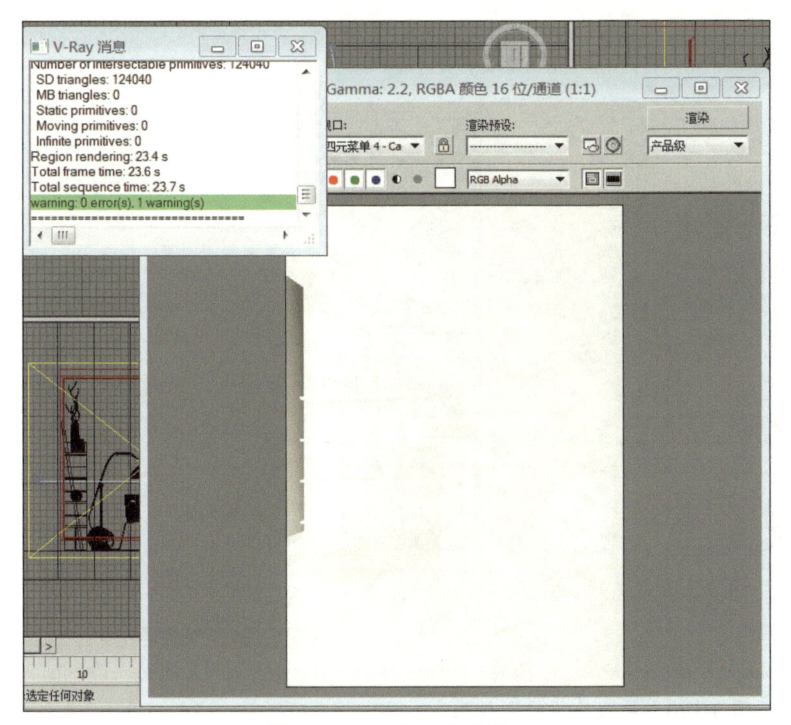

图 3-96　测试渲染结果

图 3-97　克隆渲染帧窗口按钮

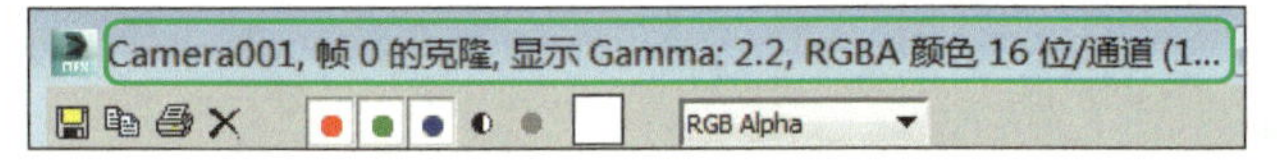

图 3-98　Camera001，帧 0 的克隆命令框

13 打开缩小的【材质编辑器】命令框，在第一个材质球的基础上进行修改。单击【漫反射】按钮，打开【颜色选择器：漫反射】命令框，将颜色调整至灰色，单击【确定】按钮，如图 3-99 所示。

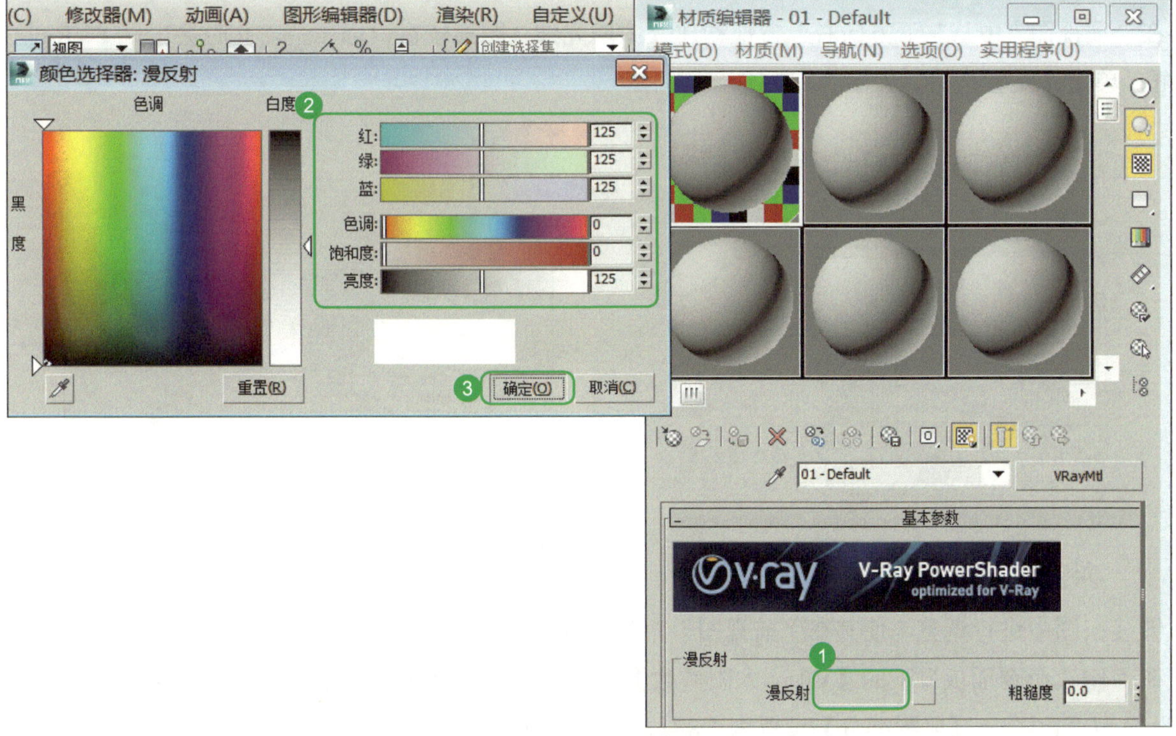

图 3-99　漫反射颜色调整

14　缩小【材质编辑器】命令框，在“主工具栏”中单击【渲染产品】按钮，对图形再次进行渲染，如图 3-100 所示。

图 3-100　再次渲染对比效果

说明： 通过观察前后两次渲染的影像效果，发现产生了光影效果，具体数值需要后期继续进行调整。

五、VRay 阳光参数设置

微课视频 12

接下来，对 VRay 阳光进行设置。

01　在“创建命令面板”下【灯光】的【对象类型】展卷栏中，单击【VR 太阳】按钮，如图 3-101 所示。

02　在“顶视图”中从左下方向右上方拖动建立太阳光线，距离较窗口远一些，此时会出现【VRay 太阳】命令框，单击【是】按钮，如图 3-102 所示。

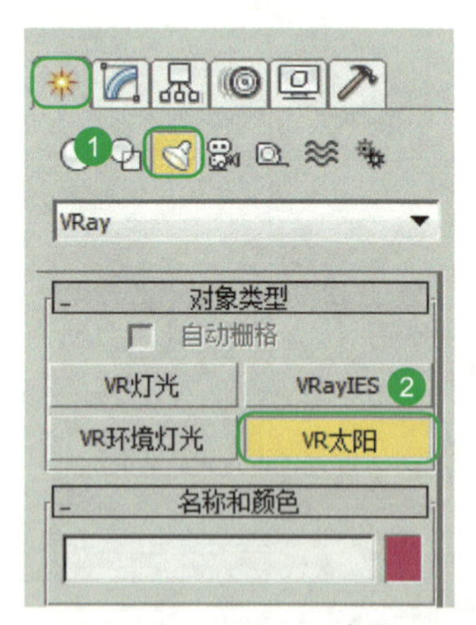

图 3-101　VR 太阳命令

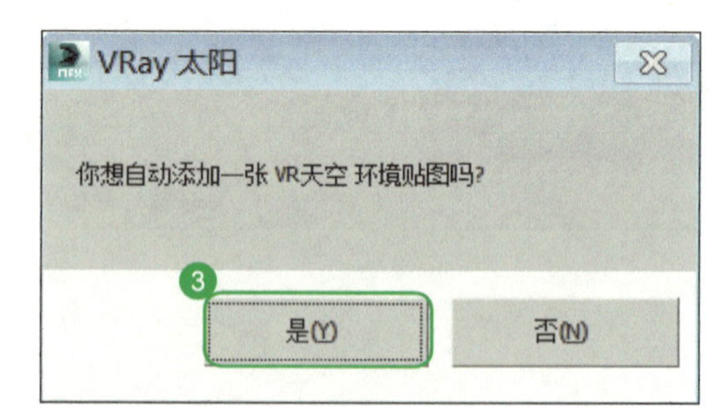

图 3-102　默认设置

03　继续在图中进行调整，使其在“前视图”中穿过面板，如图 3-103 所示。

04　在“修改命令面板”下的【VRay 太阳参数】展卷栏中，将【强度倍增】设置为“0.01”，【大小倍增】设置为“1.0”，【阴影细分】设置为“8”，如图 3-104 所示。

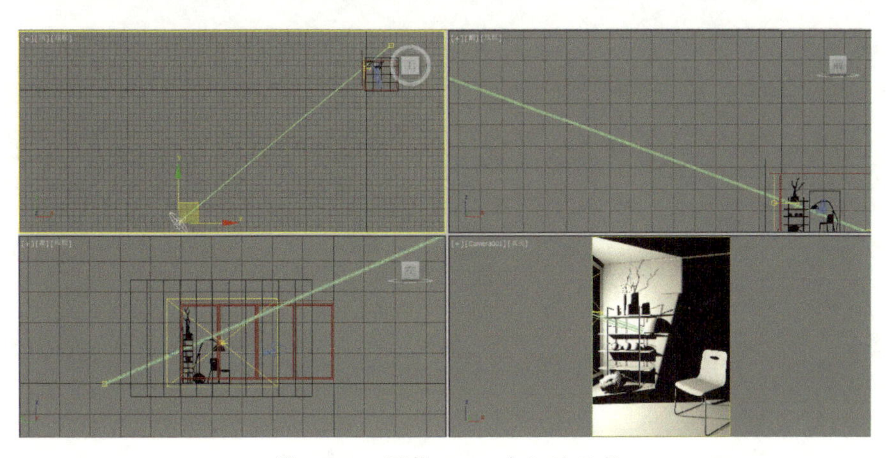

图 3-103　调整 VRay 太阳的距离

05　将前面创建的窗外背景墙名称修改为“背景”，如图 3-105 所示。

06　选中刚才创建的 VRay 太阳，在名称为【VR 太阳 001】下单击下方的【排除】按钮，如图 3-106 所示。

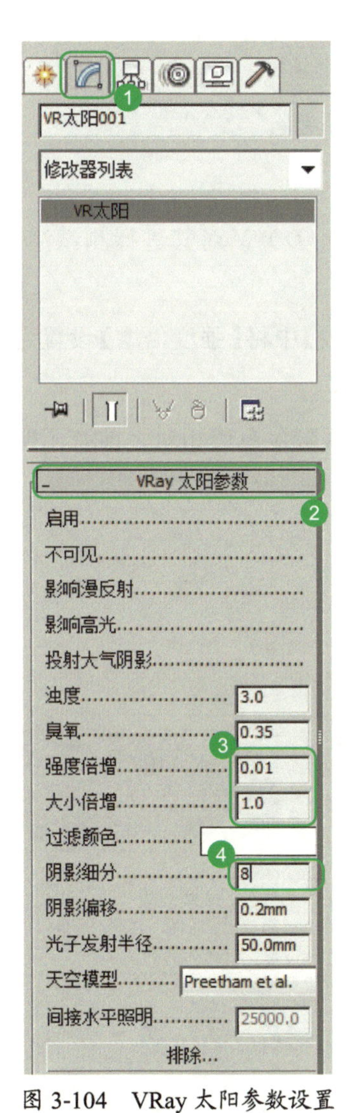

图 3-104　VRay 太阳参数设置

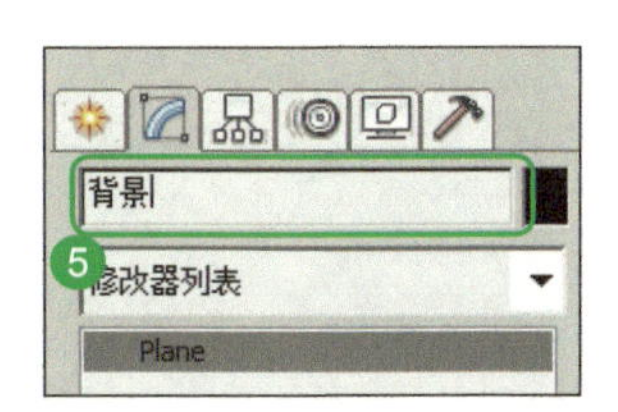

图 3-105　背景名称设置

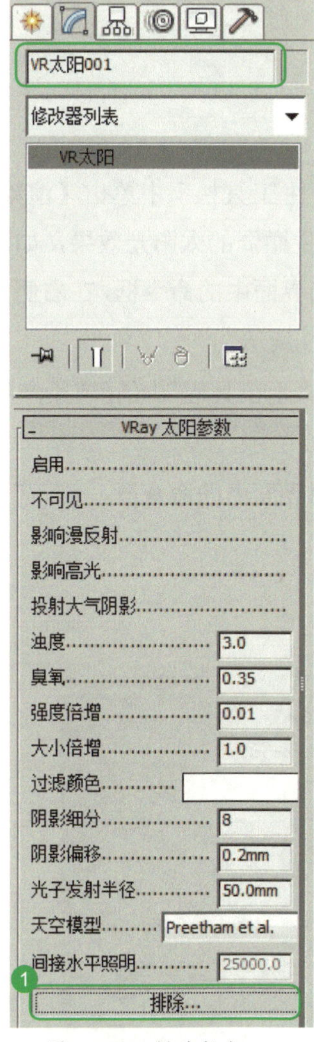

图 3-106　排除按钮

07　打开【排除 / 包含】命令框，在右侧栏中选中“背景”，鼠标左键双击将其置换到左侧栏中，单击【确定】按钮，如图 3-107 所示。

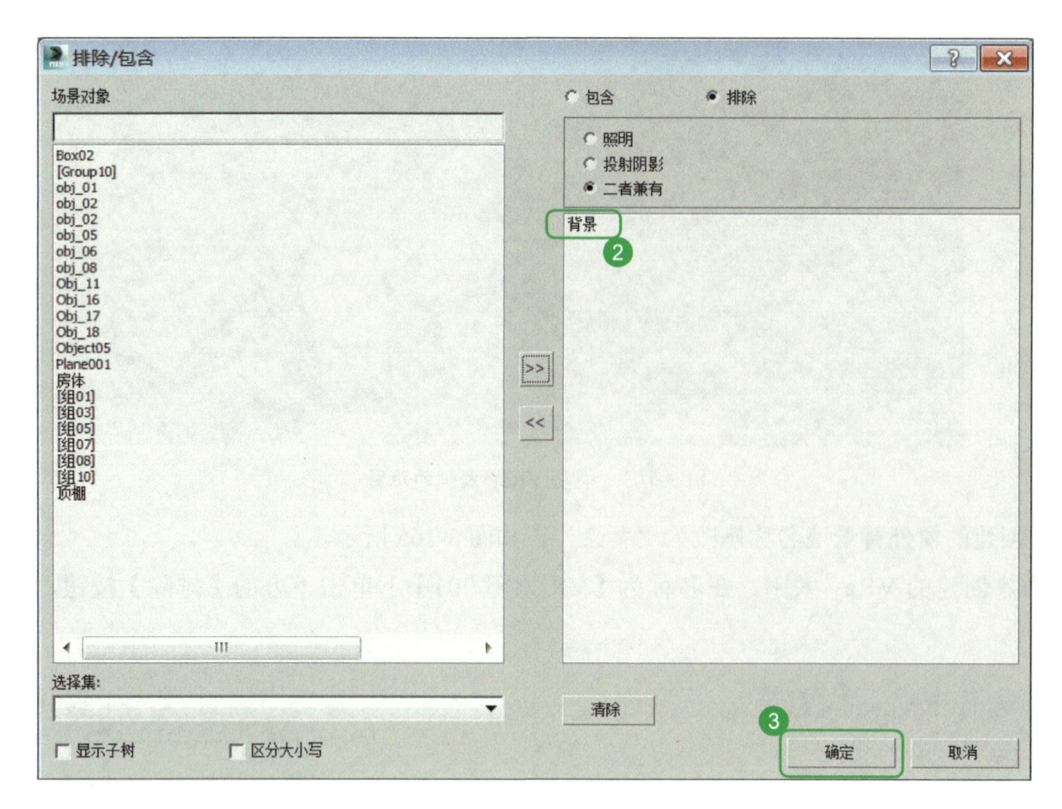

图 3-107　排除背景

08　在“主工具栏”中单击【渲染产品】按钮（快捷键 <F9> 或 <Shift+Q>），对其进行测试渲染。在墙面上会产生微弱的太阳光效果，如图 3-108 所示。

09　关闭界面中的命令框，在右侧“修改命令面板”下的【VRay 太阳参数】中将【强度倍增】设置为“0.05”，如图 3-109 所示。

10　单击“主工具栏”中的【渲染产品】按钮，对图像进行测试渲染，会发现颜色色值相对之前有了明显提高，如图 3-110 所示。

11　关闭界面中的命令框。

图 3-108　测试渲染效果

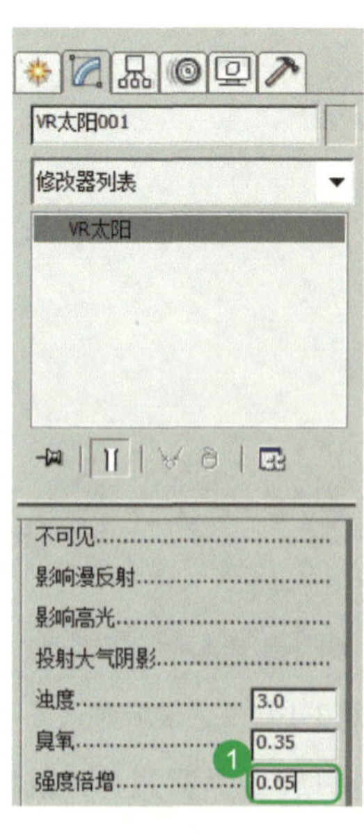

图 3-109　修改 VRay 太阳强度倍增

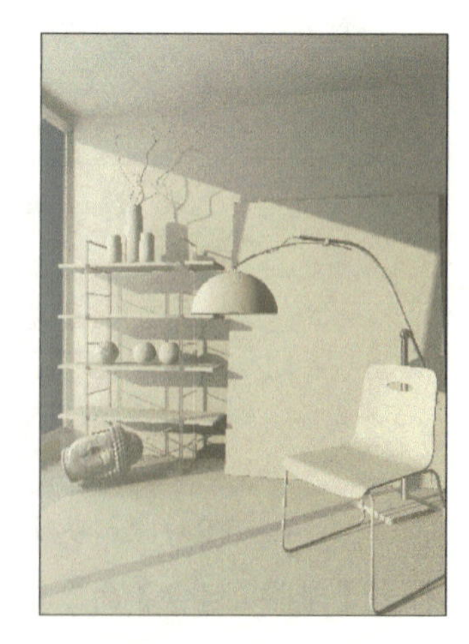

图 3-110　颜色色值提高效果

工作任务

任务 3.4　附着物体材质

任务完成目标

通过完成本任务，掌握以下知识或方法：

- □ 掌握黄金金属 3ds Max 标准材质的参数设置。
- □ 掌握乳胶漆、木质、不锈钢、挂画等 VRay 标准材质的参数设置。

任务内容描述

完成背景材质、乳胶漆材质、木地板材质、木纹材质、不锈钢材质、陶瓷材质、黄金金属材质、挂画材质的设置与附着任务。

任务实施步骤

一、背景材质设置

微课视频 13

接下来，对背景中的材质进行附着。

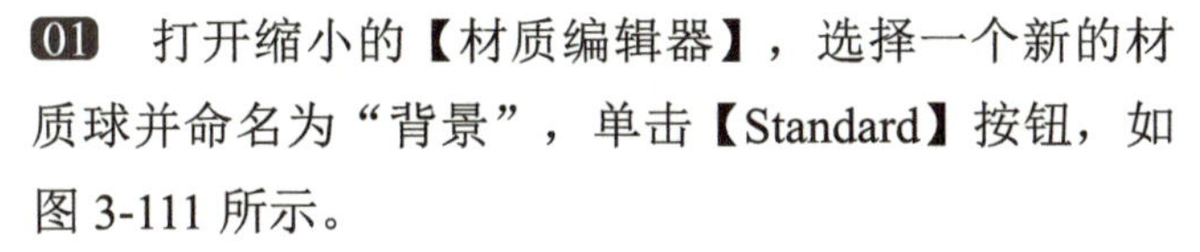

01 打开缩小的【材质编辑器】，选择一个新的材质球并命名为“背景”，单击【Standard】按钮，如图 3-111 所示。

02 打开【材质 / 贴图浏览器】命令框，在【V-Ray】展卷栏中选择标准材质【VRayMtl】，单击【确定】按钮，如图 3-112 所示。

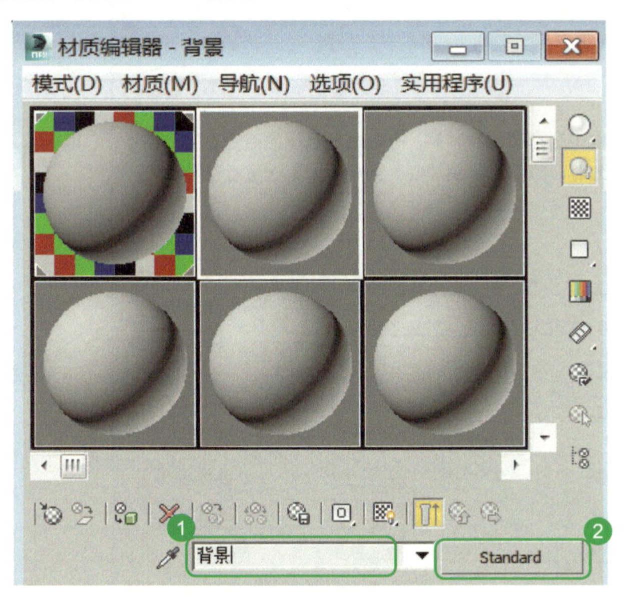

图 3-111　背景材质球命名

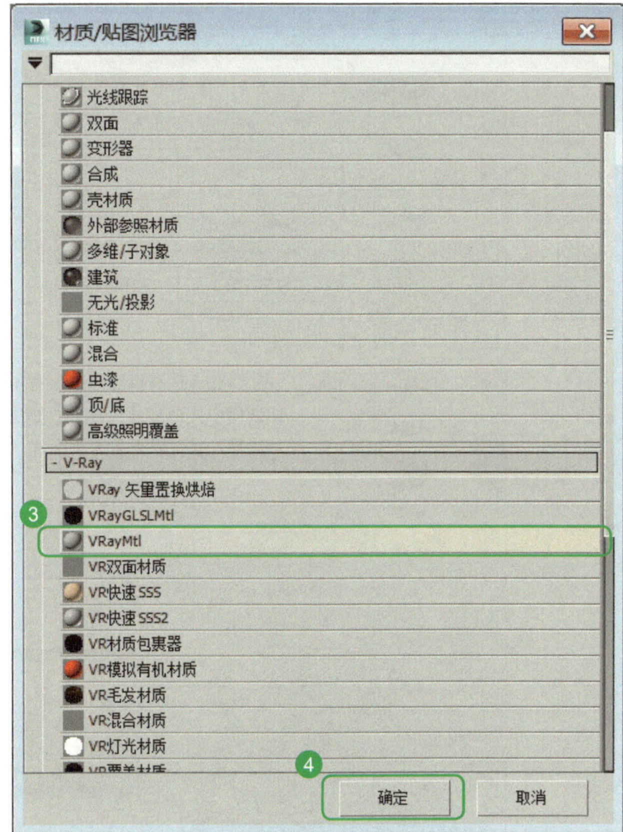

图 3-112　选择 VRayMtl 材质

03 在【基本参数】展卷栏中，单击【漫反射】右边的方块按钮，如图 3-113 所示。

04　打开【材质 / 贴图浏览器】命令框，选中【位图】，单击【确定】按钮，如图 3-114 所示。

05　打开【选择位图图像文件】命令框，选中【背景贴图】文件，单击【查看】按钮，看到大幅的背景贴图图片，单击【打开】按钮，如图 3-115 所示。

06　在【材质编辑器】命令框中，单击【背景】按钮并单击【视口中显示明暗处理材质】按钮和【将材质指定给选定对象】按钮，将这张图片附着到背景贴图中，如图 3-116 所示。

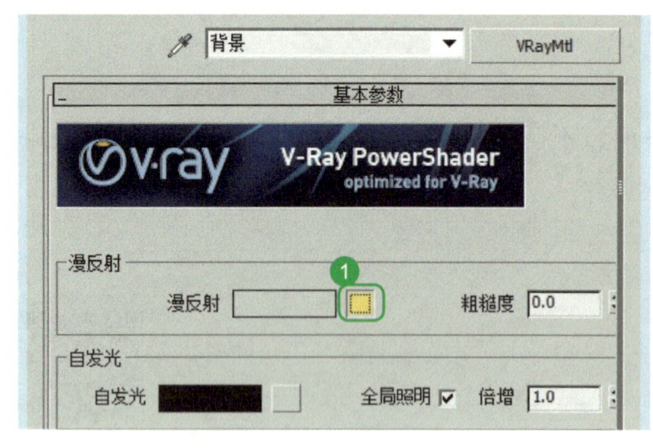

图 3-113　添加漫反射贴图

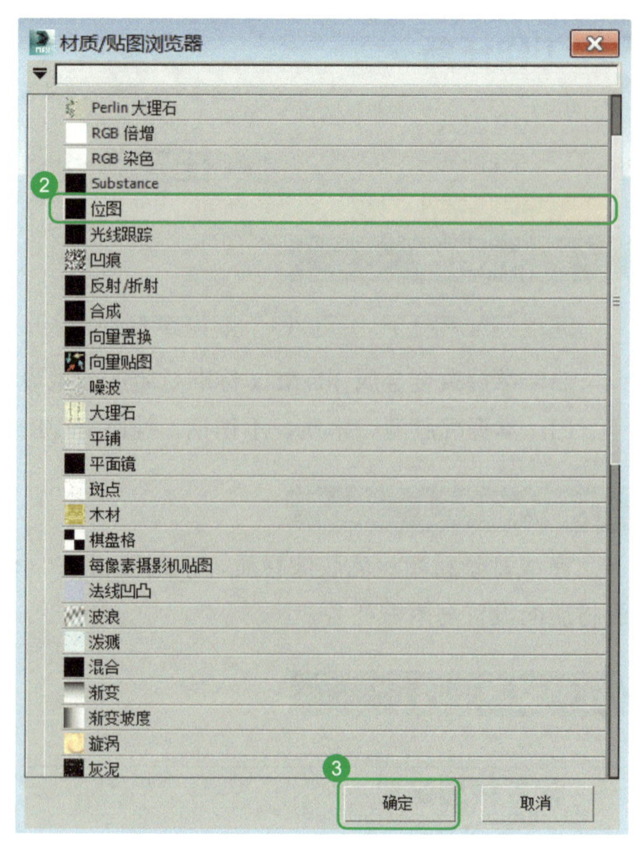

图 3-114　添加位图贴图

图 3-115　背景材质贴图

07 此时需要选择窗口的“VR 灯光 001”，在“修改命令面板”中打开灯光的【双面】，这样就可以看到背后的背景贴图，如图 3-117 所示。

08 单击“主工具栏”中的【渲染产品】按钮，对图像进行测试渲染，如图 3-118 所示。

图 3-116　附着背景材质

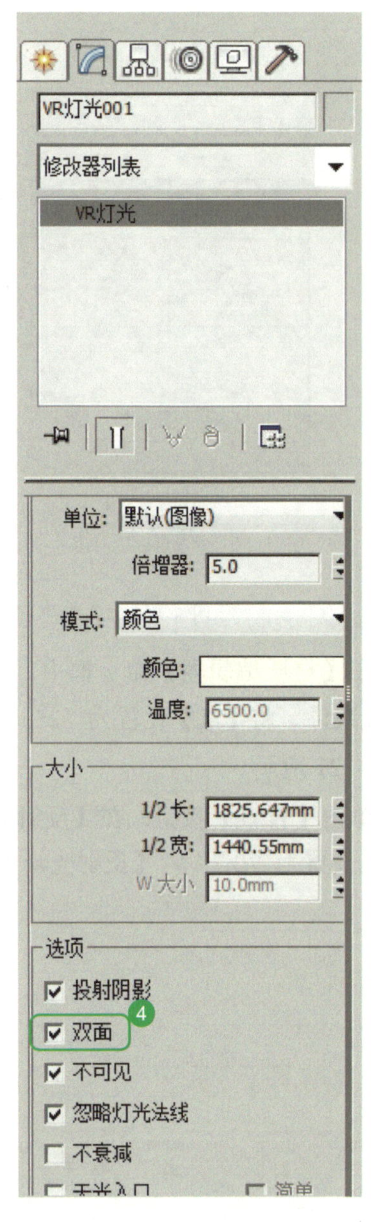

图 3-118　测试渲染效果

图 3-117　勾选双面发光

渲染完成后关闭命令框，通过上面的设置，光线参数调整完毕。

接下来，将进行物体的材质渲染。

说明：在附着材质时，应遵循先附着大块面的模型，例如墙面、地面等，后附着小块面的模型，例如灯、椅子、电线等。在复杂的场景中，也要遵循先大块面、后小块面的材质附着方式。

二、米黄色乳胶漆材质设置

微课视频 14

01 单击“主工具栏”中的【材质编辑器】按钮，打开【材质编辑器】命令框，选择一个新材质球并输入名称为“乳胶漆”，单击【Standard】按钮，如图 3-119 所示。

02 打开【材质 / 贴图浏览器】命令框，在【V-Ray】展卷栏中选择标准材质【VRayMtl】，单击【确定】

按钮，如图 3-120 所示。

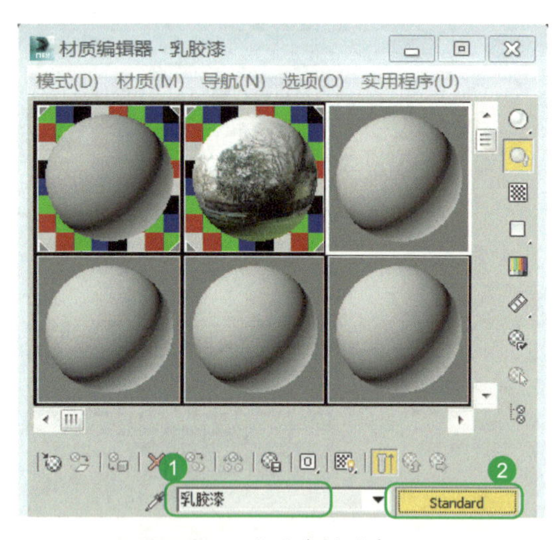

图 3-119　乳胶漆材质命名

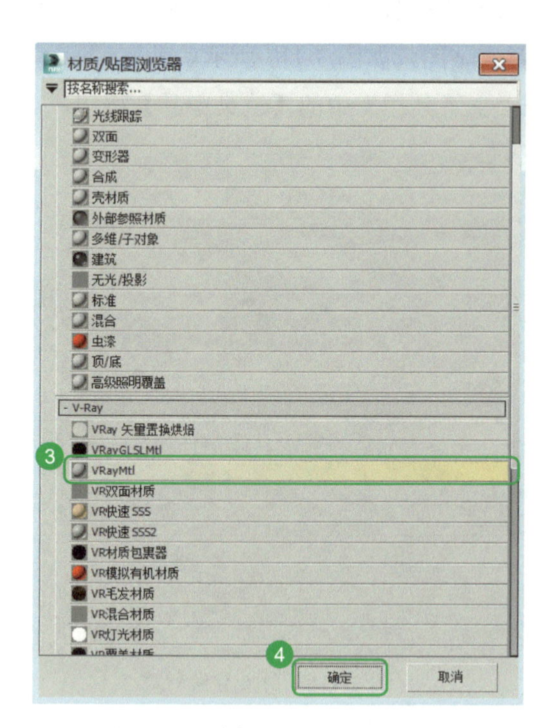

图 3-120　选择 VRayMtl 材质

03　在【材质编辑器】命令框中，单击【漫反射】按钮，打开【颜色选择器：漫反射】命令框，调制米黄色乳胶漆，将【红】设置为“255”，【绿】设置为“250”，【蓝】设置为“220”，单击【确定】按钮，如图 3-121 所示。

04　单击【背景】按钮，在【反射】中，单击【高光光泽度】后的小方块“L”打开“高光光泽度”，将数值设置为“0.7”，【反射光泽度】设置为“0.7”，【细分】设置为“15”，如图 3-122 所示。

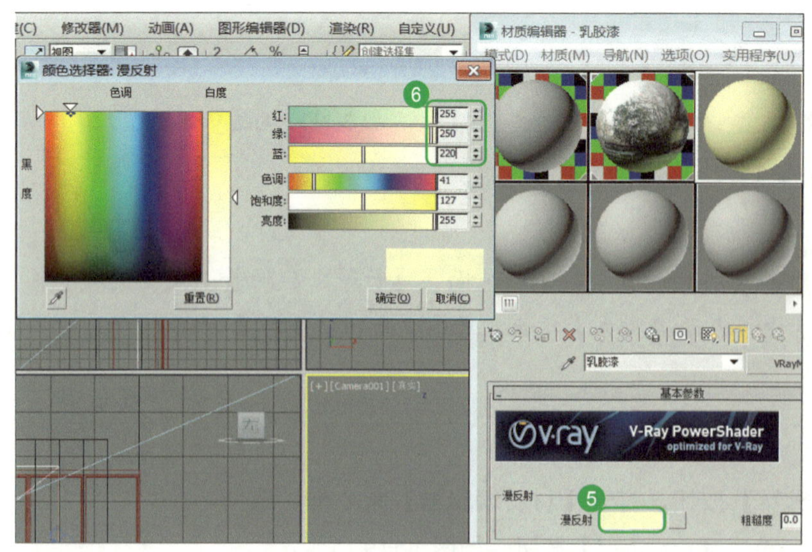

图 3-121　设置米黄色色调

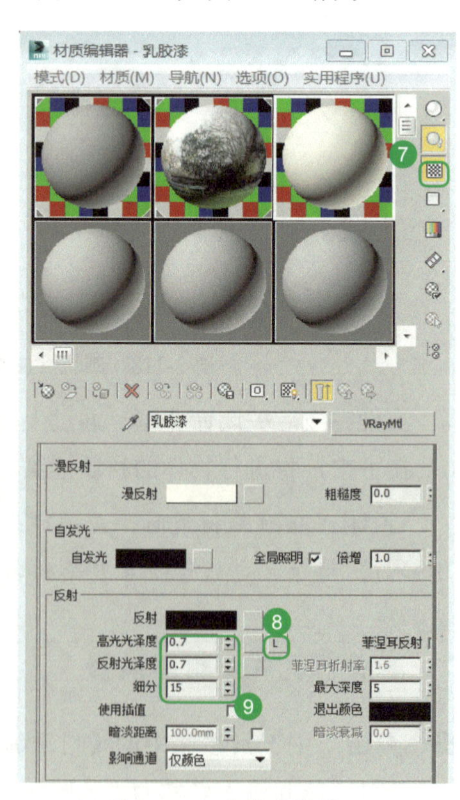

图 3-122　反射值设置

05　将【材质编辑器】命令框拖动至一侧，在界面中选择房体，如图3-123所示。

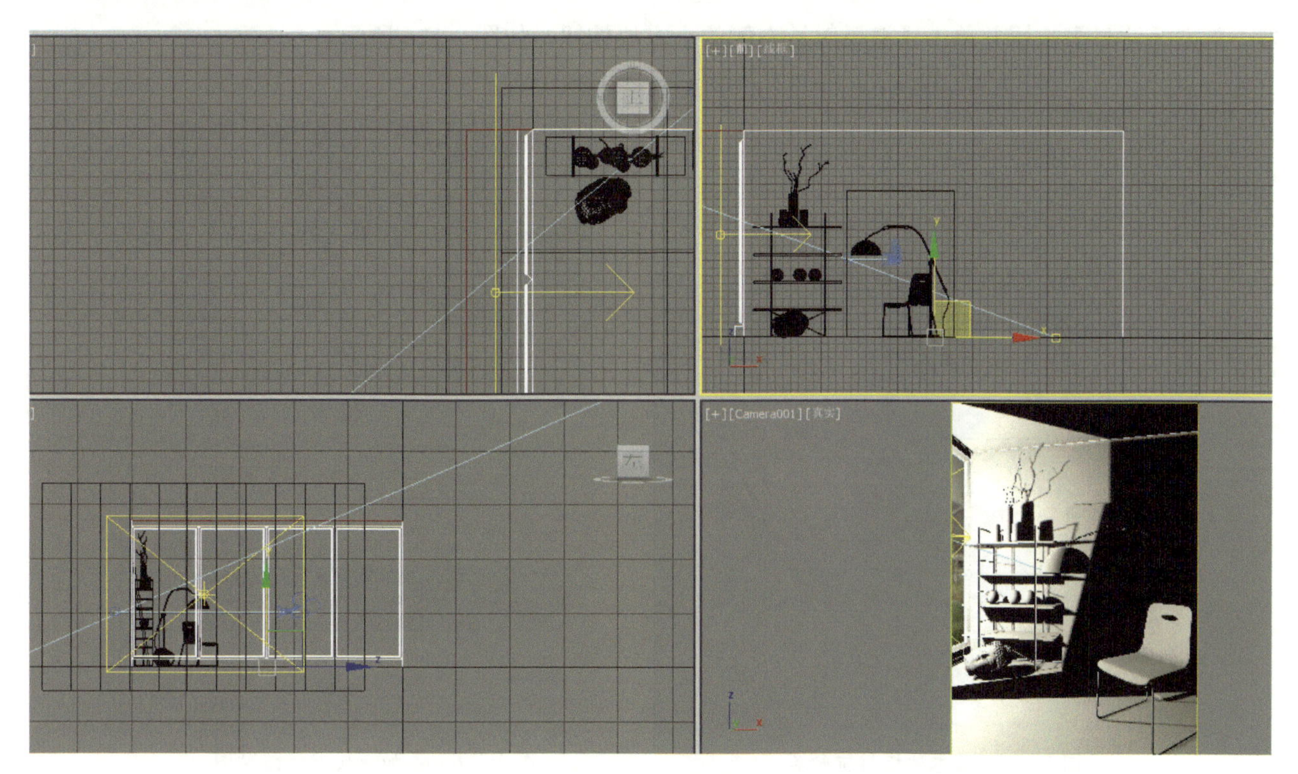

图3-123　选择房体

06　在【材质编辑器】命令框中单击【视口中显示明暗处理材质】按钮和【将材质指定给选定对象】按钮，将乳胶漆材质附着到房体上，如图3-124所示。

图3-124　附着乳胶漆材质

三、木地板材质设置

微课视频15

01　在【材质编辑器】命令框中，选择一个材质球，输入名称为“实木地板”，单击【Standard】按钮，如图3-125所示。

02 打开【材质 / 贴图浏览器】命令框，在【V-Ray】展卷栏中选择标准材质【VRayMtl】，单击【确定】按钮。

03 单击【背景】按钮并单击【漫反射】右侧的小方块按钮，如图 3-126 所示。

图 3-125　实木地板材质命名

图 3-126　添加漫反射位图贴图

04 打开【材质 / 贴图浏览器】命令框，选中【位图】，单击【确定】按钮，打开【选择位图图像文件】命令框，选中【地板贴图】文件，单击【查看】按钮，进行大幅图片查看，单击【打开】按钮，如图 3-127 所示。

05 在【材质编辑器】命令框【位图参数】展卷栏下单击【查看图像】按钮观察图像，如图 3-128 所示。

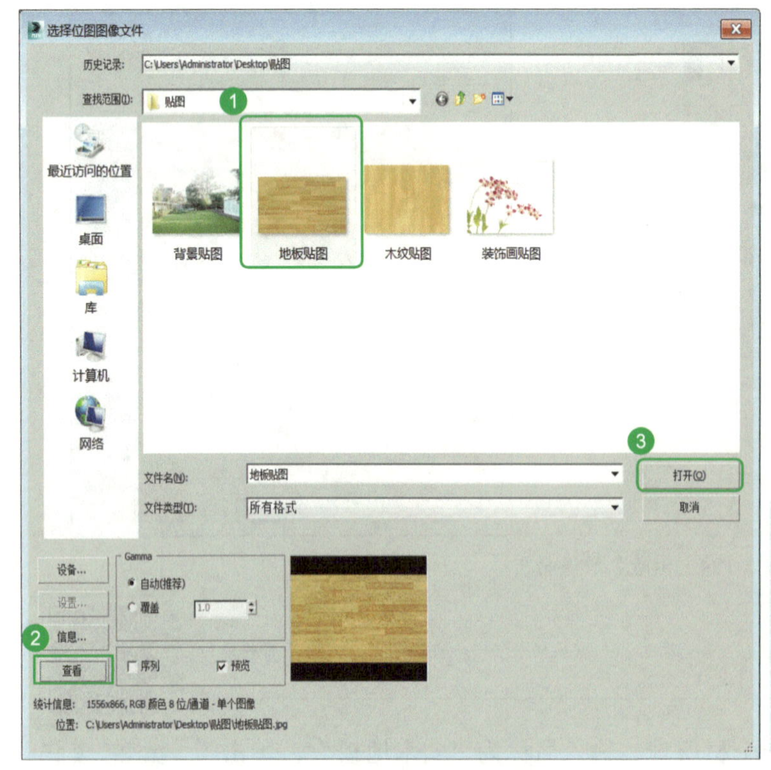

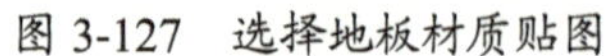

图 3-127　选择地板材质贴图

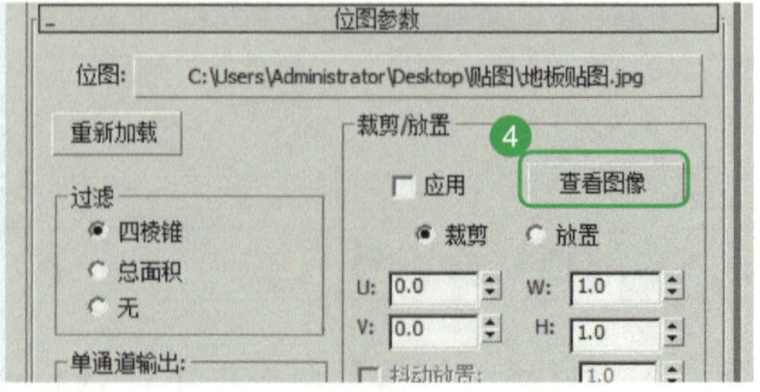

图 3-128　查看图像贴图材质

06　单击【转到父对象】按钮，如图 3-129 所示。

07　单击【反射】右侧的小方块按钮，如图 3-130 所示。

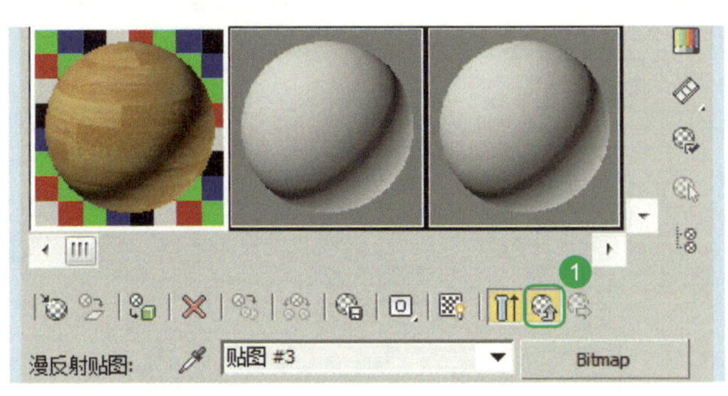

图 3-129　转到父对象回到上一层

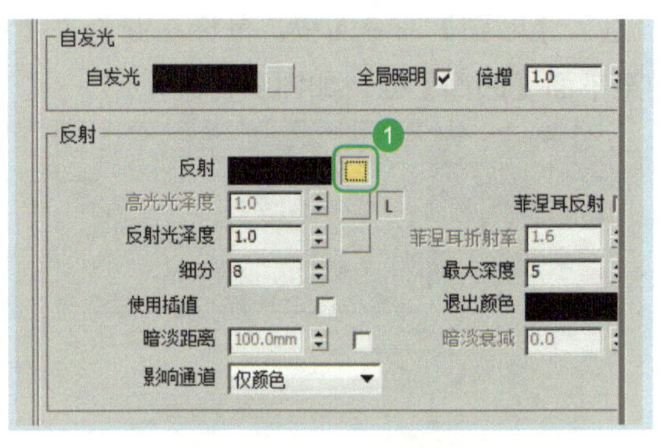

图 3-130　添加反射贴图

08　打开【材质 / 贴图浏览器】命令框，选择【衰减】，单击【确定】按钮，如图 3-131 所示。

09　单击【衰减参数】展卷栏【前：侧】中的白色方块，如图 3-132 所示。

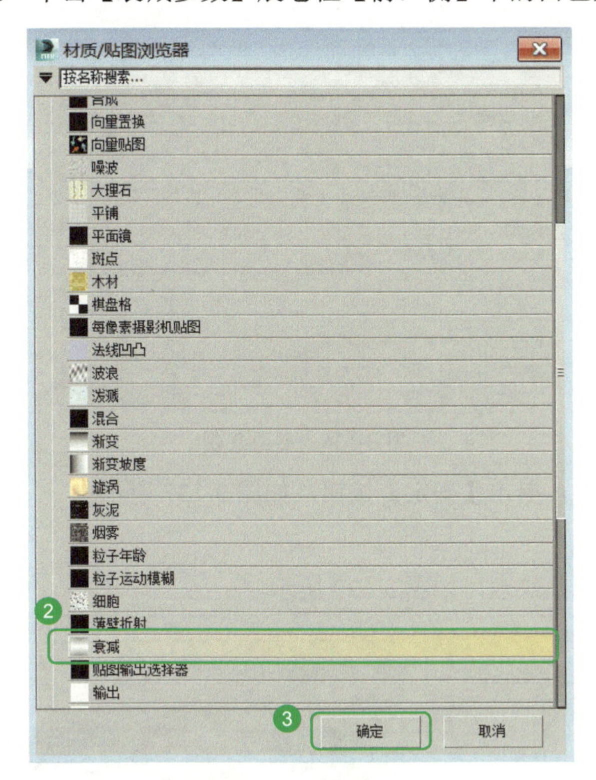

图 3-131　选择衰减贴图

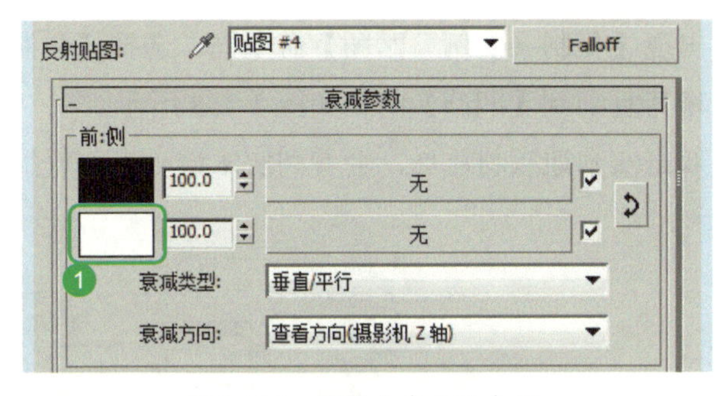

图 3-132　修改白色方块色值

10　打开【颜色选择器：颜色 2】命令框，调整颜色数值，单击【确定】按钮，如图 3-133 所示。

11　将【衰减类型】设置为“垂直 / 平行”，如图 3-134 所示。

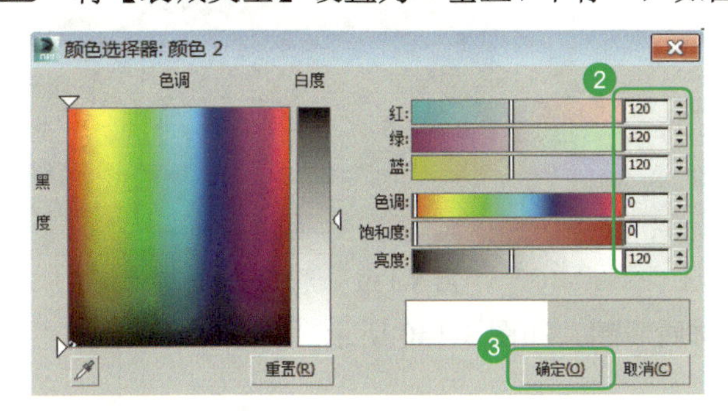

图 3-133　颜色数值设置

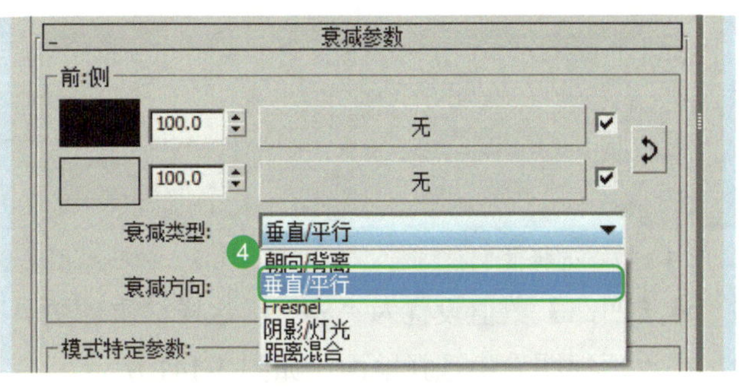

图 3-134　选择“垂直 / 平行”衰减类型

12 单击【转到父对象】按钮，在【反射】中将【反射光泽度】设置为“0.8”，【细分】设置为“15”，如图 3-135 所示。

13 进入【贴图】命令面板，鼠标左键单击【漫反射】右侧的“贴图 #3（地板贴图 .jpg）”按钮不放，拖动至下面【凹凸】处，如图 3-136 所示。

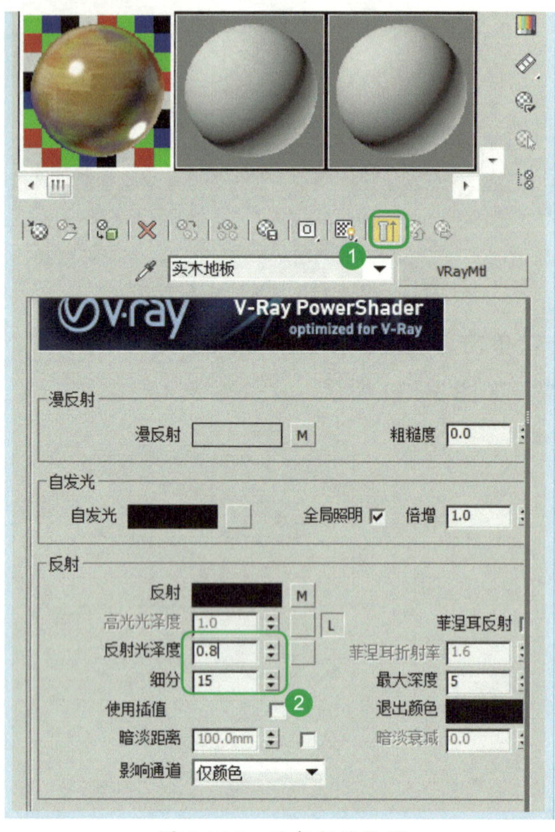

图 3-135　反射数值设置

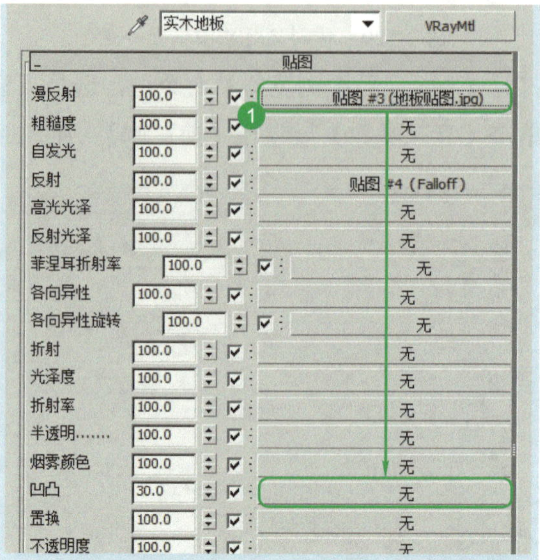

图 3-136　贴图复制

14 出现【复制（实例）贴图】命令框，选择【复制】，单击【确定】按钮，如图 3-137 所示。

15 将其复制到【凹凸】中，如图 3-138 所示。

16 双击实木地板材质球，会看到实木地板上有轻微凹凸纹理，如图 3-139 所示。

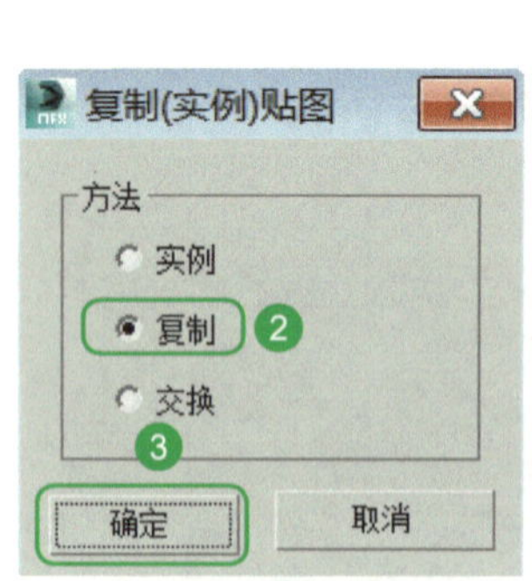

图 3-137　选择复制

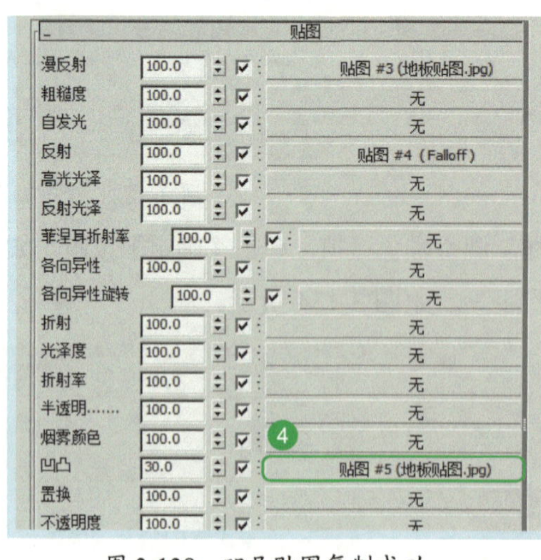

图 3-138　凹凸贴图复制成功

图 3-139　实木地板材质球效果

17 将【凹凸】数值设置为“50”，这样材质球更具有材质质感，如图 3-140 所示。

18 在“顶视图”中选择地面，如图 3-141 所示。

19 选中地面后，在【材质编辑器】命令框中单击【视口中显示明暗处理材质】按钮和【将材质指定给选定对象】按钮，将材质附着给地面，在“透视图”中可以看到地面材质，如图 3-142 所示。

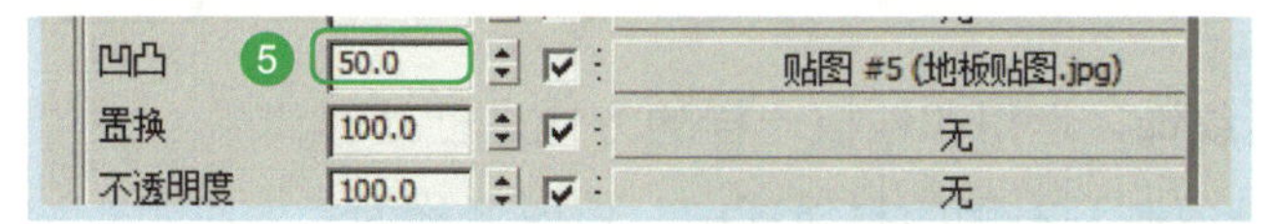

图 3-140　凹凸值设置

20 在图中发现木地板的纹理比较大，所以在右侧“修改命令面板”中，选择【UVW 贴图】，如图 3-143 所示。

21 在【参数】展卷栏中点选【面】，在“透视图”中可以看到纹理比之前真实了许多，如图 3-144 所示。

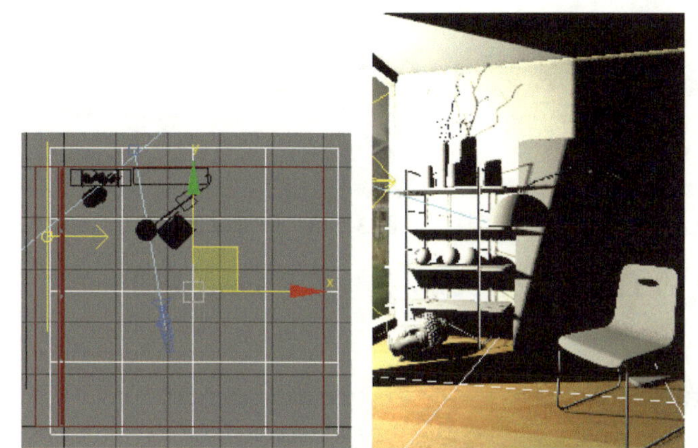

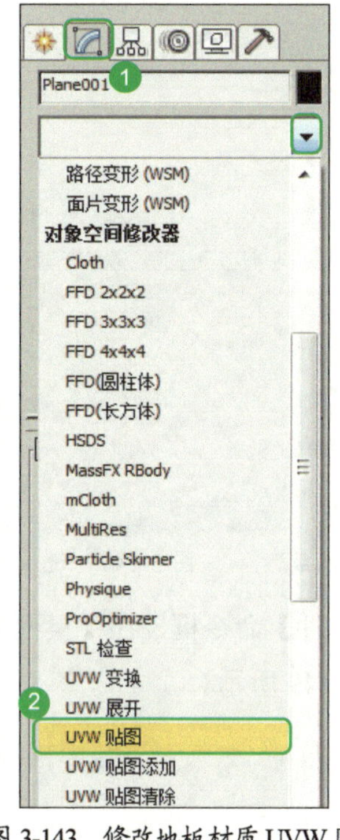

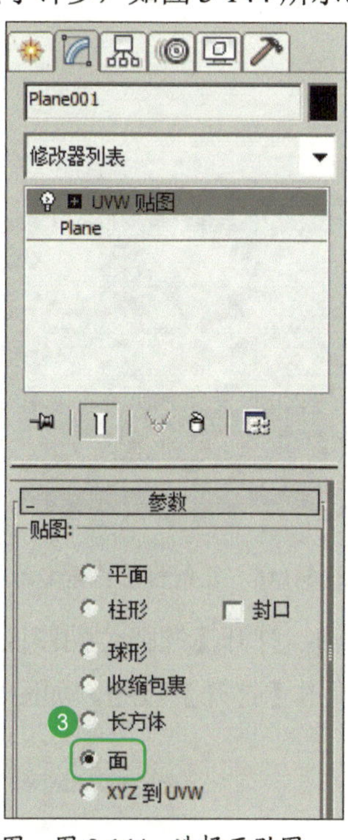

图 3-141　选中地面　　图 3-142　完成地板材质附着　图 3-143　修改地板材质 UVW 贴图　图 3-144　选择面贴图

22 单击“主工具栏”中的【渲染产品】按钮，对图像进行测试渲染，因为增加了材质贴图反射参数，所以渲染速度相比之前要慢一些，如图 3-145 所示。

图 3-145　测试渲染效果

四、木纹材质设置

微课视频 16

对椅子、展示台等木质纹饰，运用和地板一样的方式进行处理。

01 将“实木地板”材质球复制到右侧的材质球中，修改名称为“木纹”，如图 3-146 所示。

02 单击【贴图】展卷栏中的【贴图 #3（地板贴图 .jpg）】按钮，如图 3-147 所示。

03 对里面的材质进行修改，单击【位图参数】展卷栏中的【位图】右侧的文件地址，如图 3-148 所示。

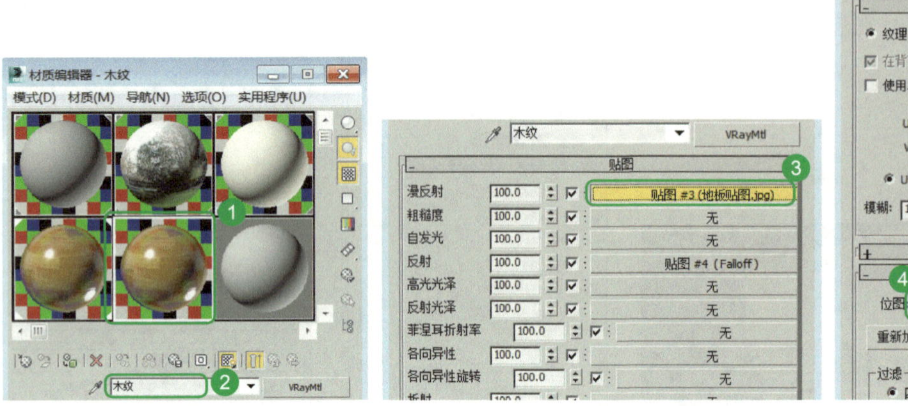

图 3-146　复制材质球命名为“木纹”　　图 3-147　进入漫反射贴图

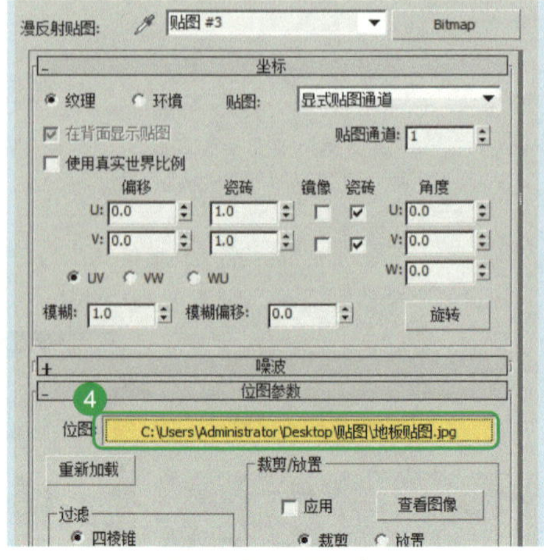

图 3-148　修改位图地址

04 打开【选择位图图像文件】命令框，在【桌面】的【贴图】文件夹中，选中【木纹贴图】图片文件，单击【打开】按钮，如图 3-149 所示。

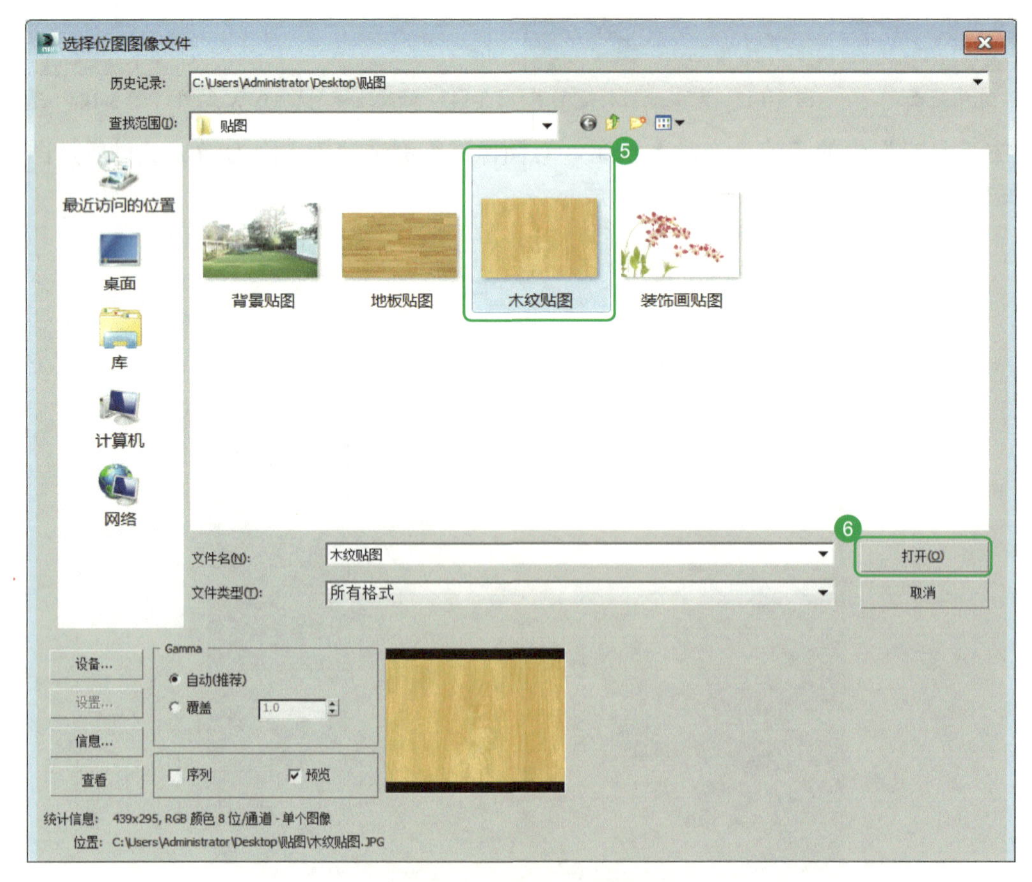

图 3-149　选择木纹材质贴图

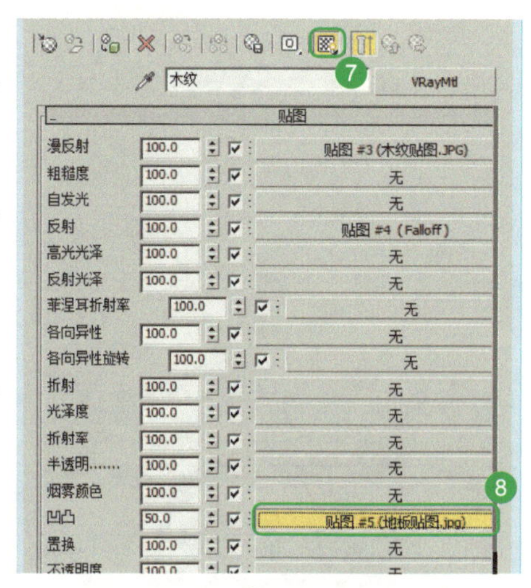

图 3-150　修改凹凸贴图

05 单击【转到父对象】按钮，在【贴图】中单击【凹凸】右侧的【贴图 #5（地板贴图 .jpg）】按钮（图 3-150），对里面的材质进行修改；单击【位图参数】中的【位图】右侧的文件地址，打开【选择位图图像文件】命令框，选中【木纹贴图】文件，单击【打开】按钮。

06 选中“透视图”，单击右下角的【最大化视口切换】按钮，显示最大化真实图，选中椅面，单击【材质编辑器】命令框中的【视口中显示明暗处理材质】按钮和【将材质指定给选定对象】按钮，将木纹材质附着到椅面上，如图 3-151 所示。

07 选中展示台，单击【材质编辑器】命令框中的【视口中显示明暗处理材质】按钮和【将材质指定给选定对象】按钮，将展示台面附着成木纹材质，如图 3-152 所示。

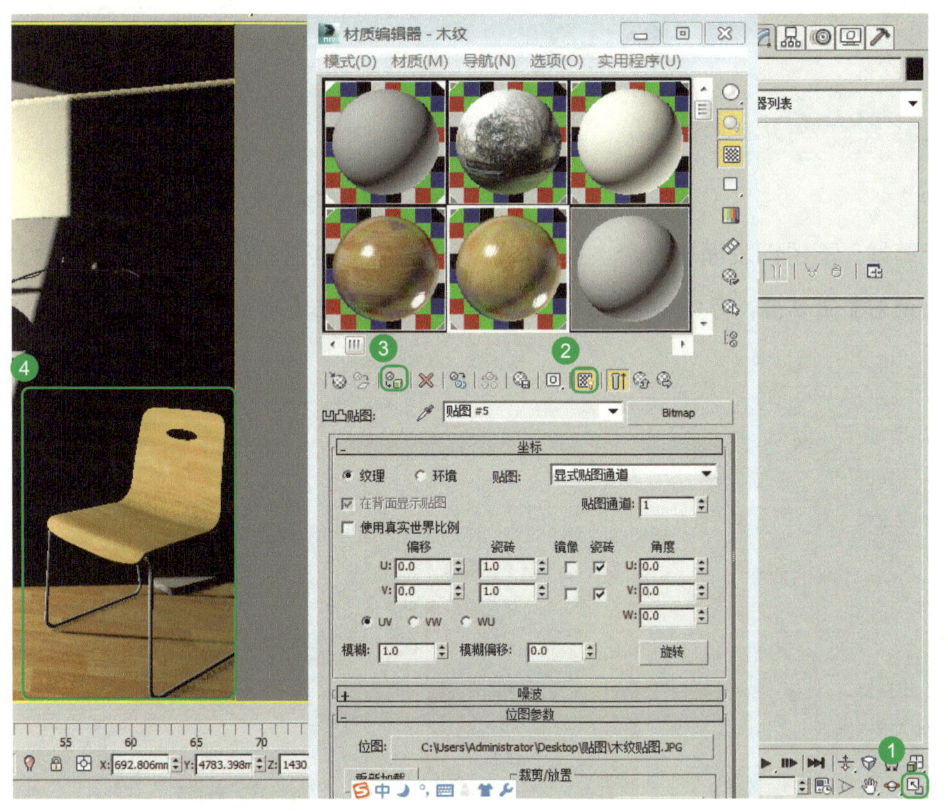

图 3-151　附着椅面木纹材质

图 3-152　展示台附着木纹材质

五、不锈钢材质设置

微课视频 17

01 选中一个新的材质球，输入名称为“不锈钢”，单击【Standard】按钮，如图 3-153 所示。

02 打开【材质 / 贴图浏览器】命令框，在【V-Ray】展卷栏中选择标准材质【VRayMtl】，单击【确定】按钮，如图 3-154 所示。

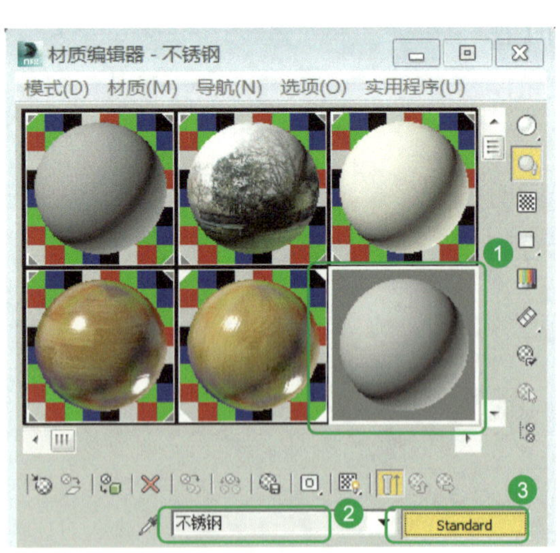

图 3-153　不锈钢材质命名

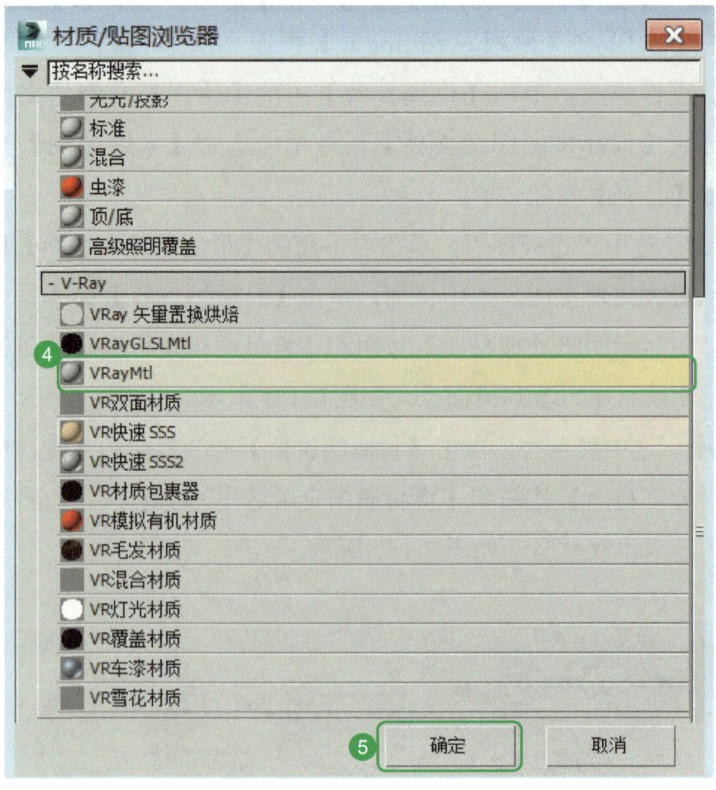

图 3-154　选择 VRayMtl 材质

03　对【反射】中的数值进行调试，不锈钢表面较光滑，主要依靠反射设置对其进行调节。单击【反射】颜色按钮，打开【颜色选择器：反射】命令框，将“亮度”数值设置为“175”，单击【确定】按钮，如图 3-155 所示。

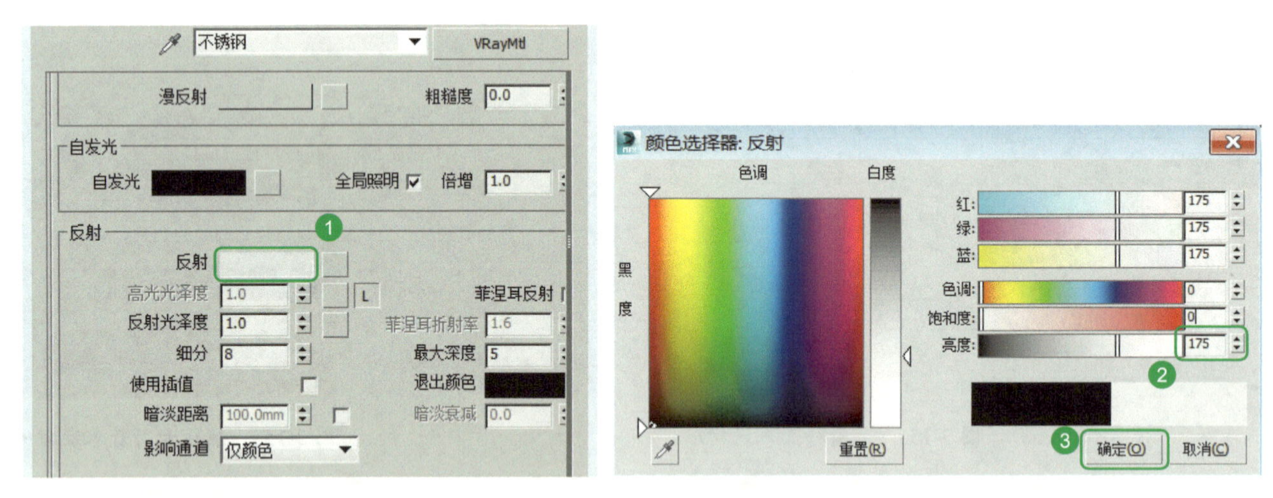

图 3-155　反射颜色设置

04　在【材质编辑器】命令框中单击【背景】按钮，可以看到不锈钢材质球中反射背景的光线。在【反射】中将【反射光泽度】调整为“0.9”，【细分】调整为“15”，如图 3-156 所示。在后面完整的渲染过程中，可将细分值调至 30 到 45 之间。

05　选中椅子腿，单击【材质编辑器】命令框中的【视口中显示明暗处理材质】按钮和【将材质指定给选定对象】按钮，给其附着不锈钢材质，如图 3-157 所示。

图 3-156　反射值设置　　　　图 3-157　选中椅子腿附着材质

06 分别选中灯饰、展示架架体、钢铁球，单击【材质编辑器】命令框中的【视口中显示明暗处理材质】按钮和【将材质指定给选定对象】按钮，给其附着不锈钢材质。

07 单击“主工具栏”中的【渲染产品】按钮，可以对图像进行测试渲染。

微课视频 18

六、陶瓷材质设置

01 选中一个新的材质球，输入名称为“陶瓷材质”，单击【Standard】按钮，如图 3-158 所示。

02 打开【材质 / 贴图浏览器】命令框，在【V-Ray】展卷栏中选择标准材质【VRayMtl】，单击【确定】按钮。

03 在【材质编辑器】命令框中单击【背景】按钮，再单击【漫反射】颜色按钮，如图 3-159 所示。

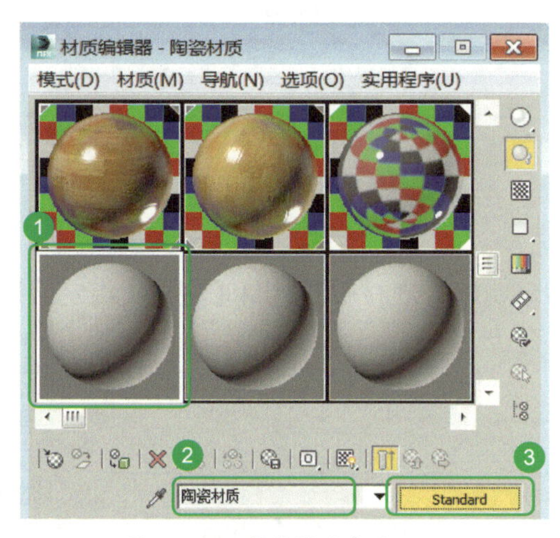

图 3-158　陶瓷材质命名

图 3-159　打开材质编辑器背景框

04 绘制橘色陶瓷瓶，打开【颜色选择器：漫反射】命令框，将【红】设置为“245”，【绿】设置为“165”，【蓝】设置为“50”，单击【确定】按钮，如图 3-160 所示。

05　单击【反射】右侧小方块按钮，如图 3-161 所示。

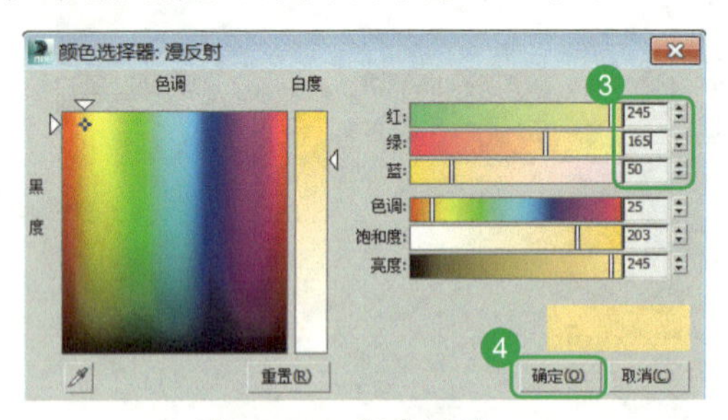

图 3-160　颜色设置

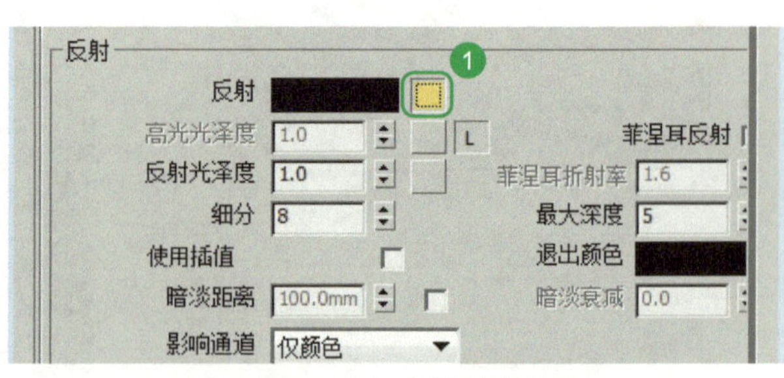

图 3-161　添加反射材质贴图

06　打开【材质 / 贴图浏览器】命令框，选择【衰减】，单击【确定】按钮，如图 3-162 所示。

07　在【衰减参数】展卷栏中的【前：侧】下的【衰减类型】中选择【Fresnel】，如图 3-163 所示。

08　单击【转到父对象】按钮，在【反射】中将【反射光泽度】设置为“0.9”，【细分】设置为“15”，如图 3-164 所示。

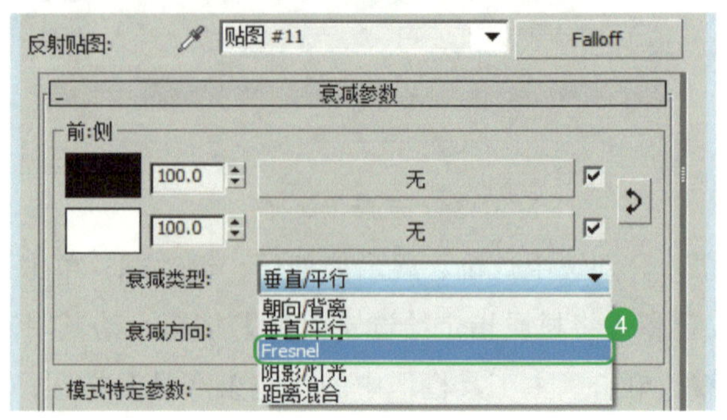

图 3-163　更改衰减类型

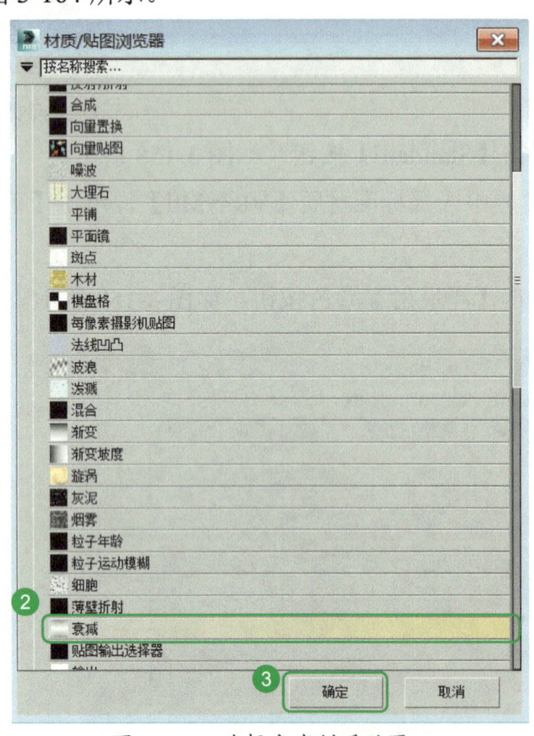

图 3-162　选择衰减材质贴图

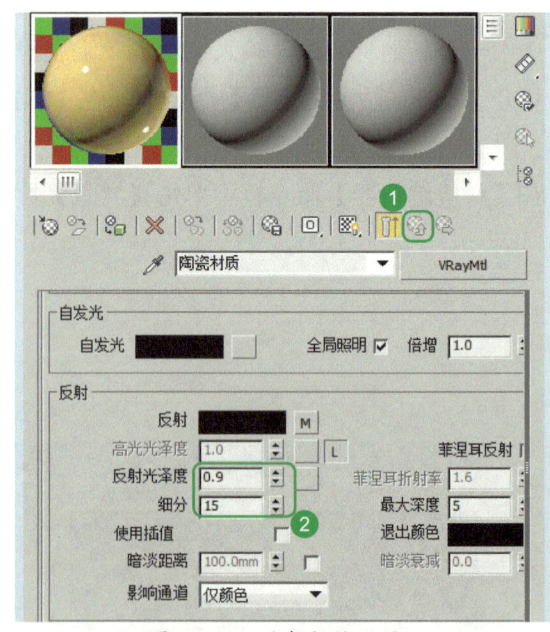

图 3-164　反射数值设置

09　选中花瓶，单击【材质编辑器】命令框中的【视口中显示明暗处理材质】按钮和【将材质指定给选定对象】按钮，将陶瓷材质附着到花瓶上。

七、黄金金属材质设置

微课视频 19

01　在【材质编辑器】中选择一个新的材质球，输入名称为“黄金”，在【Blinn 基本参数】展卷栏中，单击【环境光】颜色按钮，如图 3-165 所示。

02　打开【颜色选择器：环境光颜色】命令框，将【红】设置成“40”，【绿】设置成“20”，【蓝】设置成“15”，单击【确定】按钮，如图 3-166 所示。

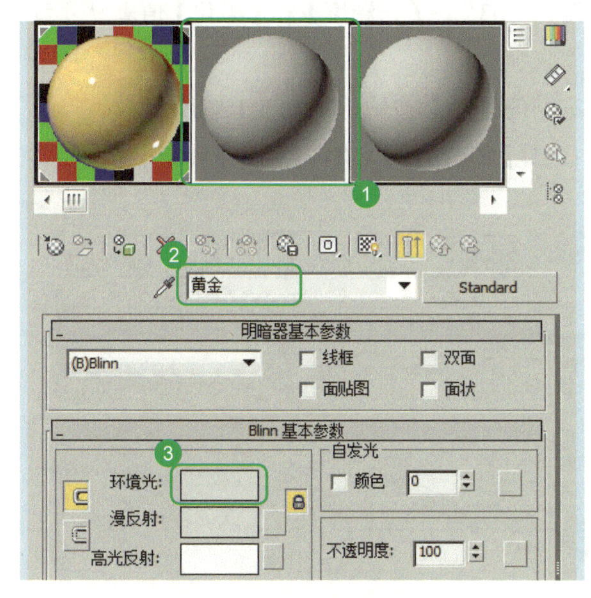

图 3-165　黄金材质命名

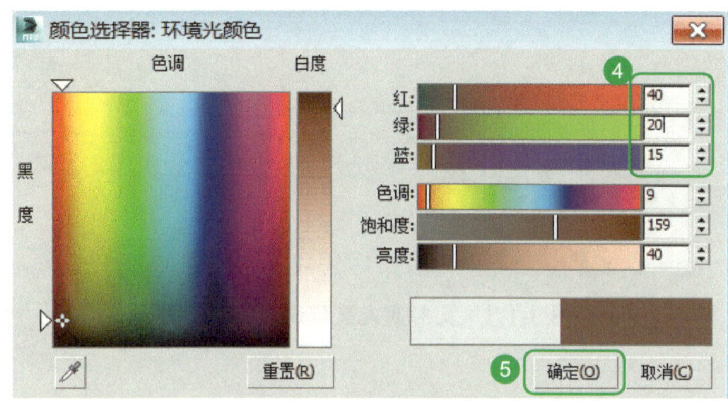

图 3-166　环境光颜色设置

03　关闭【关联】按钮，将【漫反射】颜色设置为黄金固有色，单击【漫反射】颜色按钮，如图 3-167 所示。

04　打开【颜色选择器：漫反射颜色】命令框，将【红】设置为“192”，【绿】设置为“148”，【蓝】设置为“15”，单击【确定】按钮，如图 3-168 所示。

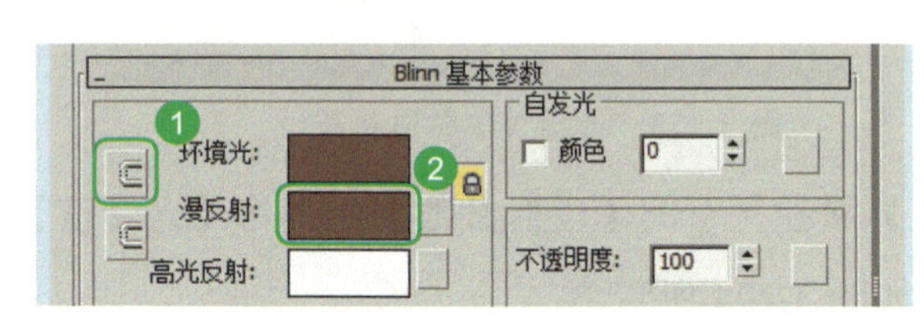

图 3-167　关闭关联按钮

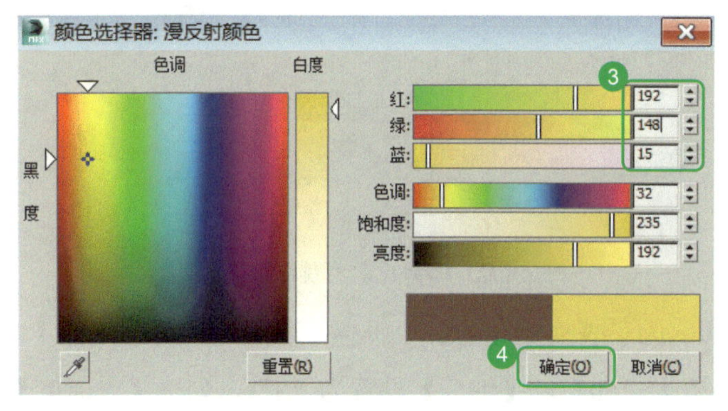

图 3-168　漫反射颜色设置

05　在【Blinn 基本参数】展卷栏中单击【高光反射】颜色按钮，如图 3-169 所示。

06　打开【颜色选择器：高光颜色】命令框，将【红】设置为“166”，【绿】设置为“160”，【蓝】设置为“5”，单击【确定】按钮，如图 3-170 所示。

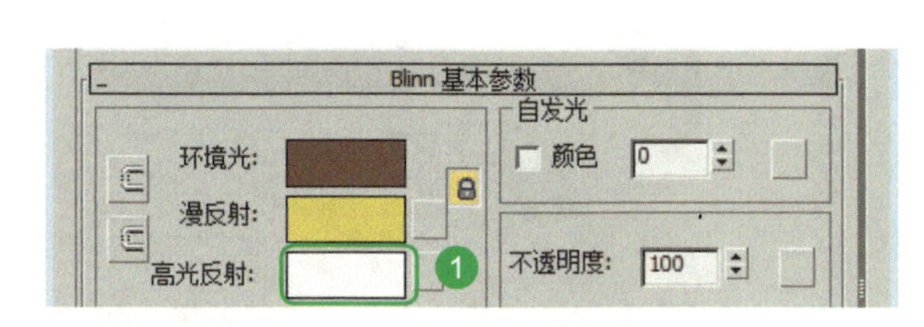

图 3-169　高光反射颜色按钮

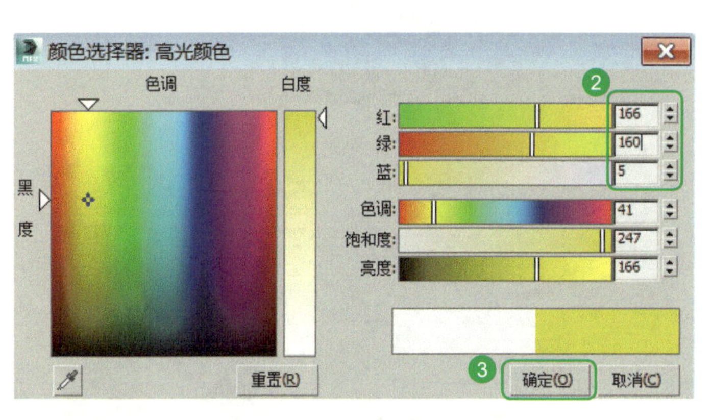

图 3-170　高光反射颜色设置

07 单击【背景】按钮，在【反射高光】中将【高光级别】调为“63”，【光泽度】和【柔化】值默认不动，如图 3-171 所示。

08 打开【贴图】展卷栏，勾选【反射】，单击【反射】右侧的【无】按钮，如图 3-172 所示。

09 打开【材质 / 贴图浏览器】命令框，在【V-Ray】展卷栏中选择【VR 贴图】，单击【确定】按钮，如图 3-173 所示。

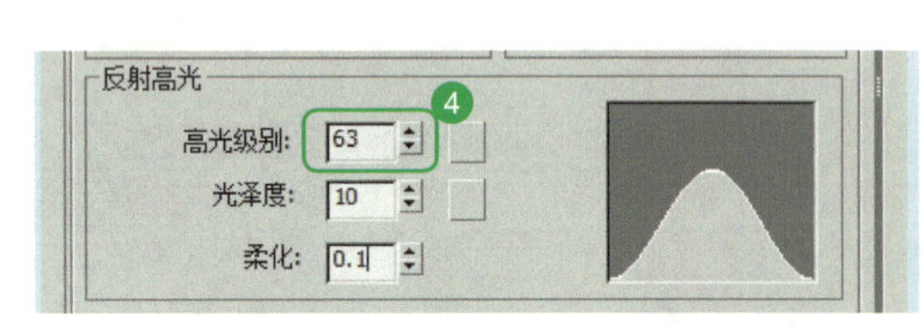

图 3-171 反射高光数值设置

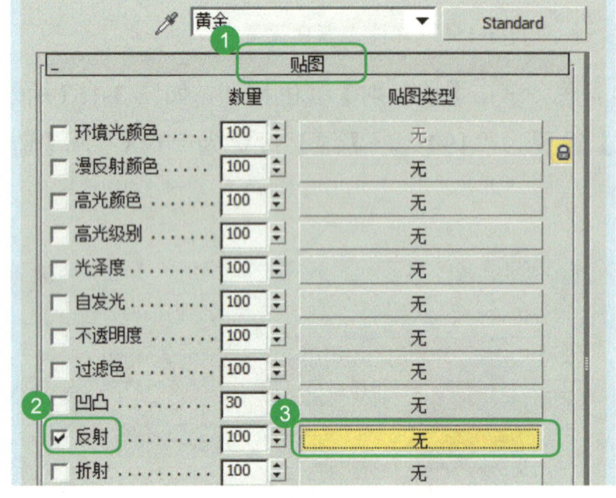

图 3-172 添加反射材质贴图

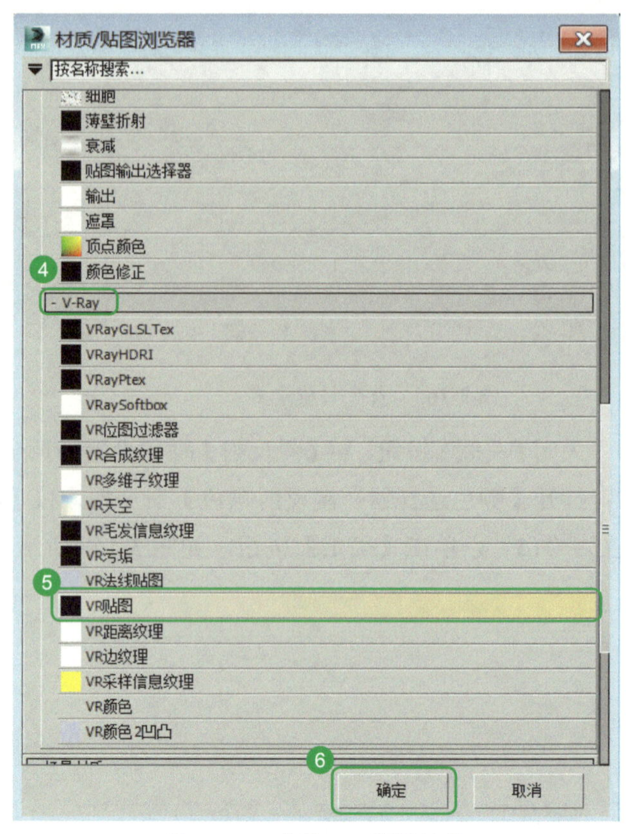

图 3-173 选择 VR 贴图材质

10 为了表现黄金的磨砂质感，而不是亮质感，在【参数】展卷栏下的【反射参数】中，将【光泽度】设置为“60”，【细分】设置为“3”，勾选【光泽度】，如图 3-174 所示。

11 在【材质编辑器】命令框中，单击【转到父对象】按钮，选中佛头，单击【视口中显示明暗处理材质】按钮和【将材质指定给选定对象】按钮，将黄金材质附着到佛头上，如图 3-175 所示。

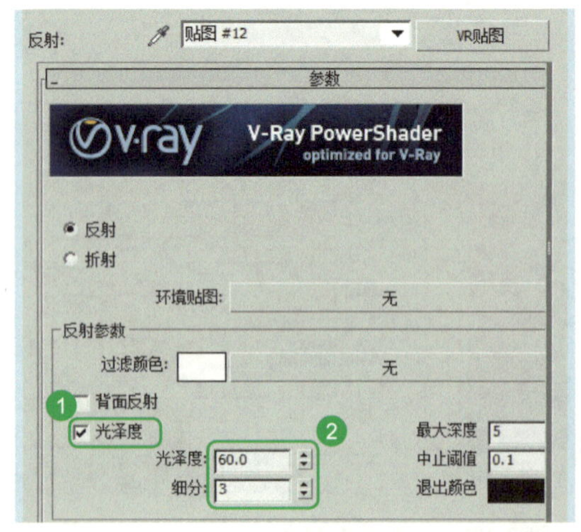

图 3-174 反射参数值设置

图 3-175 佛头附着黄金材质

微课视频 20

八、挂画材质设置

01　在【材质编辑器】命令框中，选中一个新的材质球，输入名称为“挂画”，单击【Standard】按钮，如图 3-176 所示。

02　打开【材质 / 贴图浏览器】命令框，在【V-Ray】展卷栏中选择标准材质【VRayMtl】，单击【确定】按钮，如图 3-177 所示。

03　在【材质编辑器】命令框中，单击【背景】按钮，单击【反射】右侧的小方块按钮，如图 3-178 所示。

04　打开【材质 / 贴图浏览器】命令框，选中【位图】，单击【确定】按钮，如图 3-179 所示。

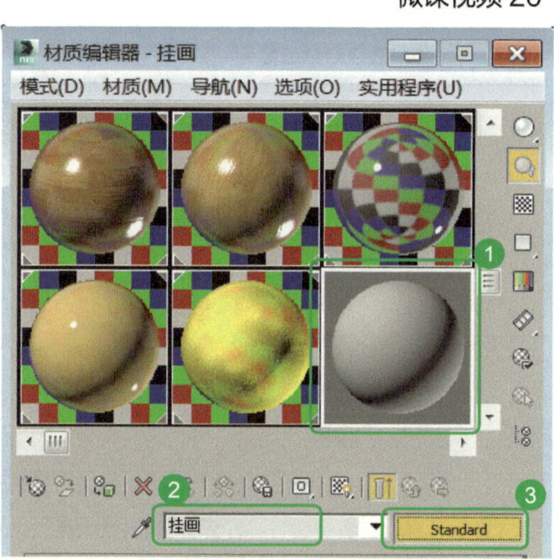

图 3-176　挂画材质命名

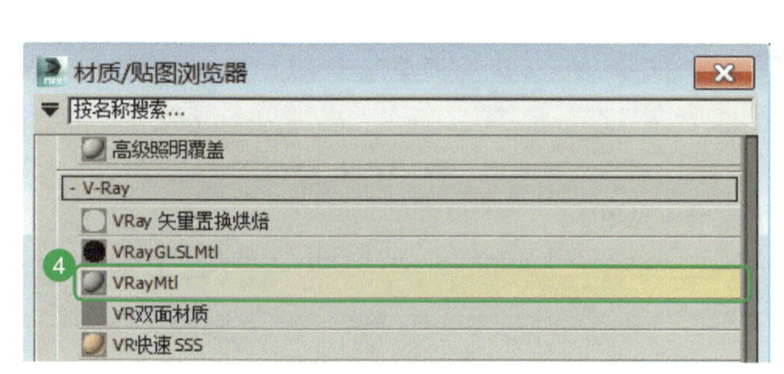

图 3-177　选择 VRayMtl 标准材质

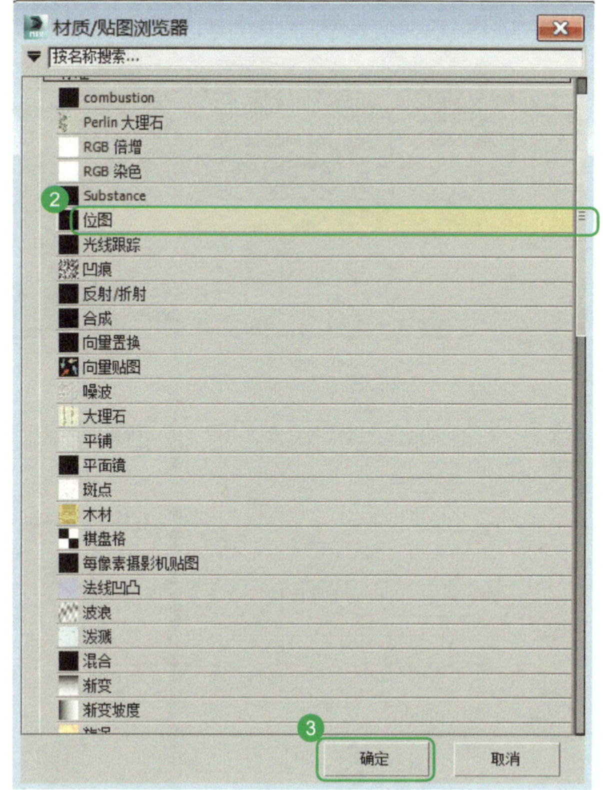

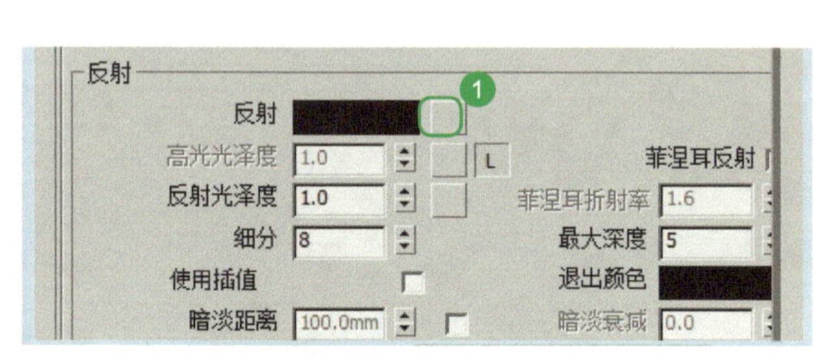

图 3-178　添加漫反射材质贴图

图 3-179　选择位图材质贴图

05　打开【选择位图图像文件】命令框，在【桌面】的【贴图】文件夹中，选中【装饰画贴图】图片文件，单击【打开】按钮，如图 3-180 所示。

06　在【材质编辑器】命令框的【位图参数】展卷栏中，勾选【应用】，单击【查看图像】按钮，如图 3-181 所示。

07　打开选择的贴图进行查看，因为画框成方形，所以需要将图片调至合适的尺寸大小，然后“关闭”窗口，如图 3-182 所示。

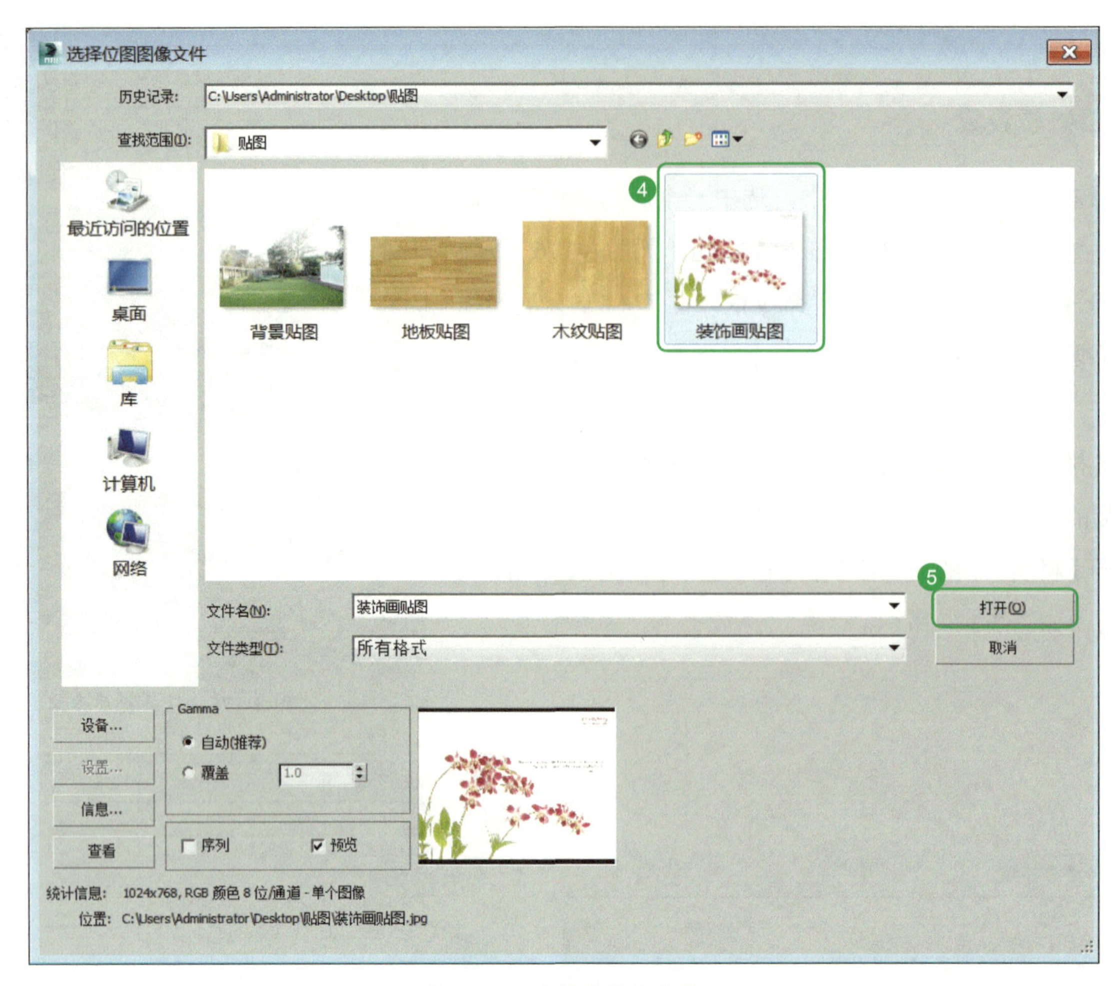

图 3-180　选择装饰画贴图

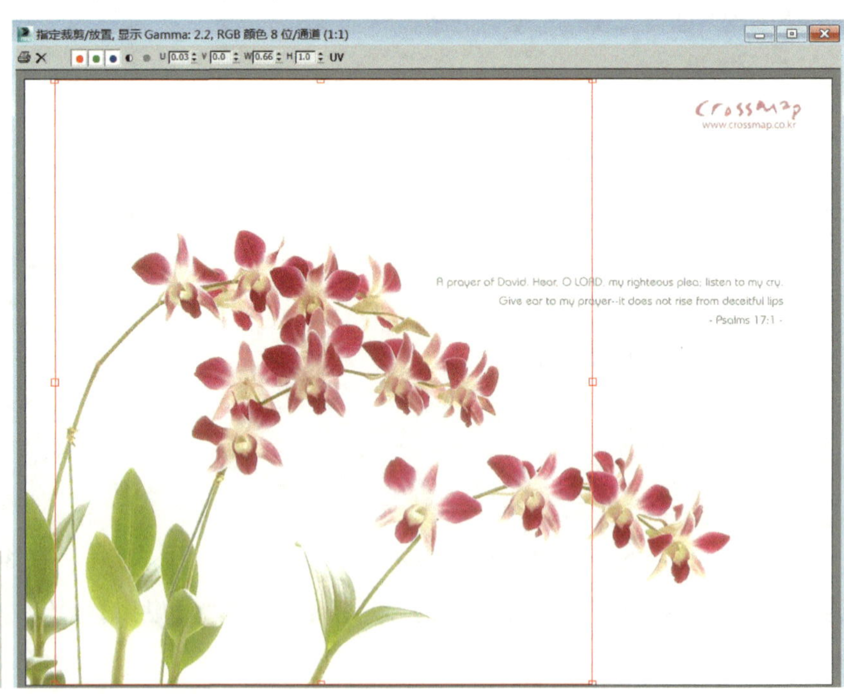

图 3-181　勾选应用并单击查看图像　　　　图 3-182　调整图形显示尺寸大小

08　选中画框，在【材质编辑器】命令框中单击【视口中显示明暗处理材质】按钮和【将材质指定给选定对象】按钮，将挂画材质附着到画框上，如图 3-183 所示。

09　单击“主工具栏”中的【渲染产品】按钮，对图像进行测试渲染，如图 3-184 所示。

图 3-183　附着挂画材质

图 3-184　测试渲染效果

工作任务

任务 3.5　高级 VRay 渲染参数设置

任务完成目标

通过完成本任务，掌握以下知识或方法：

- ☐ 掌握并能够熟练调试 VRay 渲染参数面板的最终渲染参数。
- ☐ 掌握 3ds Max 文件的保存与归档方法。

任务内容描述

完成渲染参数的设置，并对渲染出来的图片进行保存，最终完成 3ds Max 文件的保存与归档。

任务实施步骤

根据前面灯光参数和材质参数的调节和设置，对高级 VRay 的参数进行设置，为渲染一幅高质量的作品进行相应的数据变换。经过这一阶段的调整，渲染时间会变长，对应的图片质量也会提高。

一、材质球数值增高设置

微课视频 21

01 将【材质编辑器】命令框中的反射数值进行提高。

例如：从乳胶漆开始，选中“乳胶漆”材质球，在【反射】中，将【细分】设置为“40”，乳胶漆就会更细腻一些，如图 3-185 所示。

02 依次在“实木地板”“陶瓷材质”材质球的【反射】中，将【细分】值设置为“40”。在“木纹”材质球的【折射】中，将【细分】值设置为“40”，如图 3-186 所示。

这样，图像会比之前细腻一些。

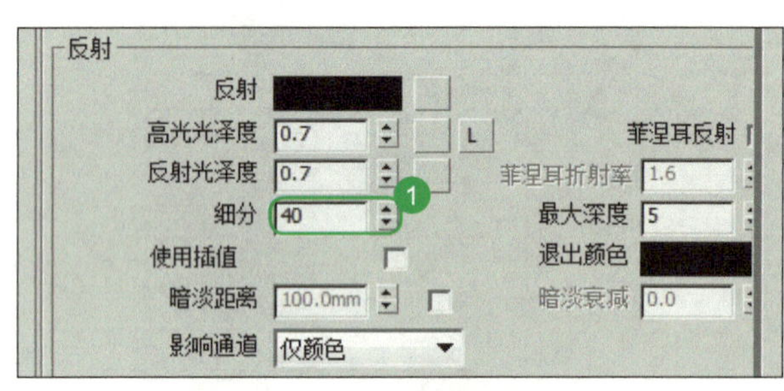

图 3-185　修改乳胶漆细分值

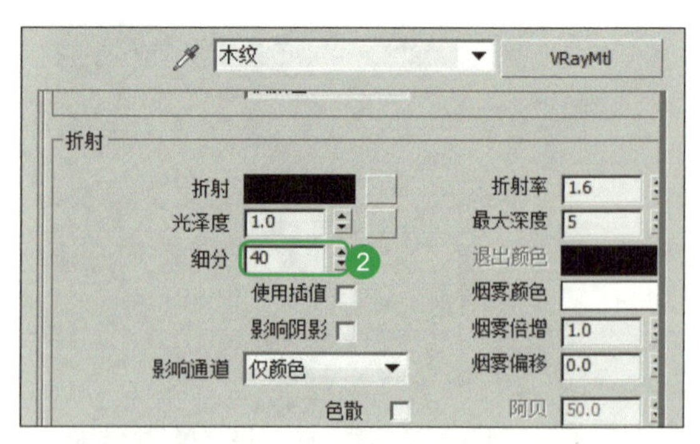

图 3-186　修改木纹细分值

二、VRay 渲染参数最终设置

微课视频 22

01　单击“菜单栏”中的【渲染】按钮，在其下滑栏中选择【渲染设置】（快捷键<F10>），如图 3-187 所示。

02　打开【渲染设置】命令框，在【V-Ray】下的【图像采样器（反锯齿）】展卷栏中，将【图像采样器】选择为“自适应细分”，如图 3-188 所示。

图 3-187　选择渲染设置

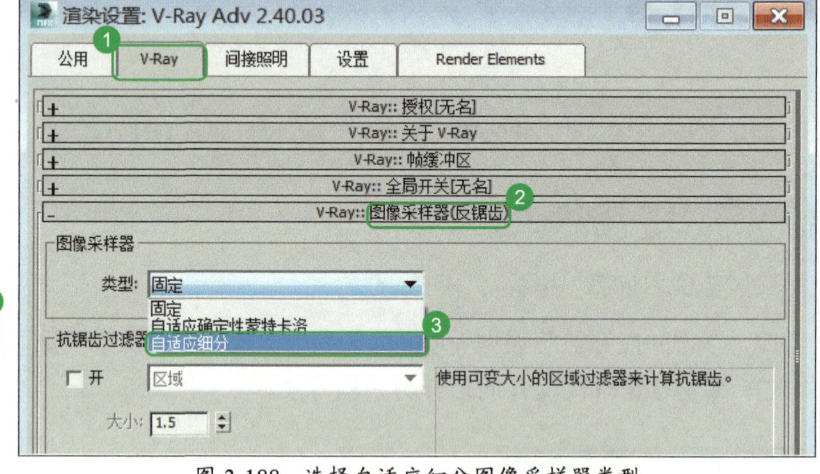

图 3-188　选择自适应细分图像采样器类型

说明：“自适应细分”采样器是用得最多的采样器，对于细节要求不太高的场景，它可以得到速度和质量的平衡。在室内效果图的制作中，这个采样器几乎可以适用于所有场景。该采样方式是 3 种采样类型中最占内存资源的一种，前面使用的“固定”采样器占的内存资源最少。

03　打开【抗锯齿过滤器】，选择“Mitchell-Netravali”，如图 3-189 所示。

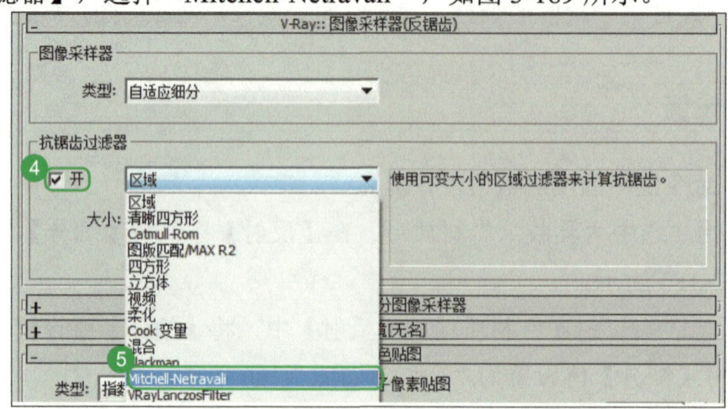

图 3-189　选择 Mitchell-Netravali 抗锯齿过滤器

说明：Mitchell-Netravali 抗锯齿过滤器是一种常用的过滤器，能产生微量模糊的图像效果。

04 在【发光图（无名）】展卷栏的【内建预置】中，将【当前预置】设置为“高”，如图 3-190 所示。

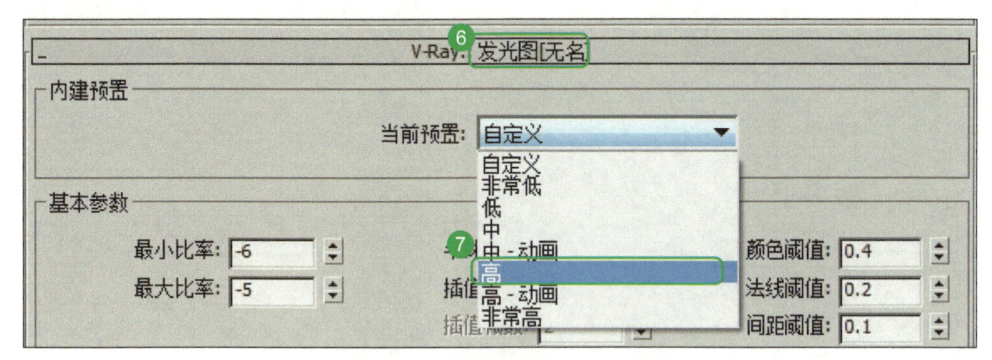

图 3-190　选择高质量发光图

05 也可以在【基本参数】中调高参数数值，调得过高会影响渲染时间，所以参数值调整得适合即可。将【最小比率】设置为“−3”，【最大比率】设置为“−2”，【半球细分】设置为“40”，如图 3-191 所示。

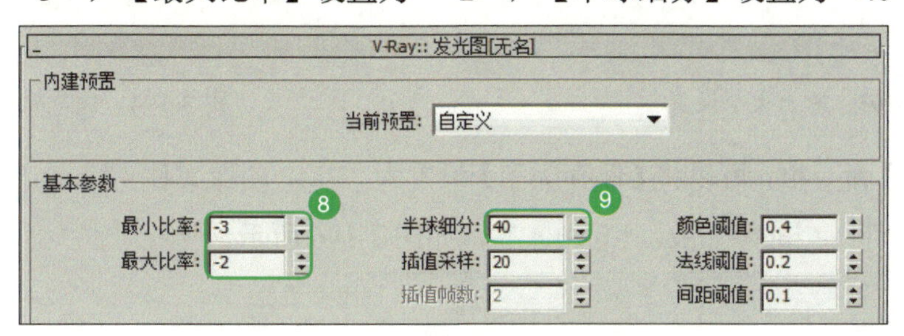

图 3-191　自定义修改发光图基本参数设置

06 在【灯光缓存】展卷栏下的【计算参数】中将【细分】设置为“800”，在【重建参数】中打开【预滤器】，如图 3-192 所示。

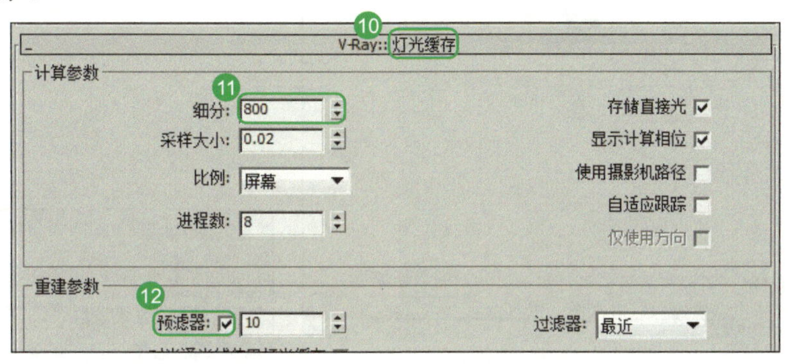

图 3-192　灯光缓存参数设置

07 关闭【渲染设置】命令框。

微课视频 23

三、图像渲染与保存

接下来，我们要进行一个长时间、高质量的渲染。一般为了渲染出来的图像清晰，在调整宽度时，同比例缩放的一侧宽度（或长度）的分辨率不要小于“1024”。

01 单击“菜单栏”中的【渲染】按钮，选择下滑栏中的【渲染设置】，打开【渲染设置】命令框，在【公用】中，将【公用参数】展卷栏下的【输出大小】中的【宽度】设置为“1024”，单击【渲染】按钮开始进行渲染，如图 3-193 所示。

02 经过一个小时的渲染，渲染出效果图，单击【保存图像】按钮，如图 3-194 所示。

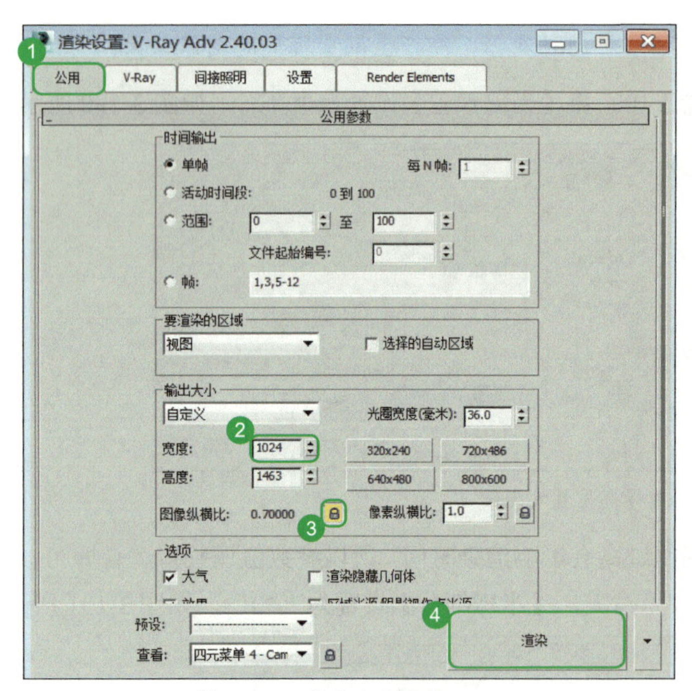

图 3-193　输出大小设置

图 3-194　渲染效果图

03　打开【保存图像】命令框，可以将【保存类型】设置为“BMP 图像文件（*.bmp）”，如图 3-195 所示，或者设置为“JPEG 文件（*.jpg，*.jpe，*.jpeg）”，如图 3-196 所示。

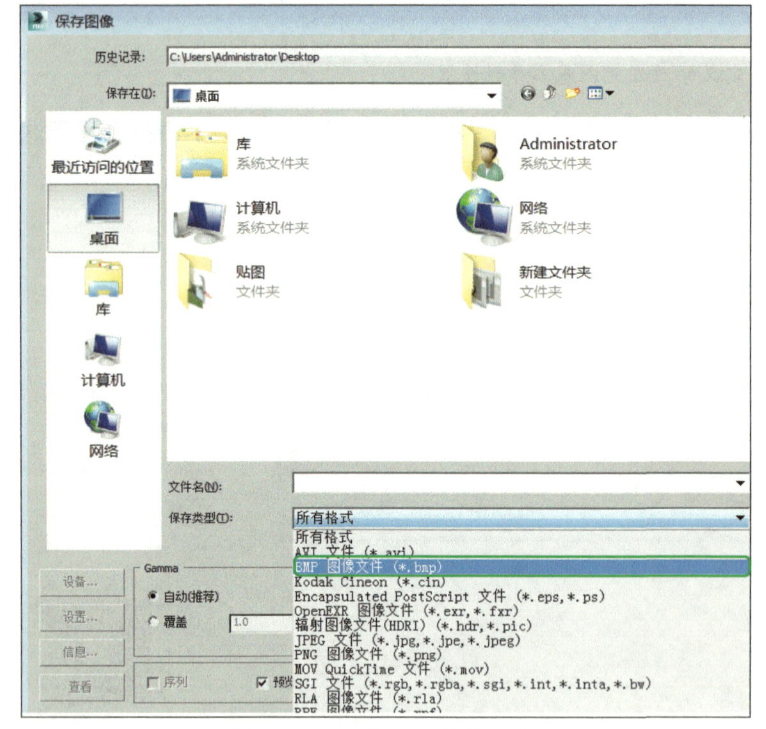

图 3-195　保存 BMP 图像文件

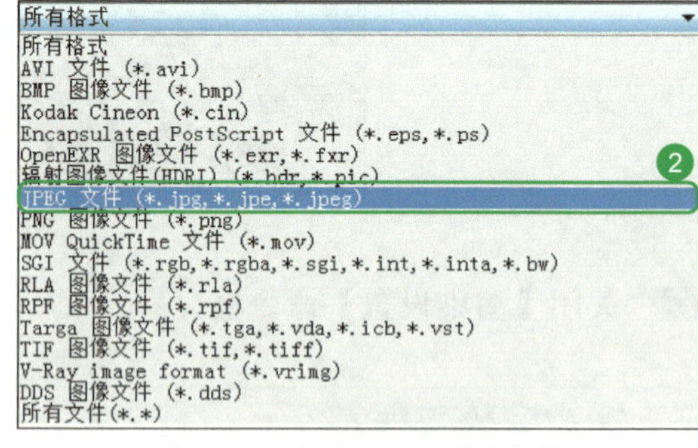

图 3-196　保存 JPEG 图像文件

04　保存位置在【桌面】上，输入【文件名】为“小休闲室白天场景”，单击【保存】按钮，如图 3-197 所示。

05　打开【JPEG 图像控制】命令框，将【质量】调至“最佳”，单击【确定】按钮，如图 3-198 所示。

06　关闭界面中的命令框，将界面最小化，在桌面上可以看到保存的图像，如图 3-199 所示。

07　鼠标左键双击“小休闲室白天场景”图像文件，打开图像，可以看到渲染出的效果，如图 3-200 所示。

08 打开最小化的界面，在“标题栏”中单击【保存】按钮，将文件进行保存，如图 3-201 所示。

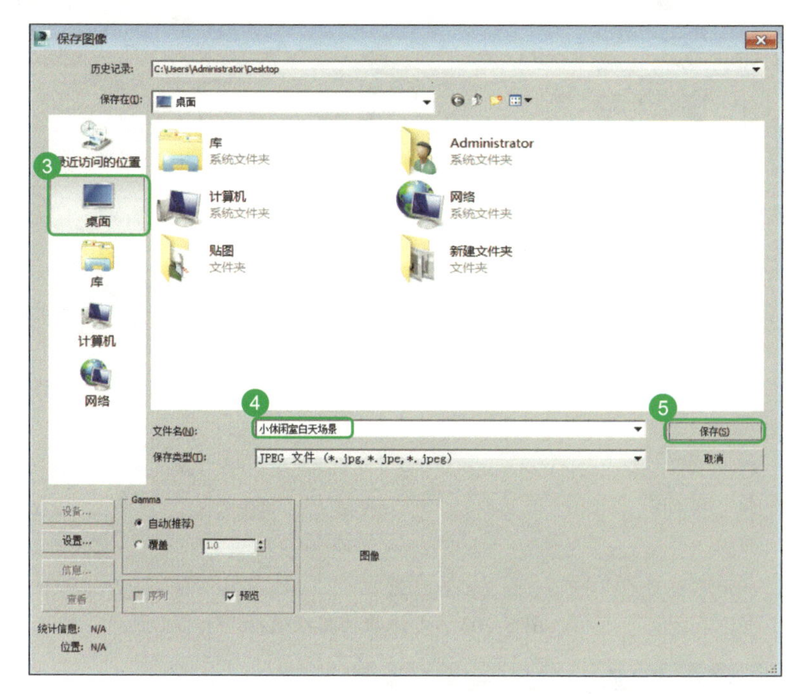

图 3-197　保存文件命名

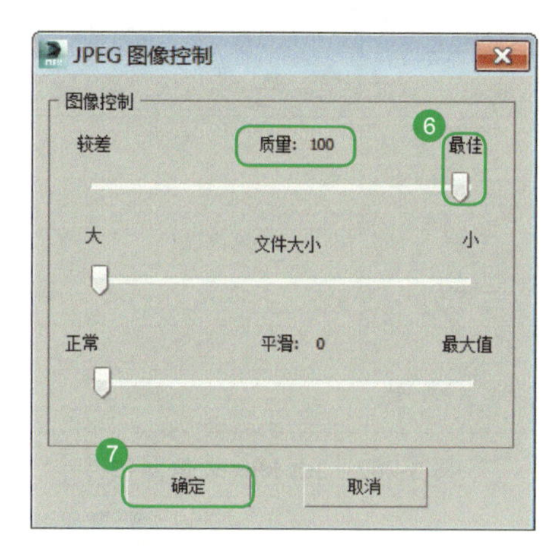

图 3-198　图像文件质量修改

图 3-199　保存在桌面上的文件

图 3-200　保存完整的渲染效果图

图 3-201　保存 3ds Max 文件

四、3ds Max 文件归档保存

微课视频 24

如果单独将文件复制到其他的计算机上进行渲染，就会出现一些问题，例如，材质会丢失等。怎样才能将文件全部带走呢？

01 单击系统操作界面左上角图标旁的【嵌入式按钮】，在下滑栏中选择【另存为】后的【归档】，如图 3-202 所示。

02 打开【文件归档】命令框，路径选择保存位置选中【桌面】，单击【保存】按钮，将其进行归档处理，如图 3-203 所示。

03 将界面最小化，在桌面上会看到归档的压缩包“小休闲室白天场景”，鼠标左键双击压缩包，会看到压缩包里包含的内容，压缩包里包含了文件的所有信息，如图 3-204 所示。

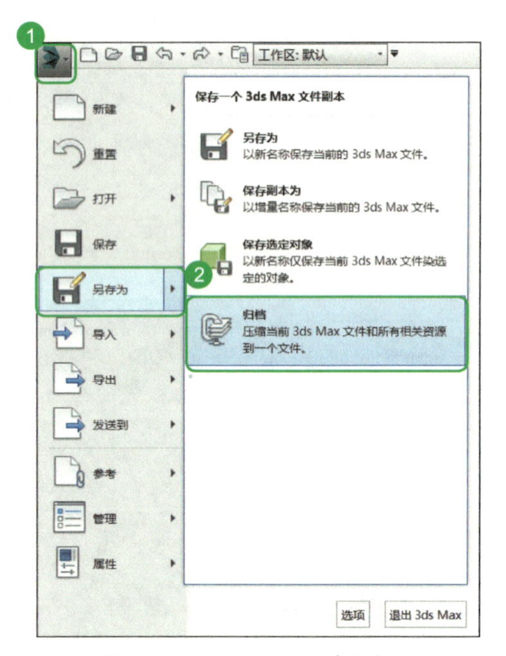

图 3-202　3ds Max 文件归档

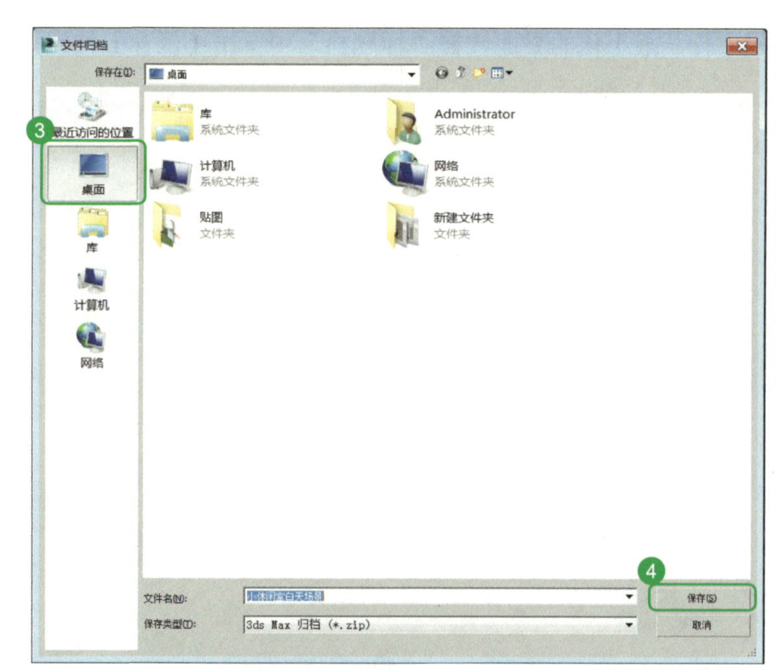

图 3-203　文件归档路径选择

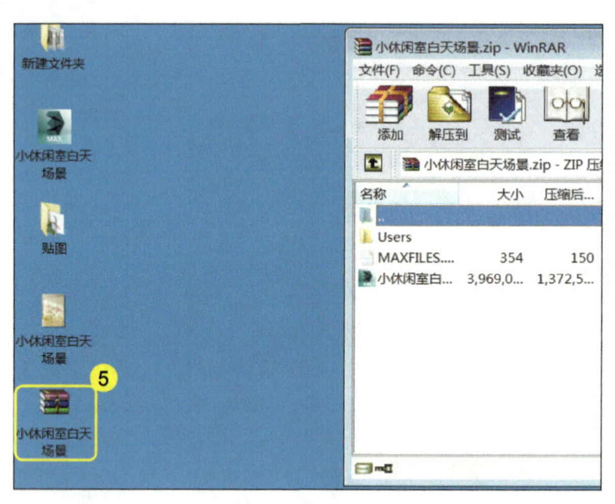

图 3-204　归档压缩包

工作任务

任务 3.6　Photoshop 效果图后期处理

任务完成目标

通过完成本任务，掌握以下知识或方法：

- □　能够正确打开 Photoshop 操作系统界面。
- □　能够正确打开需要修改的图片文件。
- □　能够运用色阶、色彩平衡、高反差保留等色彩色相工具。

任务内容描述

尝试用 Photoshop 软件对渲染出来的效果图进行处理。

任务实施步骤

本任务是对前面任务中保存的图像文件进行编辑处理，接下来讲解 Photoshop 的使用。

由于3ds Max、VRay渲染出的图片的灰色色值比较大，图片不够鲜亮，所以需要用Photoshop进行处理。双击桌面上的 Photoshop 图标 打开 Photoshop 操作系统界面，如图 3-205 所示。

图 3-205　打开 Photoshop 操作系统界面

一、打开图片文件

微课视频 25

01　单击 Photoshop 界面“菜单栏”中的【文件】按钮，选择其下滑栏中的【打开】（快捷键 <Ctrl+O>），如图 3-206 所示。

02　打开【打开】命令框，在【桌面】位置中，选择【小休闲室白天场景】图像文件，单击【打开】按钮，如图 3-207 所示。

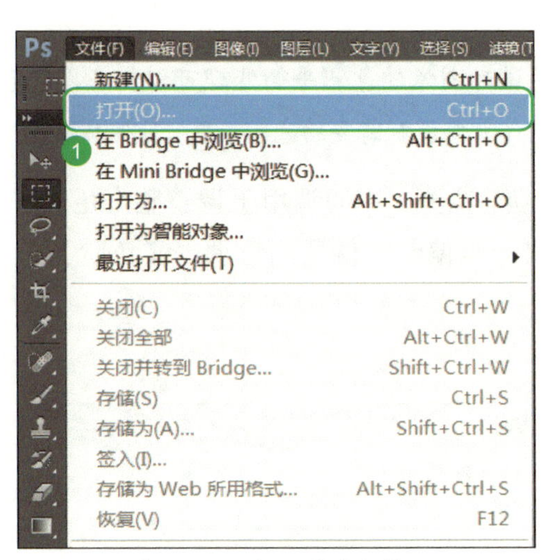

图 3-206　打开图片文件

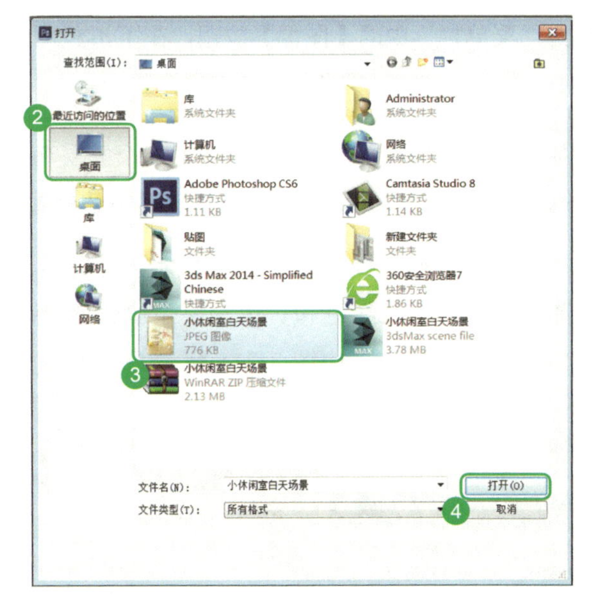

图 3-207　打开图片文件路径

二、色阶与色彩平衡设置

微课视频 26

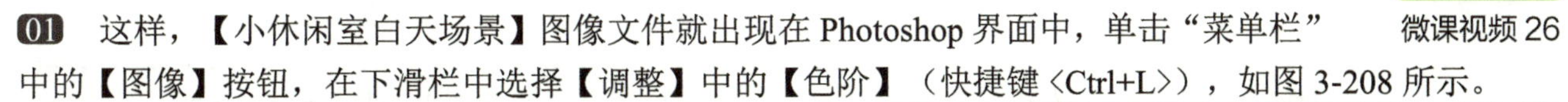

01　这样，【小休闲室白天场景】图像文件就出现在 Photoshop 界面中，单击“菜单栏”中的【图像】按钮，在下滑栏中选择【调整】中的【色阶】（快捷键 <Ctrl+L>），如图 3-208 所示。

说明： 色阶是表示图像亮度强弱的指数标准，也就是常说的色彩指数，在数字图像处理教程中，指的是灰度分辨率（又称为灰度级分辨率或者幅度分辨率）。图像的色彩丰满度和精细度是由色阶决定的。色阶一般指亮度，和颜色无关，但最亮的只有白色，最不亮的只有黑色。

02　打开【色阶】命令框，色阶左侧部分表示暗值，右侧部分表示亮值，在命令框中可以看到亮值比较大一些，暗值比较小一些。在【输入色阶】中设定数值“55”，单击【确定】按钮，如图 3-209 所示。

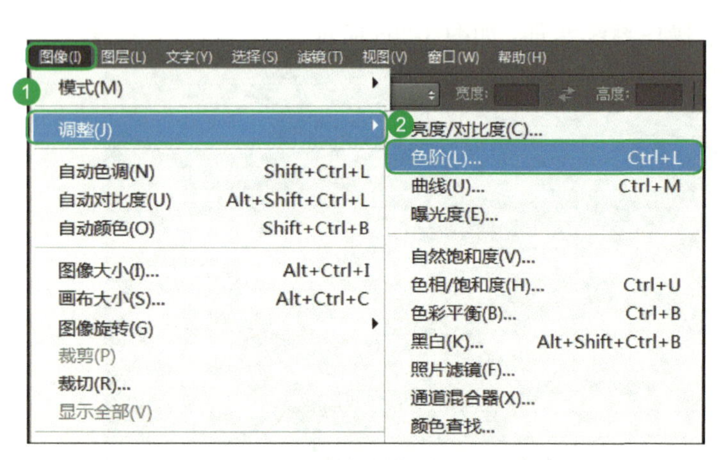

图 3-208　调整色阶

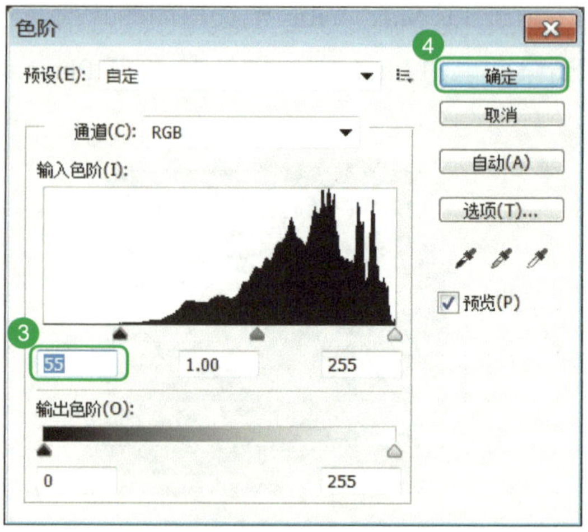

图 3-209　色阶值修改

注意：使用色阶调整色调范围，是将图 3-209 中的两个“输入色阶”滑块将黑场和白场映射到“输出色阶”滑块的设置。默认情况下，“输出色阶”滑块位于色阶 0（像素为黑色）和色阶 255（像素为白色）。“输出色阶”滑块位于默认位置时，如果移动黑场滑块，则会将像素值映射为色阶 0，而移动白场滑块则会将像素值映射为色阶 255。其余的色阶将在色阶 0 和 255 之间重新分布。这种重新分布情况将会增大图像的色调范围，实际上增强了图像的整体对比度。“输入色阶”的中间滑块用于调整图像中的灰度系数。它会移动中间调（色阶 128），并更改灰色调中间范围的强度值，但不会明显改变高光和阴影。

03　单击“菜单栏”中的【图像】按钮，在下滑栏中选择【调整】中的【色彩平衡】（快捷键 <Ctrl+B>），如图 3-210 所示。

说明：色彩平衡是图像处理软件中的一个重要环节。通过对图像的色彩平衡处理可以校正图像色偏，以及过饱和或饱和度不足的情况；也可以根据自己的喜好和制作需要调制需要的色彩，更好地完成画面效果。

04　打开【色彩平衡】命令框，色彩平衡分为阴影、中间调、高光。中间调用于调整整个色彩平衡，在【中间调】中增加一些红色和黄色，整个画面就会显示出一些偏红、偏黄的色调，【色阶】值分别为“+8”“−12”“−12”，如图 3-211 所示。

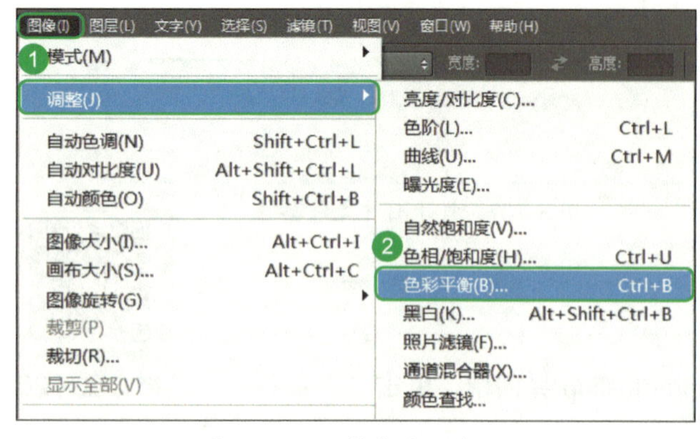

图 3-210　调整色彩平衡

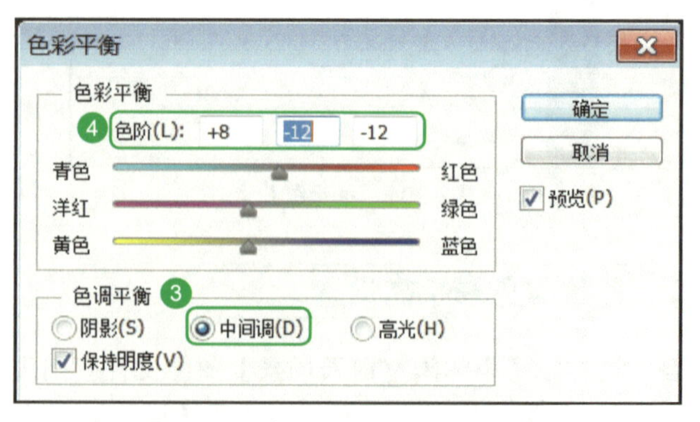

图 3-211　色彩平衡中间调数值调整

05　在【阴影】中增加一些青色、蓝色或绿色的色调，这样会增加一些冷色调，【色阶】值为“−15”

“+9”“+8”，如图 3-212 所示。

06 在【高光】中可以增加一些黄色和洋红色调，【色阶】值为“0”“-9”“-14”，单击【确定】按钮，如图 3-213 所示。

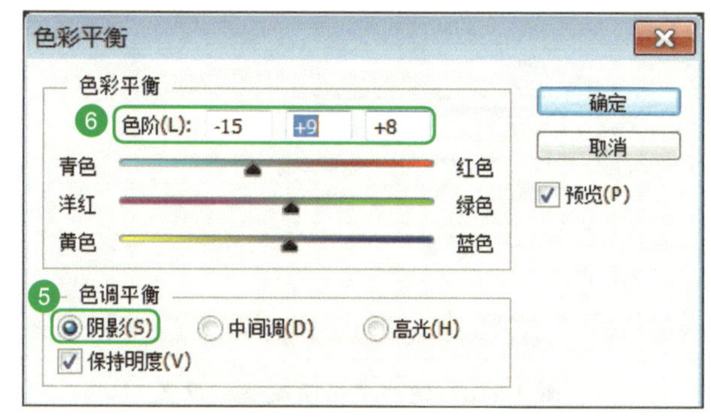

图 3-212　色彩平衡阴影数值调整

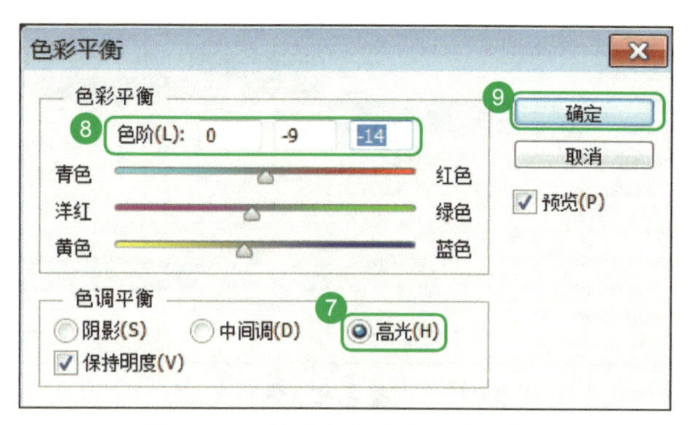

图 3-213　色彩平衡高光数值调整

微课视频 27

三、套索工具应用

01 单击左侧“工具栏”中的【套索工具】按钮里的【多边形套索工具】，如图 3-214 所示。

说明： Photoshop 的套索工具组内含三个工具，它们分别是套索工具、多边形套索工具、磁性套索工具，套索工具是最基本的选区工具，在处理图像中起着很重要的作用。套索工具组里的第一个套索工具用于制作任意不规则选区；套索工具组里的多边形套索工具用于制作有一定规则的选区；而套索工具组里的磁性套索工具是制作边缘比较清晰，且与背景颜色相差比较大的图片的选区。在使用的时候注意其属性栏的设置。

02 放大图形，用多边形套索工具围选窗外背景选区，调整窗外比较阴沉的天气，如图 3-215 所示。

03 单击“菜单栏”中的【图像】按钮，在下滑栏中选择【调整】中的【色阶】，对选中部位单独修改色阶，打开【色阶】命令框，调节输入色阶，输入色阶值为“0”“2.10”“255”的亮色值，单击【确定】按钮，如图 3-216 所示。

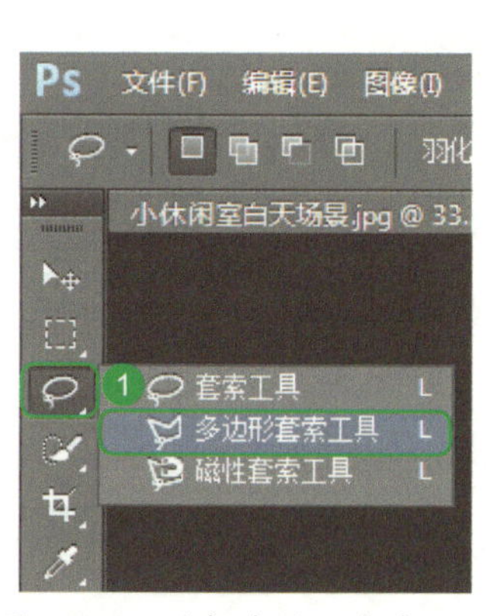

图 3-214　选择多边形套索工具

图 3-215　围选窗外背景选区

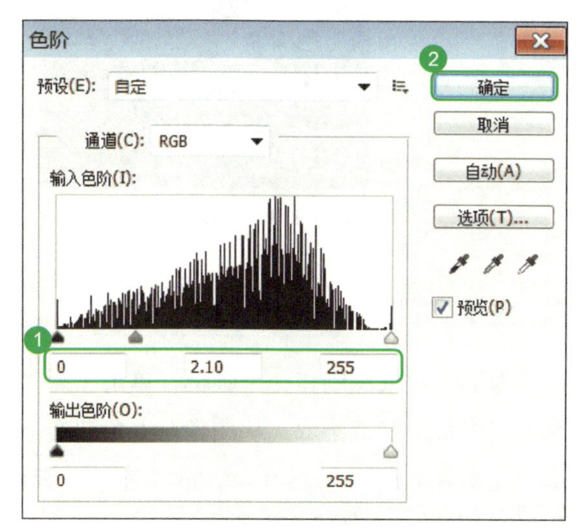

图 3-216　修改色阶值

04 单击“菜单栏”中的【图像】按钮，在其下滑栏中的【调整】中选择【色相 / 饱和度】（快捷键 <Ctrl+U>），如图 3-217 所示。

05 打开【色相 / 饱和度】命令框，调整【明度】，加大【饱和度】，使窗外天气更加明亮一些，单击【确定】按钮，如图 3-218 所示。

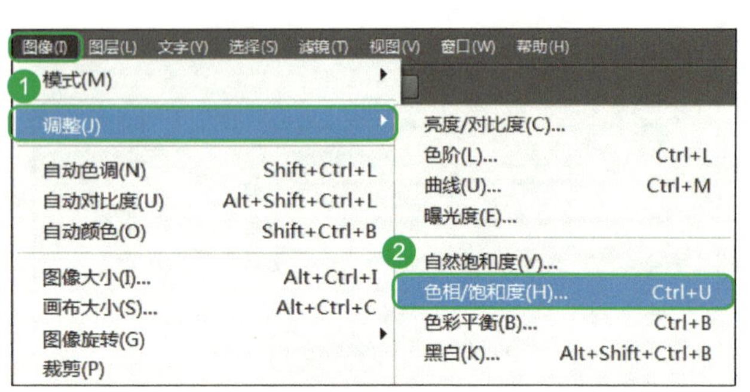

图 3-217　调整色相 / 饱和度

图 3-218　饱和度与明度参数设置

说明：饱和度是指色彩的鲜艳程度，也称为色彩的纯度。饱和度取决于该色中含色成分和消色成分（灰色）的比例。含色成分越大，饱和度越大；消色成分越大，饱和度越小。纯的颜色都是高度饱和的，如鲜红、鲜绿。

06　单击左侧“工具栏”中的【矩形选框工具】按钮，如图 3-219 所示。

07　在图像界面“蚂蚁线”线框之外单击一下鼠标左键，图像中的“蚂蚁线”就消失了，如图 3-220 所示。

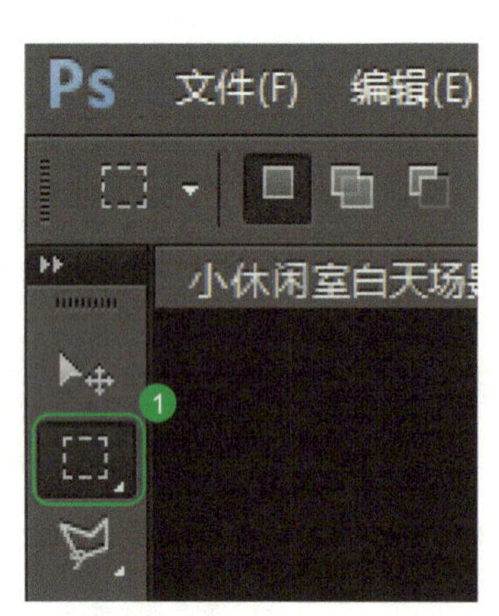

图 3-219　选择矩形选框工具

图 3-220　“蚂蚁线”消失

微课视频 28

四、裁剪工具制作画框

01　为了给效果图制作一个画框，单击左侧“工具栏”中的【裁剪工具】按钮，如图 3-221 所示。

02　按住鼠标左键不放，从图像左上角向右下角拖动，上下左右留出足够的距离，如图 3-222 所示。

03　按键盘上的〈上〉〈下〉〈左〉〈右〉键进行位置的微调，将图形移动至延伸框的中间部位，在图像上双击鼠标左键，如图 3-223 所示。

04　单击左侧“工具栏”中的【反转】按钮，用同样的方法制作一个白色的装饰画框，如图 3-224 所示。

05　按键盘上的〈上〉〈下〉〈左〉〈右〉键，将图形移动至延伸框的中间部位，如果延伸框不够大，可以继续向外拉伸，然后在图像上双击鼠标左键，如图 3-225 所示。

图 3-221　选择裁剪工具

图 3-222　裁剪留出足够距离

图 3-223　微调移至中间

图 3-224　单击反转按钮

图 3-225　微调至中间部位

06　单击左侧“工具栏”的【放大镜】按钮，打开小工具栏，如图 3-226 所示。

07　单击小工具栏中的【实际像素】按钮，得到修改后的图像，如图 3-227 所示。

图 3-226　【放大镜】按钮

图 3-227　修改后图像

五、高反差保留设置

微课视频 29

如果感觉边线不够明显，可以做如下处理。

01 在右侧【图层】中对“背景”图像图层进行复制，复制一个背景图层副本，鼠标左键按住“背景”图像图层不放，拖动至右下角第二个按钮【创建新图形】处松开鼠标，就会复制图层副本，如图 3-228 所示。

通俗地讲，图层就像是含有文字或图形等元素的胶片，一张张图层按顺序叠放在一起，组合起来形成页面的最终效果。图层可以将页面上的元素精确定位，就像在一张张透明的玻璃纸上作画，透过上面的玻璃纸可以看见下面纸上的内容，但是无论在上一层上如何涂画都不会影响到下面的玻璃纸，上面一层会遮挡住下面的图像。最后将玻璃纸叠加起来，通过移动各层玻璃纸的相对位置或者添加更多的玻璃纸即可改变最后的合成效果。

02 单击“菜单栏”中的【滤镜】按钮，在下滑栏中选择【其它】中的【高反差保留】，如图 3-229 所示。

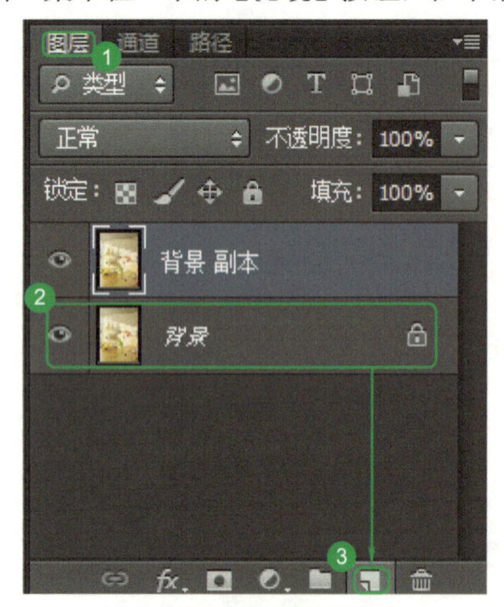

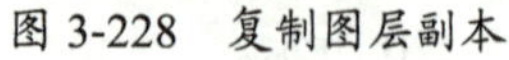

图 3-228 复制图层副本

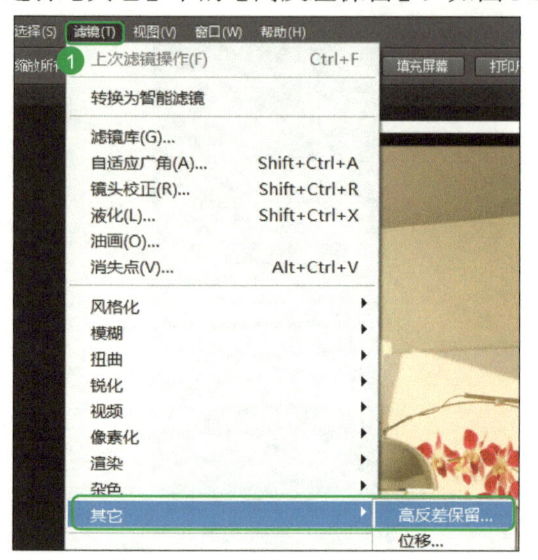

图 3-229 选择高反差保留命令

说明：锐利化通常是后期处理照片的最后步骤，包括 Photoshop 在内有很多锐利化的方法或软件可用，而高反差保留是其中一种颇受推荐的方式，因为程序简单，而且处理过程中影像损失很小，有相当大的处理空间。高反差保留，顾名思义，就是过滤出一些高对比的部分来处理，主要是影像的边缘/轮廓部分，也就是我们最想锐利化的地方。相比较之下，其他锐利化功能往往是整幅画面都进行修饰，造成不必要的粗糙化，因此高反差保留应用较多。

03 打开【高反差保留】命令框，将【半径】值设置为“1”，单击【确定】按钮，如图 3-230 所示。

04 在右侧【图层】中将【正常】修改为【柔光】，如图 3-231 所示。

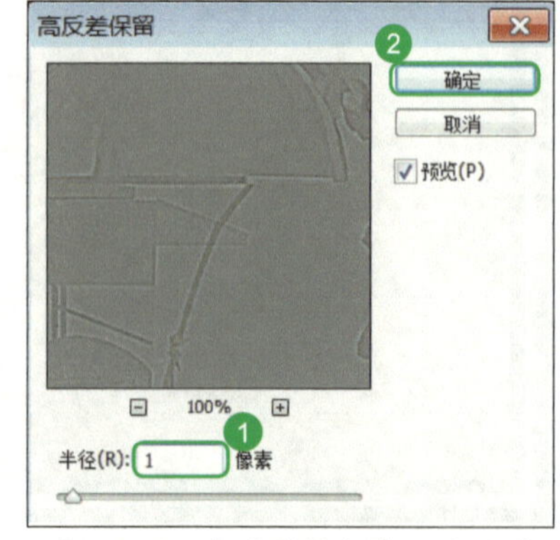

图 3-230 高反差保留半径值设置

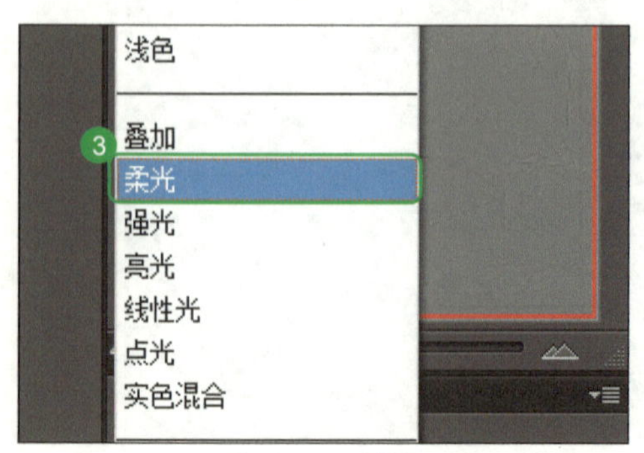

图 3-231 柔光

05 如果不太明显，运用同样方法，将【背景 副本】进行复制，复制成【背景 副本 2】【背景 副本 3】，如图 3-232 所示。

06 如果感觉边线过于锐化，可以关闭图层文件前的“小眼睛”对图像进行观察，关闭“小眼睛”会关闭相应图层，如图 3-233 所示。

图 3-232　复制【背景 副本】

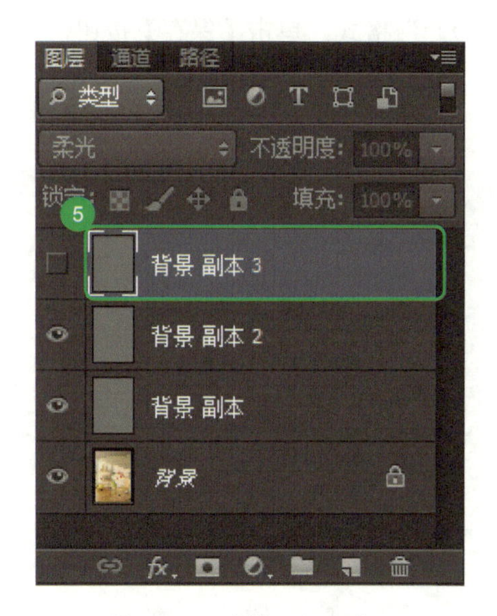

图 3-233　关闭“小眼睛”

说明：关闭“小眼睛”就像将这张图层隐藏一样。

07 从开始到最后做的全部图像均存在【历史记录】中，可以在其中查看，将开始与最后的图像进行对比，开始的图像比较灰白，做到最后加上图框的图像的颜色对比度比较高，如图 3-234、图 3-235 所示。

因此，用以上讲解的 Photoshop 的操作步骤，打开文件之后，首先查看图像色阶是否达到平衡；然后看一下色彩平衡，如果偏冷，则追加红色、洋红色、黄色等暖色；如果偏暖，则追加青色、绿色、蓝色等冷色，让色彩达到平衡状态。个别位置运用【框选】或者“蚂蚁线”的【多边形套索工具】进行选择。

图 3-234　开始的图像

图 3-235　最后的图像

六、Photoshop 文件保存

微课视频 30

01　单击“菜单栏”中的【文件】按钮，选择下滑栏中的【存储为】（快捷键 <Shift+Ctrl+S>），如图 3-236 所示。

02　打开【存储为】命令框，保存位置为【桌面】，【格式】设置为“Photoshop（*.PSD; *.PDD）”格式，单击【保存】按钮，如图 3-237 所示。

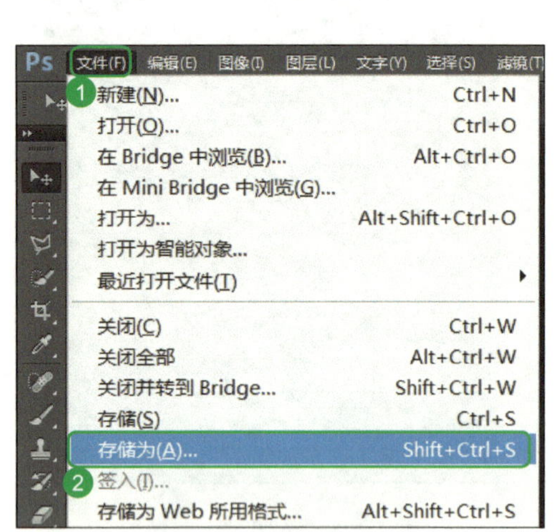

图 3-236　存储为图像文件

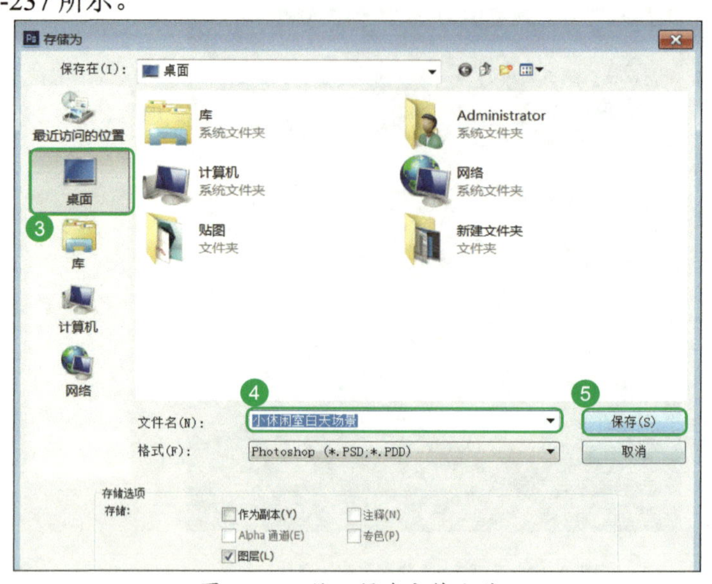

图 3-237　输入保存文件名称

注意：这样保存的文件，再次打开还是会显示各个图层，便于再次修改使用。

03　也可以单击【文件】按钮，选择下滑栏中的【存储为】，打开【存储为】命令框，将【格式】设置为“JPEG（*.JPG; *.JPEG; *.JPE）”格式，如图 3-238 所示。

04　【文件名】设置为“小休闲室白天场景 1.jpg”，单击【保存】按钮，如图 3-239 所示。

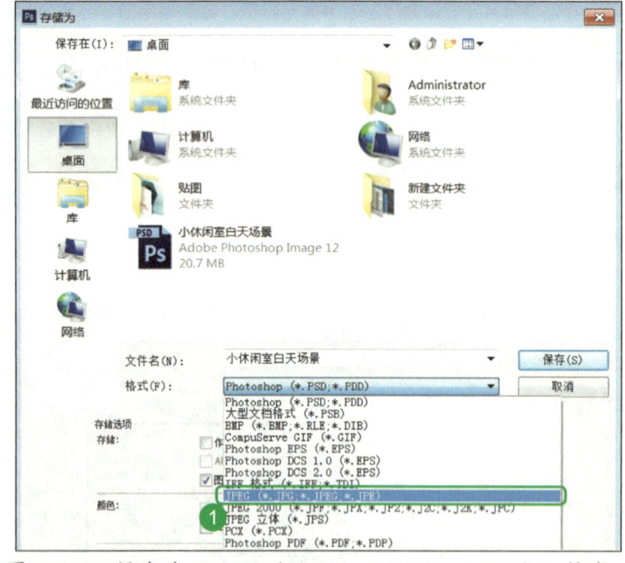

图 3-238　保存为“JPEG（*.JPG; *.JPEG; *.JPE）”格式

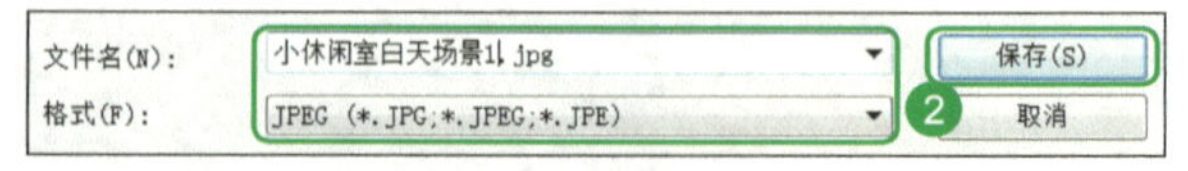

图 3-239　文件保存

作业练习

● 练一练

请根据下面的效果图制作白天的室内客厅与餐厅场景的效果图。

登录机工教育服务网，下载相应家居模型、材质贴图、教学视频，下载网址：www.cmpedu.com。

当代名仕(东方)设计风格

设计说明：

在中式风格盛行的过程中，许多年轻人参与其中，将新家以第三代的当代名仕（东方）设计风格为主导，让这个美丽的家变得沉稳又有韵味。在中式风格中能展现出对历史的追溯，也能保留一些对中式风格执着的喜爱。在中国文化风靡全球的现今，中式元素与现代材质的巧妙结合，再现了精致小巧的中式韵味。新中式性价比高，且又不流失中式文化传统，简化了的线条勾勒出一幅美丽的风景。从为大家展现的一系列中式风格装修图片中，我们看到了各种各样的中式摆件与家具，传统与新中式的差别在于一个复杂一个简单。同样是讲究空间层次感，在传统的审美观念上，新中式得到了新的诠释，将有形的隔断化作无形，让家具散发出自身的韵味。

中式风格设计说明了社会的多元化，结合了现代人的生活方式，开拓出一个属于他们的风格。“80后”作为社会的中流砥柱，更多的装修风格从复杂变得简单，让生活方式改变了装修的手法，传统的中式风格造价高，形态复杂，做工细腻；新中式风格讲究对称，让协调的感观平衡，与传统的中式风格一样追求内敛、朴素。装修手法的不同也让实用性增强了，更富现代感。现代家具与复古配饰的结合调配出一个理想的生活环境，宁静又温暖。

项目 4 小休闲室夜晚场景制作

项目导入

想一想

1. 在制作夜晚的室内场景效果图时主要需要考虑“房体建模”“打置摄影机”“布置灯光”“附着材质”这些步骤中的哪一步？为什么？

2. 在建模的过程中，采用的“布尔建模”与“放样建模”各有什么不同？

3. 对比项目 3 的案例，你会发现制作夜晚的室内场景效果图主要需要考虑哪些因素？

工作任务

任务 4.1 室内物体调试与参数调整

任务完成目标

通过完成本任务，掌握以下知识或方法：

□ 学会如何一次性地删除几何体模型。

□ 能够正确调整基础性参数面板。

□ 能够将目标摄影机调整到合适位置。

任务内容描述

熟练使用 3ds Max 对室内房间进行参数修改。

任务实施步骤

微课视频 31

一、删减与合并调试

01 对白天小场景进行修改，删除 VRay 太阳光、图中的家具模型和外边的布景照片，如图 4-1 所示。

02 在“主工具栏”中选择【G-几何体】，如图 4-2 所示。

03 在图中进行框选，只选中几何体，并删掉几何体，如图 4-3 所示。

04 将另一组模型导入到图形中，单击系统操作界面左上角图标旁的【嵌入式】按钮，在下滑栏的【导入】中选择【合并】，如图 4-4 所示。

05 打开【合并文件】命令框，在【桌面】中选中【夜景模型】文件，单击【打开】按钮，如图 4-5 所示。

06 打开【合并 - 夜景模型 .max】命令框，单击【全部】按钮，将其全部选中，在【列出类型】中关闭【灯光】【摄影机】，并单击【确定】按钮，如图 4-6 所示。

07 打开【重复名称】命令框，单击【自动重命名】按钮，将所有文件进行自动重命名，如图 4-7 所示。

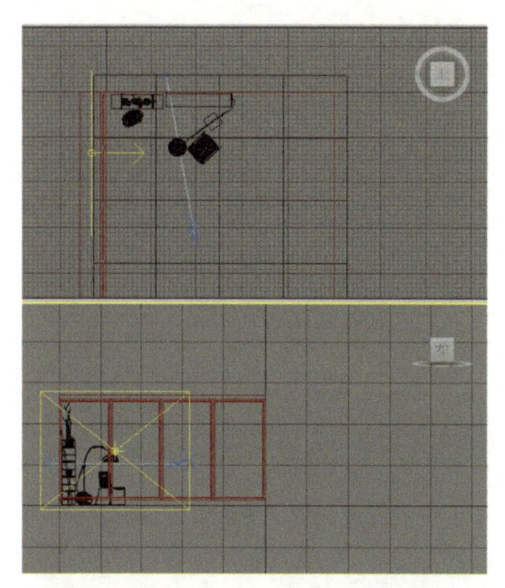

图 4-1　删除 VRay 太阳光的场景

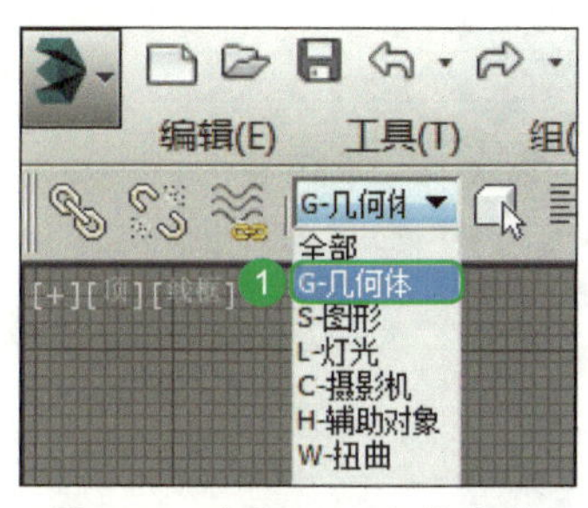

图 4-2　选取 G-几何体命令

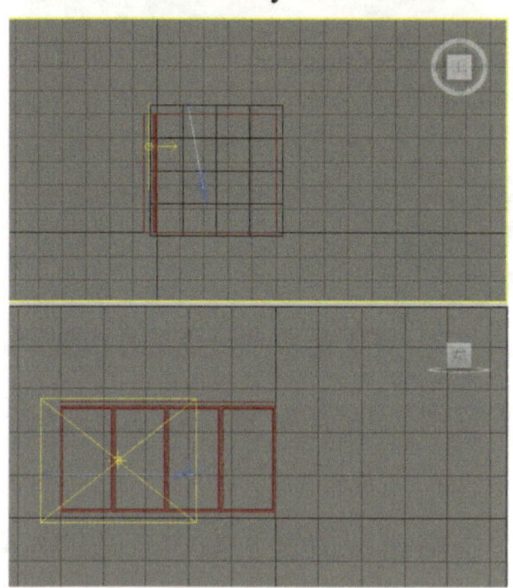

图 4-3　删掉白天场景几何体模型

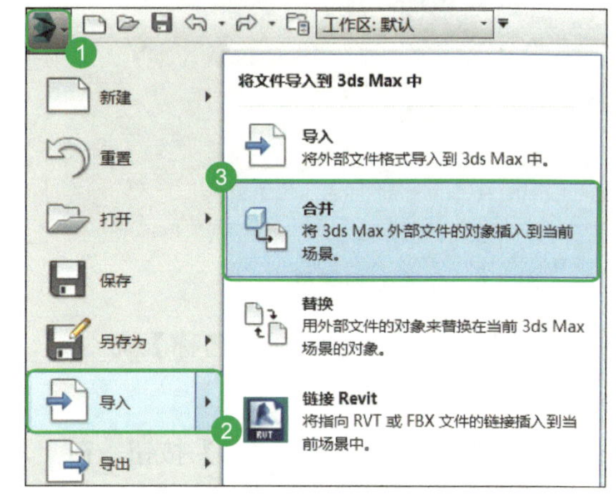

图 4-4　合并模型

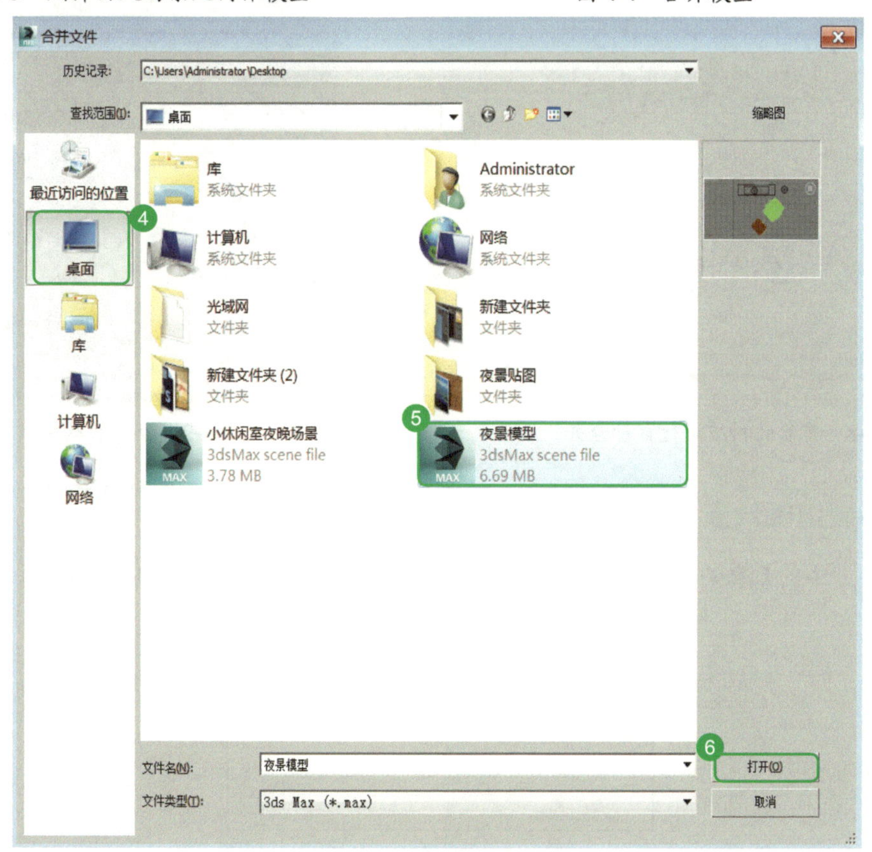

图 4-5　选择夜景模型路径

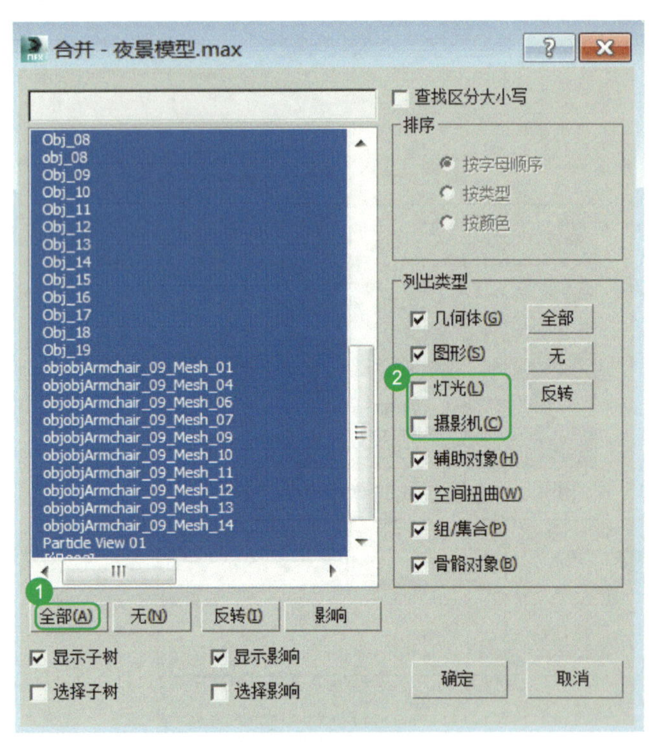

图 4-6　合并全部模型

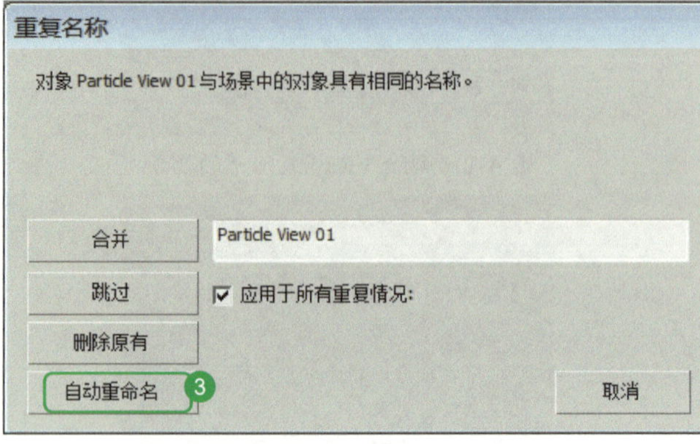

图 4-7　将重复名称的模型自动重命名

08　在合并的时候需要打开【重复材质名称】命令框，勾选【应用于所有重复情况】，单击【自动重命名合并材质】按钮，如图 4-8 所示。

09　单击“主工具栏”中的【选择并移动】按钮，在“顶视图”中将模型放置于室内合适的位置，如图 4-9 所示。

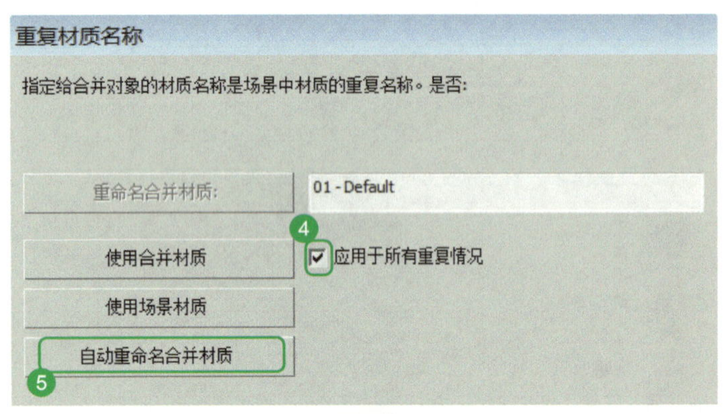

图 4-8　重复的材质进行自动合并

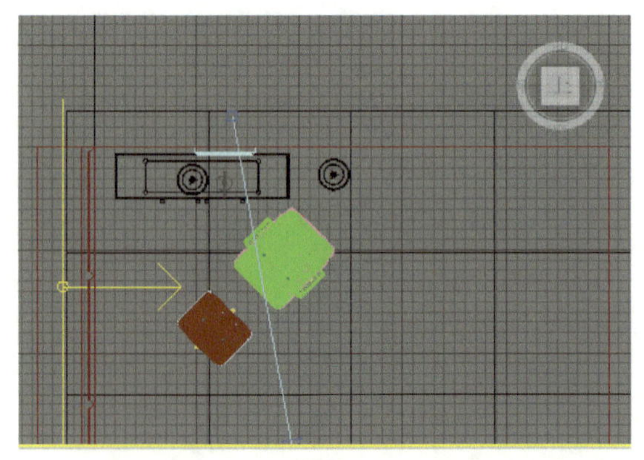

图 4-9　合并后模型放置的位置

二、恢复基础参数渲染设置

微课视频 32

01　单击“菜单栏”中的【渲染】按钮（快捷键 <F10>），选择【渲染设置】，如图 4-10 所示。

图 4-10　选择渲染设置

02 打开【渲染设置】命令框，在【公用】下的【公用参数】展卷栏中将【宽度】设置为“500”，【高度】设置为“500”，如图 4-11 所示。

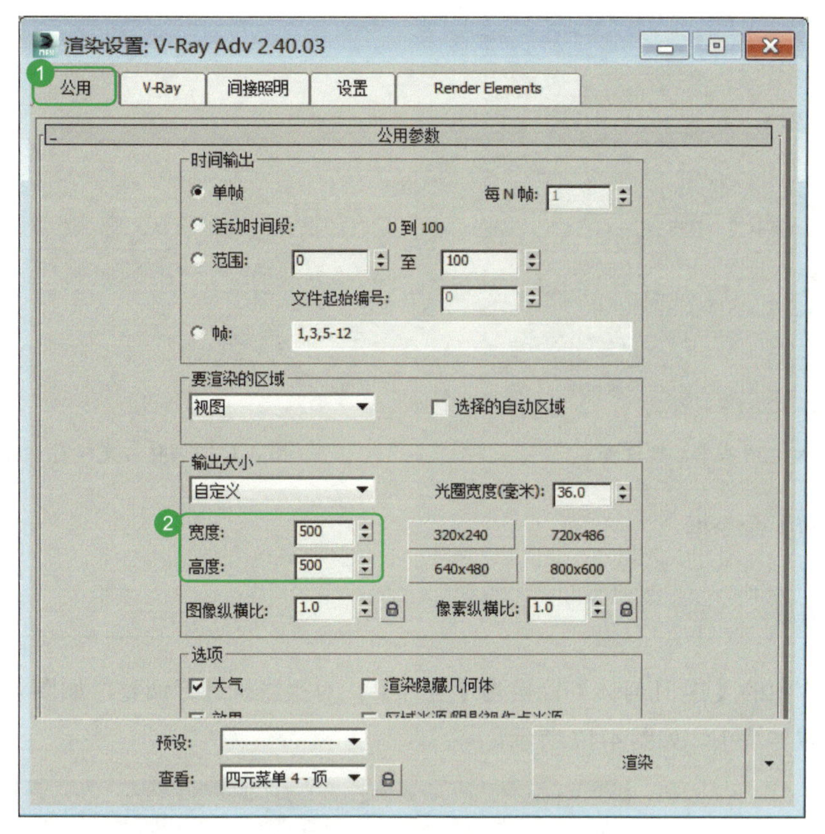

图 4-11　宽高比例设置

03 在【V-Ray】下的【图像采样器（反锯齿）】展卷栏中，将【类型】设置为“固定”，如图 4-12 所示。

04 关闭【抗锯齿过滤器】，在【颜色贴图】展卷栏中将【类型】设置为“线性倍增”，如图 4-13 所示。

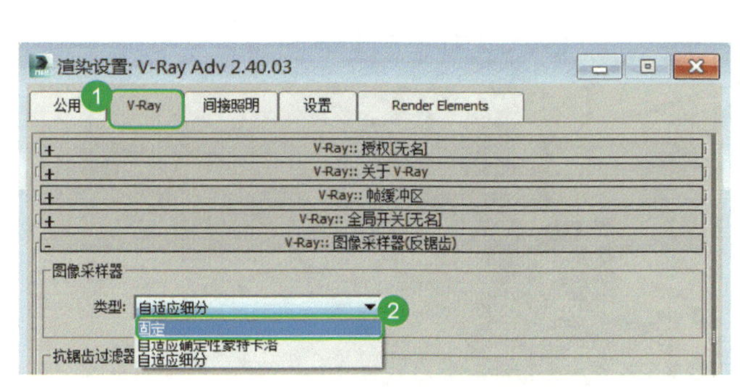

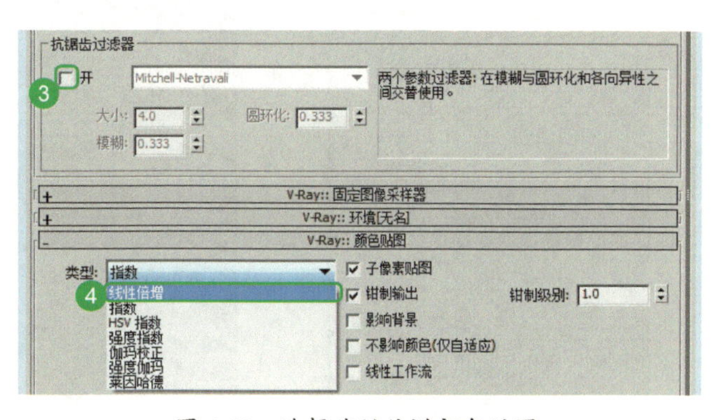

图 4-12　选择固定采样器　　　图 4-13　选择线性倍增颜色贴图

05 在【间接照明】下的【发光图（无名）】展卷栏中，将【当前预置】修改为“自定义”，将【基本参数】中的【最小比率】设置为“−6”，【最大比率】设置为“−5”，【半球细分】设置为“20”，如图 4-14 所示。

06 在【灯光缓存】展卷栏中，将【计算参数】中的【细分】设置为“200”，如图 4-15 所示。

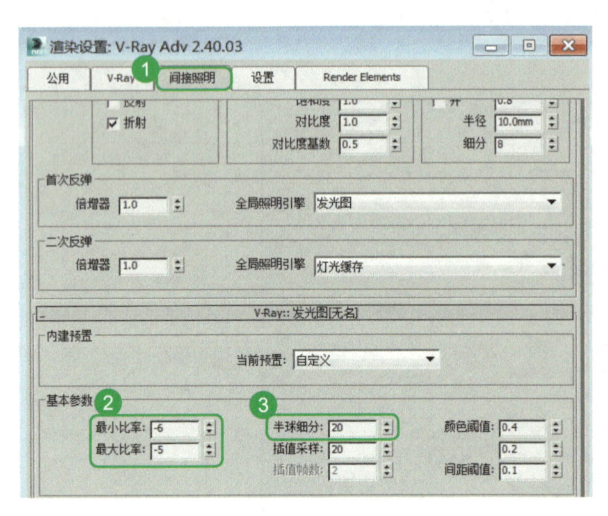

图 4-14 调整发光图基本参数设置

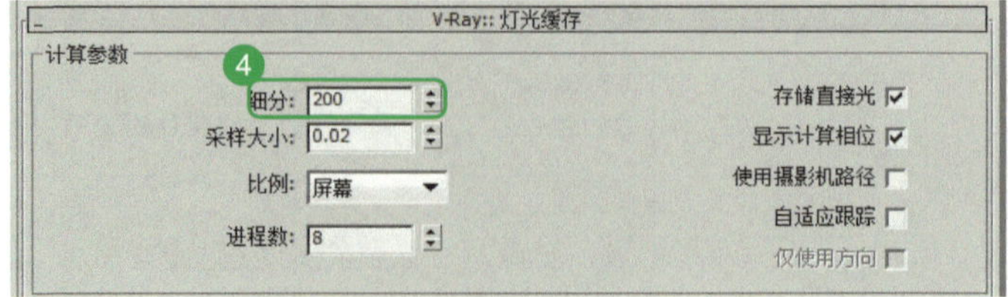

图 4-15 调整灯光缓存细分设置

07 关闭【渲染设置】命令框。

微课视频 33

三、摄影机位置调试

01 将“主工具栏”中的【G- 几何体】置换为【全部】，对摄影机进行调整，如图 4-16 所示。

02 调整摄影机位置与镜头，如图 4-17 所示。

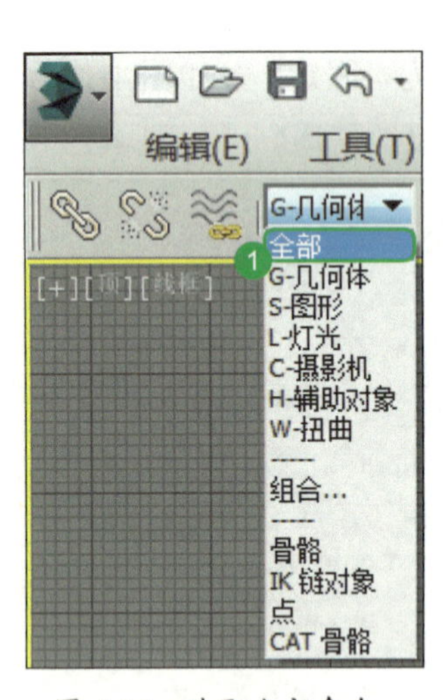

图 4-16 选取全部命令

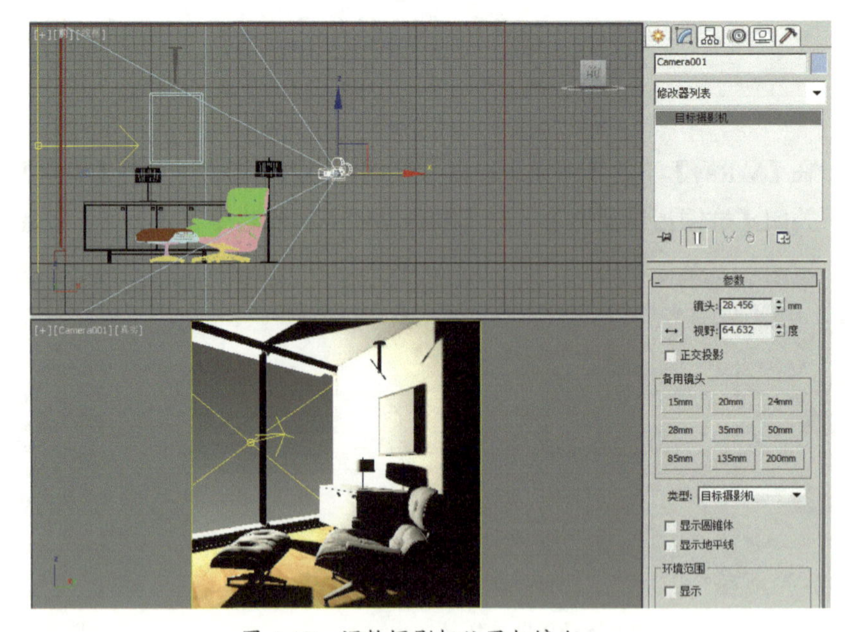

图 4-17 调整摄影机位置与镜头

03 在“透视图”中，鼠标指针移动到【真实】处，单击鼠标右键，将【真实】修改为【线框】，如图 4-18 所示。

04 继续调整摄影机的位置，使图像呈现如图 4-19 所示的摄影机视图显示位置。

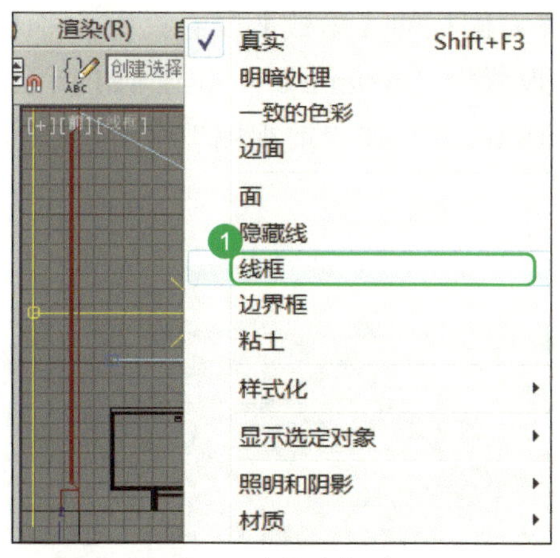

图 4-18　选择线框显示

图 4-19　摄影机渲染视图显示位置

工作任务

任务 4.2　室内装饰物体建模

任务完成目标

通过完成本任务，掌握以下知识或方法：

- □ 熟练掌握用布尔建模的方法创建吊顶。
- □ 熟练掌握用放样建模的方法创建窗帘、踢脚线。

任务内容描述

熟练使用 3ds Max 对室内房间的吊顶、窗帘、踢脚线进行精确的建模。

任务实施步骤

微课视频 34

一、室内吊顶布尔建模

在图像的基础上进行改动，首先添加一个吊顶。

01 在右侧“创建命令面板”下的【几何体】命令中，单击【长方体】按钮，将“顶视图”最大化（快捷键 <Alt+W>），单击“主工具栏”中的【对象捕捉】按钮（快捷键 <S>），如图 4-20 所示。

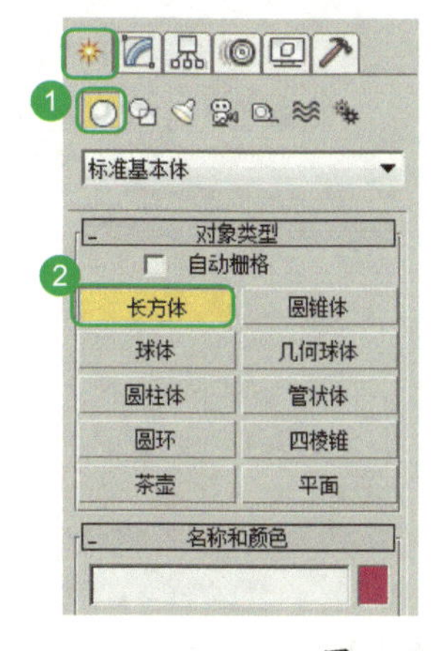

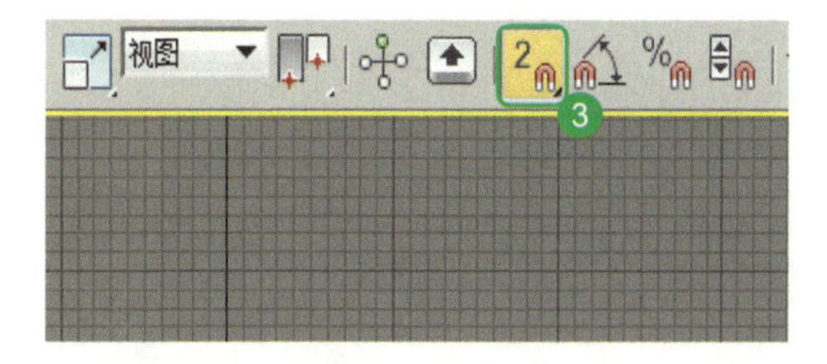

图 4-20　用对象捕捉辅助创建长方体

02 在“顶视图”中，拖动鼠标指针捕捉一个长方形，在右侧栏的【参数】展卷栏中，将【长度】设置为“5000mm”，【宽度】设置为“4800mm”，【高度】设置为“200mm”，如图 4-21 所示。

03 单击“主工具栏”中的【选择并移动】按钮（快捷键 <W>），在“前视图”中将绘制的吊顶长方体移动到顶面上，如图 4-22 所示。

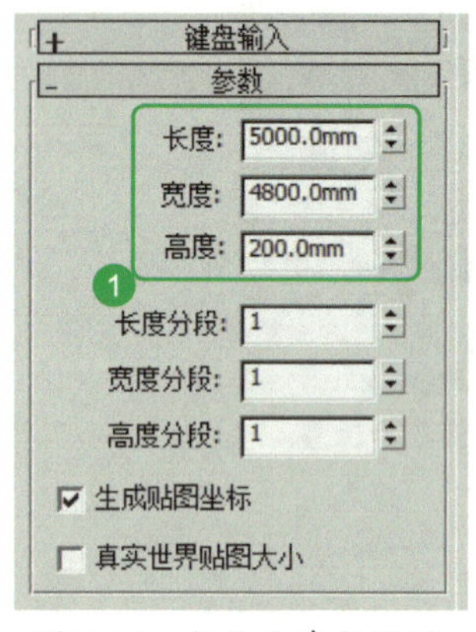

图 4-21　长方体参数设置

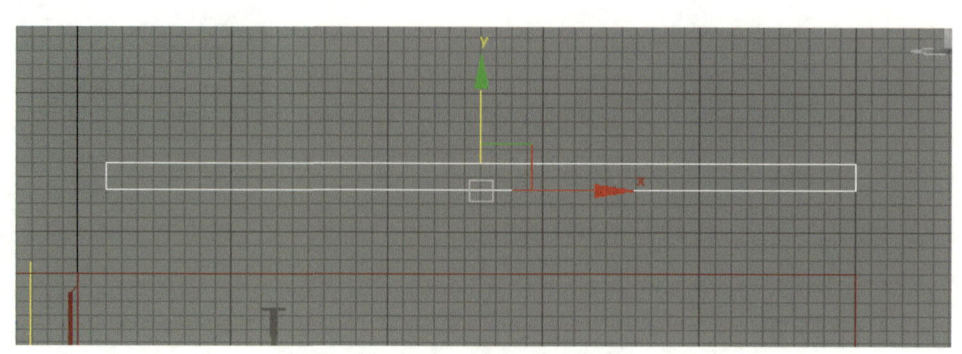

图 4-22　移动吊顶到房体顶面上

04 单击鼠标右键，选择【孤立当前选择】，如图 4-23 所示。

05 此时，窗口中只显示绘制的吊顶长方体，如图 4-24 所示。

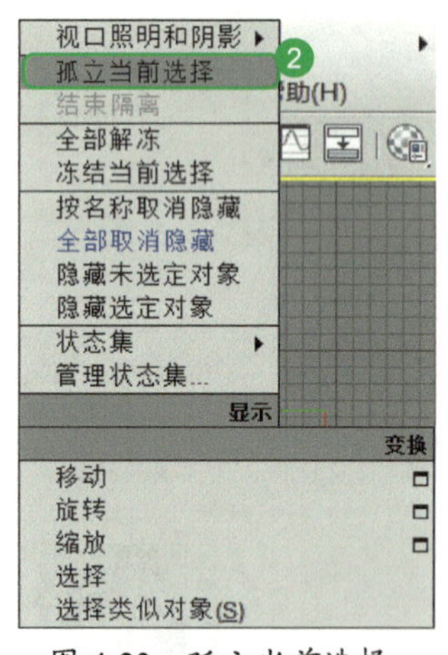

图 4-23　孤立当前选择

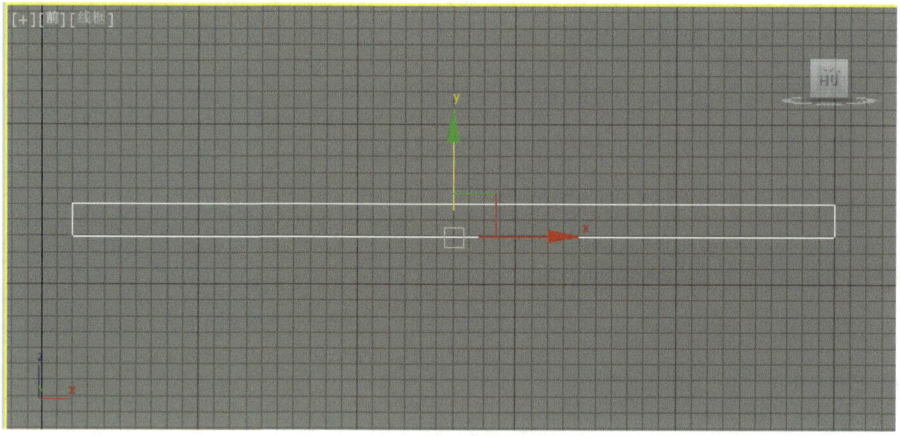

图 4-24　只显示吊顶长方体

06 在“透视图”中，将鼠标指针移动到【Camera001】上方，单击鼠标右键，选择【透视】，如图 4-25 所示。

07 在“透视图”中观察吊顶长方体，如图 4-26 所示。

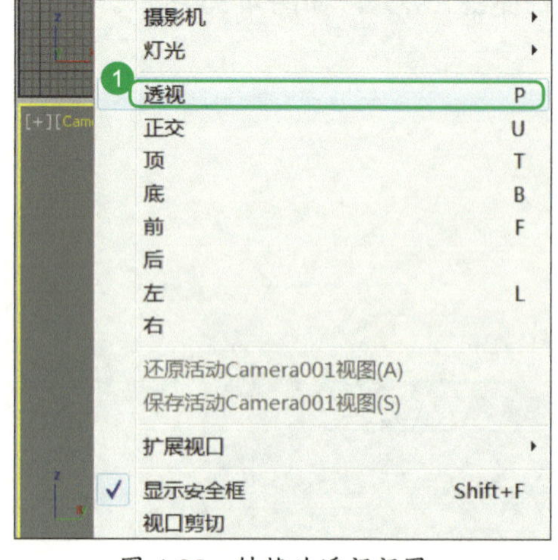

图 4-25　转换为透视视图

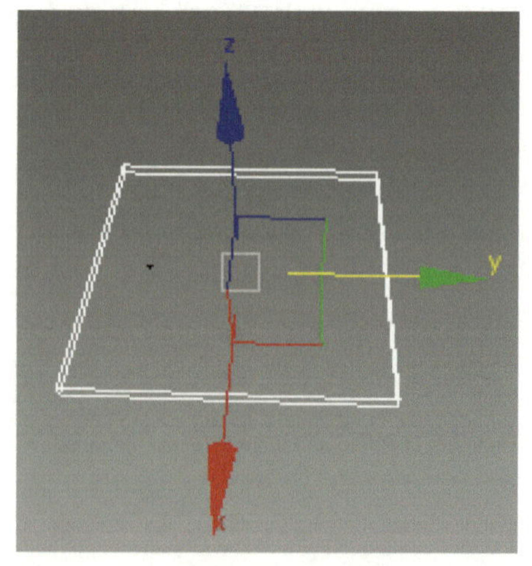

图 4-26　在“透视图”中观察吊顶长方体

08 接下来复制吊顶，在“前视图”中，按住键盘上的<Shift>键，一直按住鼠标左键不放，并向上推动，将其向上复制一个吊顶，在出现的【克隆选项】命令框中，选择【复制】，单击【确定】按钮，如图 4-27 所示。

09 选中复制的吊顶，在右侧“修改命令面板”下的【参数】展卷栏中，将【长度】设置为“4000mm”，【宽度】设置为“3800mm”，【高度】设置为“500mm”，如图 4-28 所示。

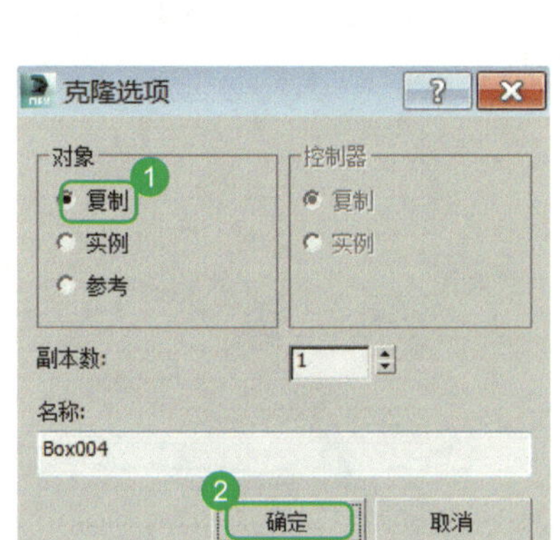

图 4-27　复制吊顶长方体

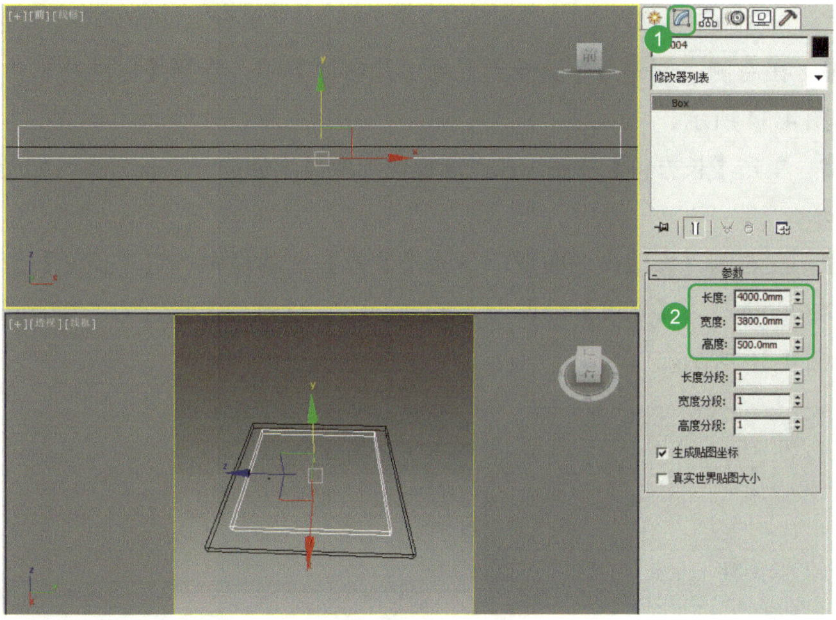

图 4-28　参数数值修改

10 将修改过参数的吊顶移动到中间位置，如图 4-29 所示。

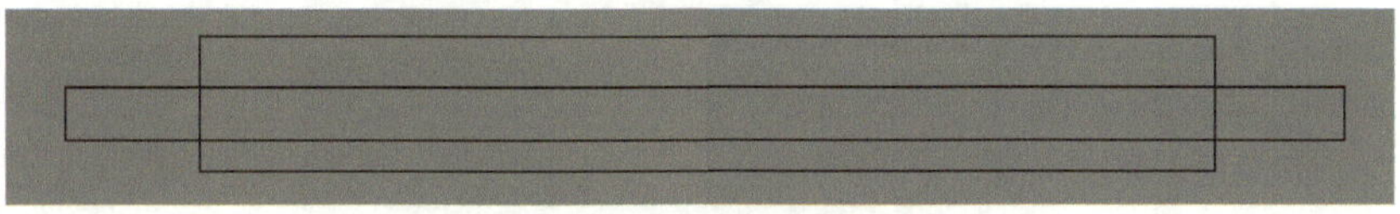

图 4-29　自动缩放到中间位置

11 在右侧“创建命令面板”下的【几何体】中，选择【复合对象】，如图 4-30 所示。

12 在“前视图”中，选择外面最大的长方体，在【对象类型】展卷栏中单击【布尔】按钮，如图 4-31 所示。

13 在【参数】展卷栏中，点选“差集（A-B）”，最后在【拾取布尔】展卷栏中，单击【拾取操作对象 B】按钮，就会修剪掉里面的部位，如图 4-32、图 4-33 所示。

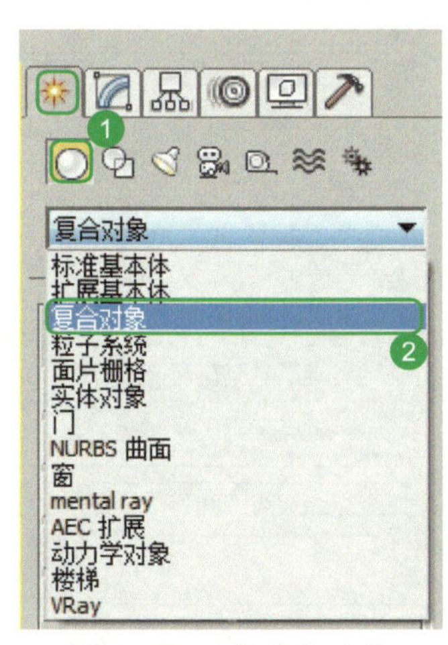

图 4-30　选择复合对象

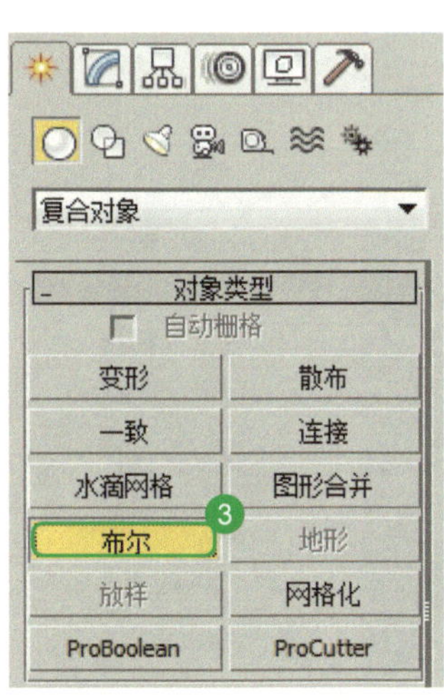

图 4-31　选择布尔命令

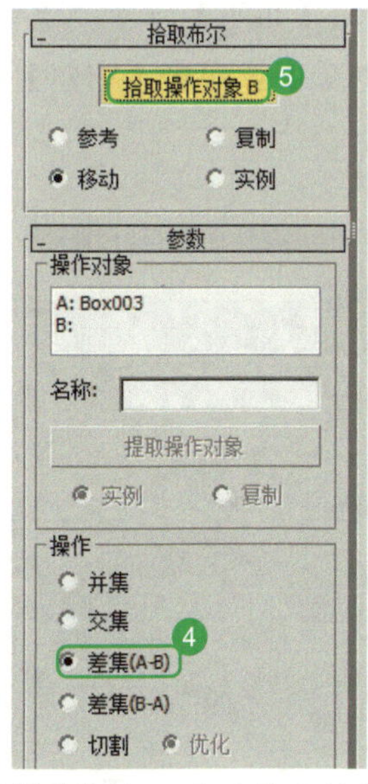

图 4-32　选择差集（A-B）和拾取操作对象 B 命令

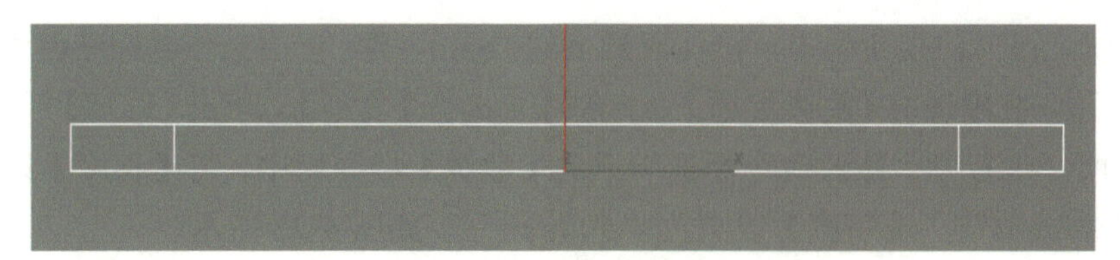

图 4-33　修剪掉里面部位的小长方体

14 在右侧“创建命令面板”下的【几何体】中，选择【标准基本体】，如图 4-34 所示。

15 单击【长方体】按钮，在“顶视图”中再次创建一个长方体，如图 4-35 所示。

16 在右侧“修改命令面板”下的【参数】展卷栏中，将【长度】设置为“4800mm”，【宽度】设置为“4600mm”，【高度】设置为“200mm”，如图 4-36 所示。

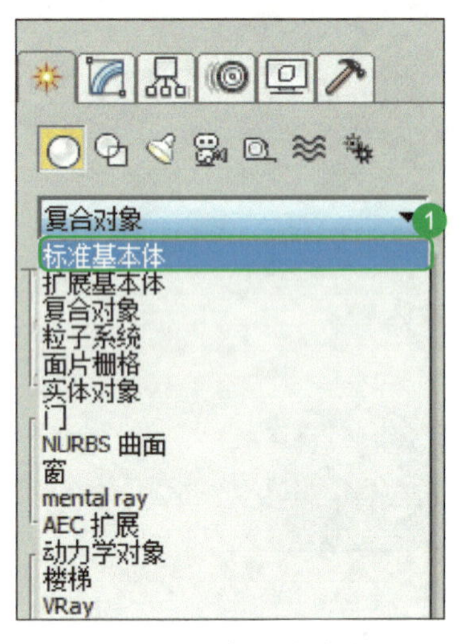

图 4-34　选择标准基本体

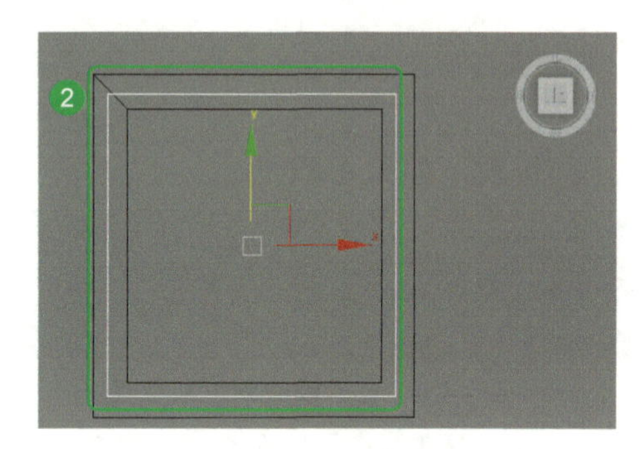

图 4-35　创建长方体

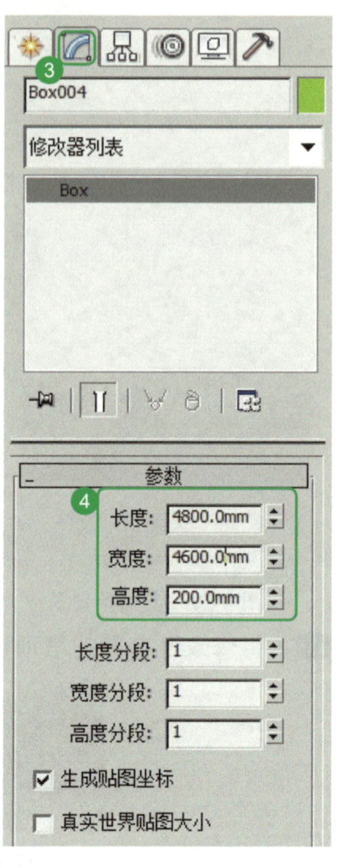

图 4-36　修改长方体长宽高参数值

17 参数设置完成后，将长方体移至中间位置，如图 4-37 所示。

18 再次运用【布尔】命令，在右侧“创建命令面板”下的【几何体】中，选择【复合对象】，单击【布尔】按钮，如图 4-38 所示。

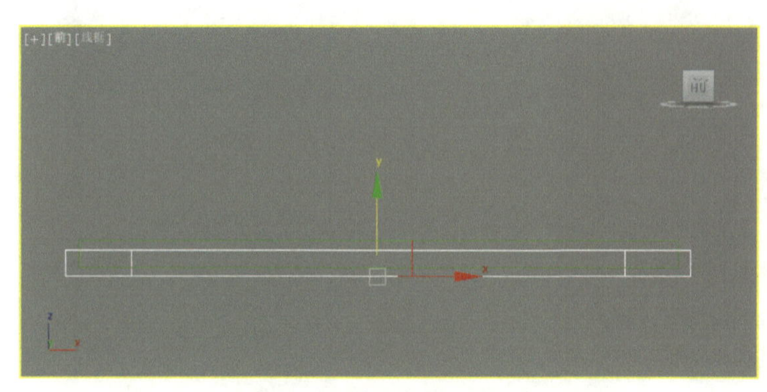

图 4-37　移至中间位置

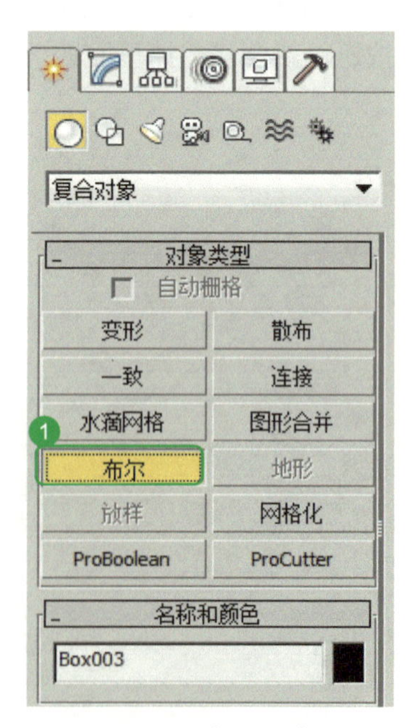

图 4-38　选择布尔命令

19 在【拾取布尔】中，单击【拾取操作对象 B】按钮，将绿色的长方体修剪掉，如图 4-39 所示。

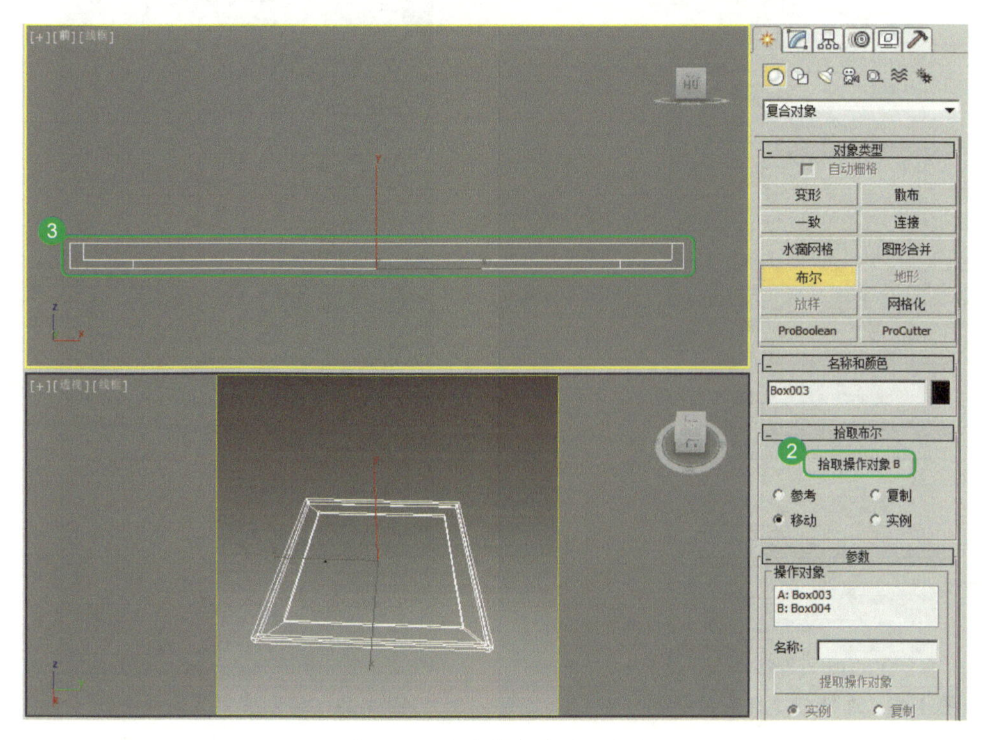

图 4-39　修剪掉新建的长方体

20 单击鼠标右键，选择【结束隔离】，如图 4-40 所示。

21 隔离的物体均出现在界面中，将做好的吊顶移动至室内合适位置，如图 4-41 所示。

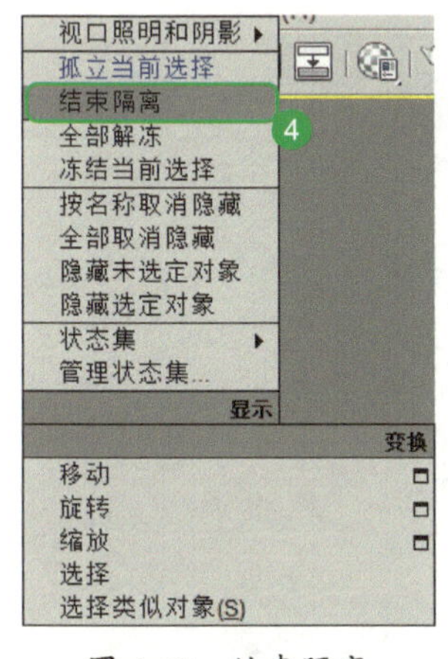

图 4-40　结束隔离

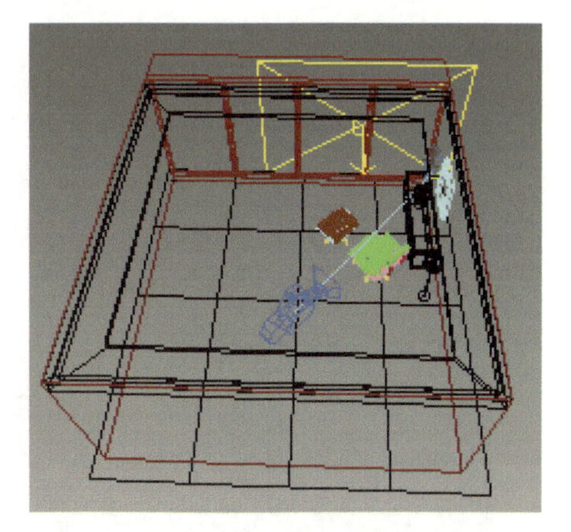

图 4-41　吊顶安置

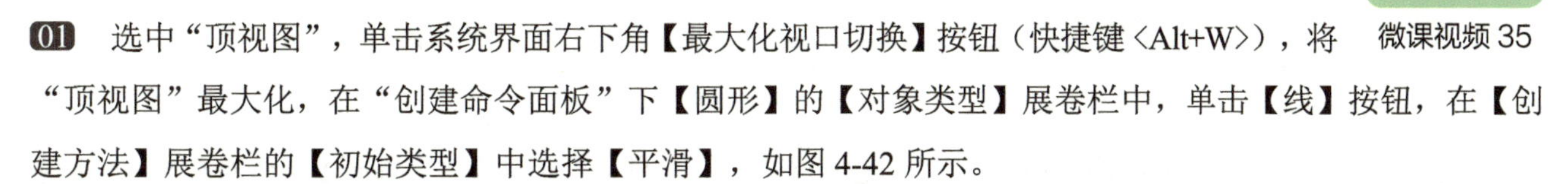

二、室内窗帘放样建模

微课视频 35

01 选中“顶视图”，单击系统界面右下角【最大化视口切换】按钮（快捷键 <Alt+W>），将“顶视图”最大化，在“创建命令面板”下【圆形】的【对象类型】展卷栏中，单击【线】按钮，在【创建方法】展卷栏的【初始类型】中选择【平滑】，如图 4-42 所示。

02 在界面中，先指定一个点，然后在约 45° 角的位置指定下一个点，大小合适，在呈反向 45° 角的位置指定下一个点，这样反复指定形成一个波浪线轴，距离大小大体匀称，单击鼠标右键即可完成绘制，如图 4-43 所示。

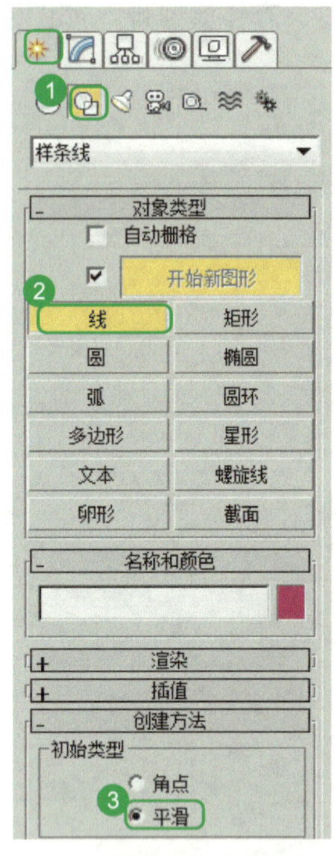

图 4-42　选择创建样条线命令

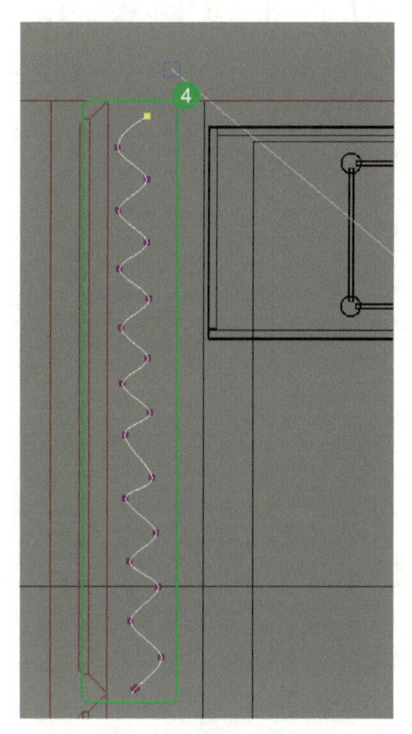

图 4-43　绘制窗帘波浪样条线

03　单击“主工具栏”中的【选择并移动】按钮，在右侧“创建命令面板”的【对象类型】展卷栏中单击【矩形】按钮，在“前视图”中绘制一个矩形；在【参数】展卷栏中，将参数进行修改，【长度】设置为“2500mm”，【宽度】设置为“2mm”，如图 4-44 所示。

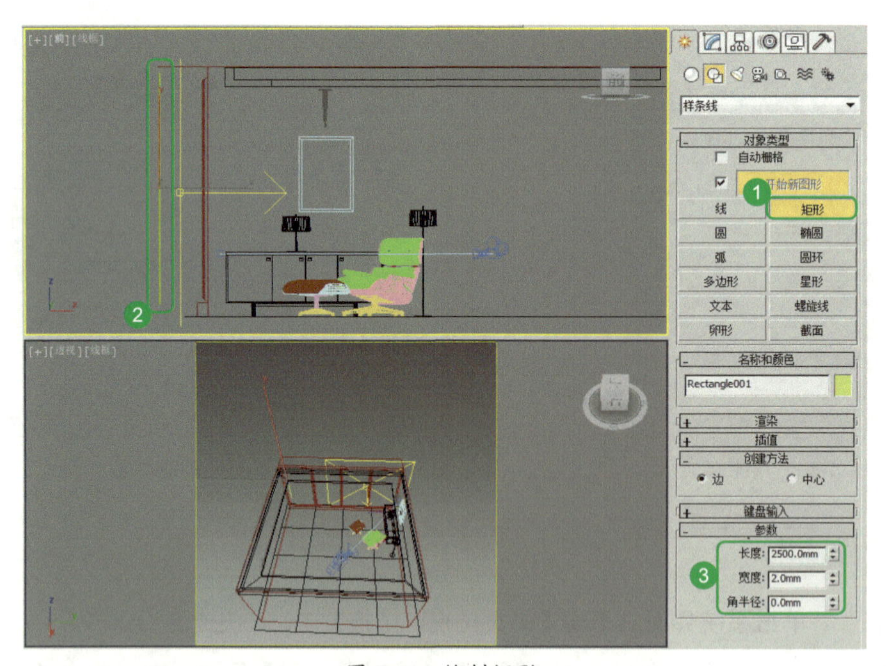

图 4-44　绘制矩形

04　在“前视图”中，选中绘制的矩形，在“创建命令面板”下的【几何体】中，选择【复合对象】，在【对象类型】展卷栏中，单击【放样】按钮，如图 4-45 所示。

05　这是一个矩形实体，现在寻求一个路径，单击【创建方法】展卷栏中的【获取路径】按钮，按此路径即可形成一个窗帘，如图 4-46 所示。

06　当呈现出符号“ ”时就可以选取此路径，在“透视图”中放大观察，可看到窗帘形状，如图 4-47 所示。

07　按键盘上的 <Delete> 键删除刚绘制的窗帘，在“顶视图”中，选中窗帘波浪线，在右侧“创建命令面板”下【几何体】的【对象类型】展卷栏中，单击【放样】按钮，在【创建方法】展卷栏中，单击【获取图形】按钮，如图 4-48 所示。

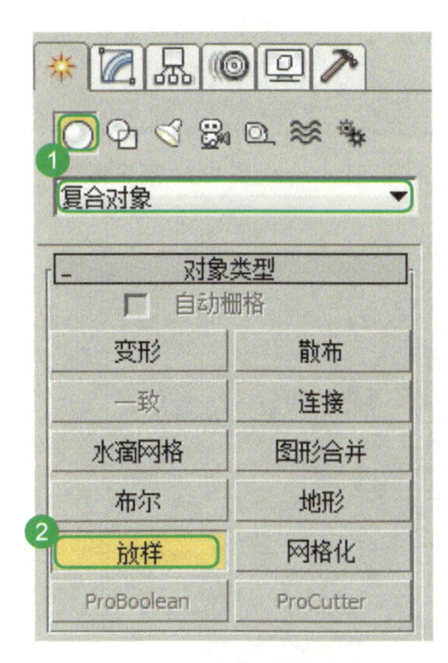

图 4-45　选择放样命令

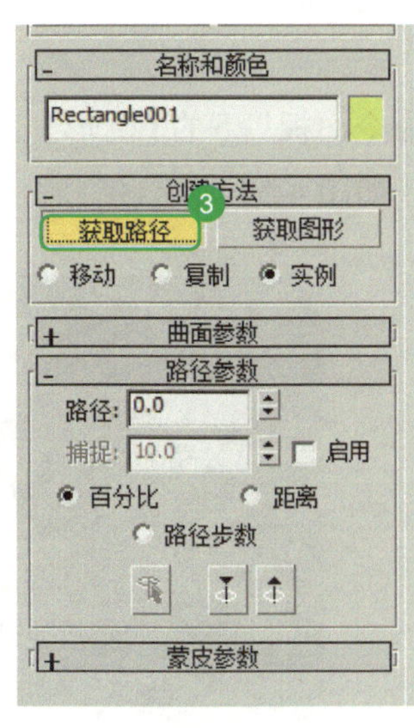

图 4-46　选择获取路径命令

图 4-47　具有波浪感的窗帘形状

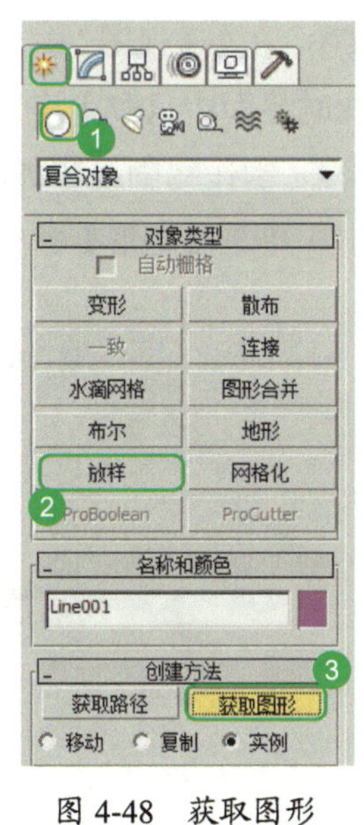

图 4-48　获取图形

说明：3ds Max 放样创建方法里面获取路径和获取图形的区别，图形是将来物体的断面形状，放样就是用形状沿着路径拉伸出去，明白了这一点以后，是获取路径还是获取图形就要看你先选择了什么东西。比如有一条直线和一个圆形，而你想做的是一个圆柱，那么如果先选择了直线，就应该选择获取图形，因为放样是将形状沿着路径拉伸，这样操作的结果就是圆形沿着直线拉伸了，所以最简单的做法就是每次都先选择路径，然后就可以只获取图形了。

08　此方法同样可以绘制窗帘，将矩形移动到窗帘的合适位置，此时，刚才用样条线绘制的矩形和绘制的窗帘波浪线就可以按键盘上的 <Delete> 键删掉，如图 4-49 所示。

09　在“透视图”中，单击鼠标右键，选择【摄影机】中的【Camera001】，进入摄影机影像中，如图 4-50 所示。

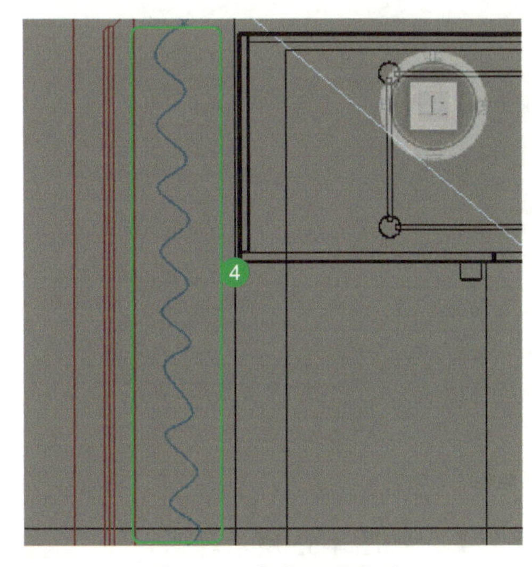

图 4-49　窗帘位置安放

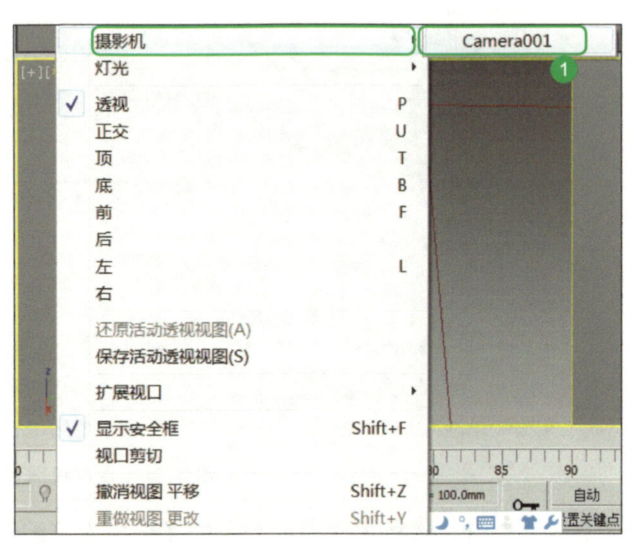

图 4-50　转换为 Camera001 视图

10　在“透视图”中可以看到绘制的窗帘，如图 4-51 所示。

图 4-51　透视图中的窗帘效果

三、踢脚线放样建模

微课视频 36

01　选中“房体”，单击鼠标右键，选择【孤立当前选择】，如图 4-52 所示。

02　在“透视图”中，单击鼠标右键，选择【透视】，将线框图变为透视图，此时界面中只剩下房体，如图 4-53 所示。

03　制作踢脚线和制作窗帘的方式一样，在“创建命令面板”下的【圆形】中，单击【矩形】按钮，在“前视图”中绘制矩形，如图 4-54 所示。

图 4-52　孤立房体

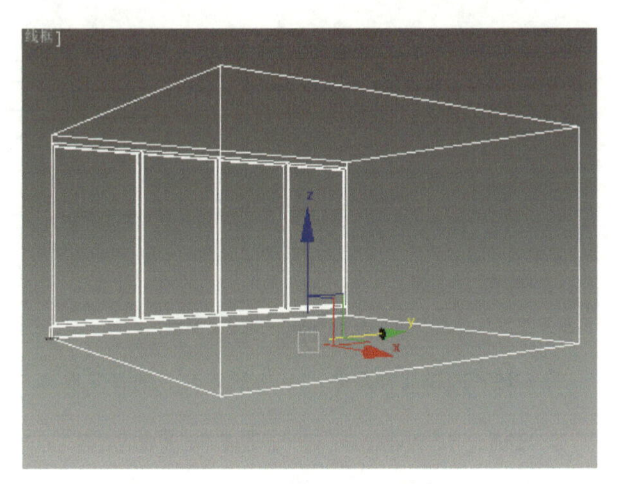

图 4-53　房体孤立后的效果

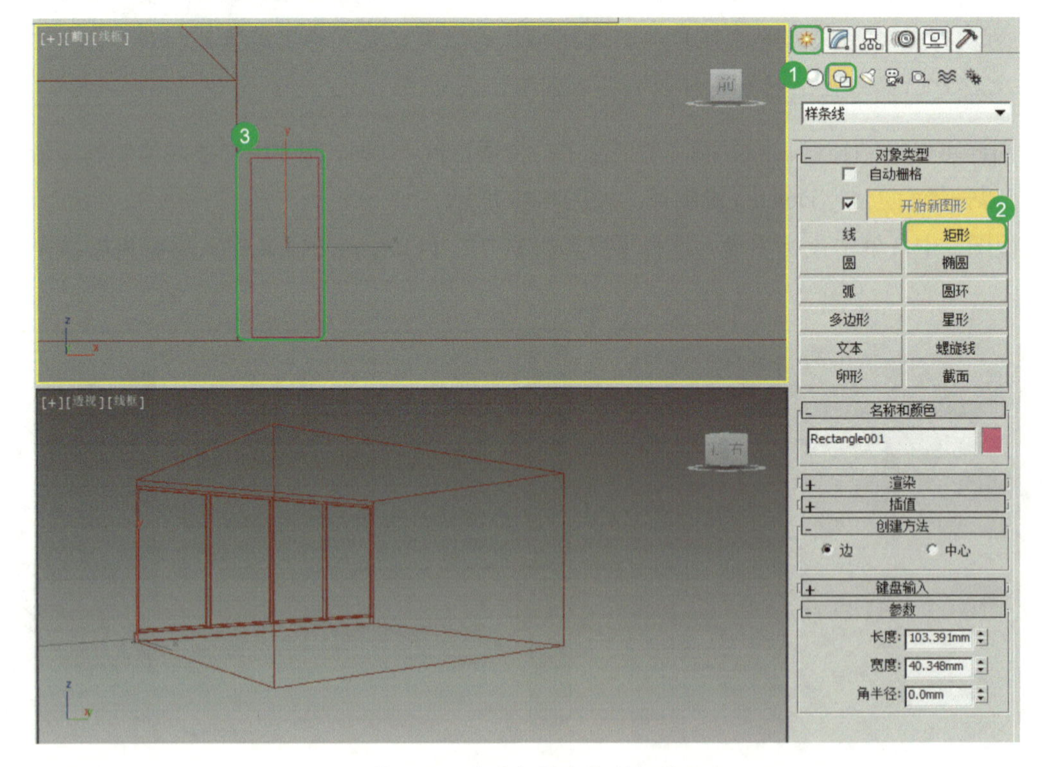

图 4-54　在前视图中绘制矩形

04　单击鼠标右键，选择【转换为】中的【转换为可编辑样条线】，如图 4-55 所示。

05 在右侧“修改命令面板”下的【选择】展卷栏中，单击【点】按钮，如图4-56所示。

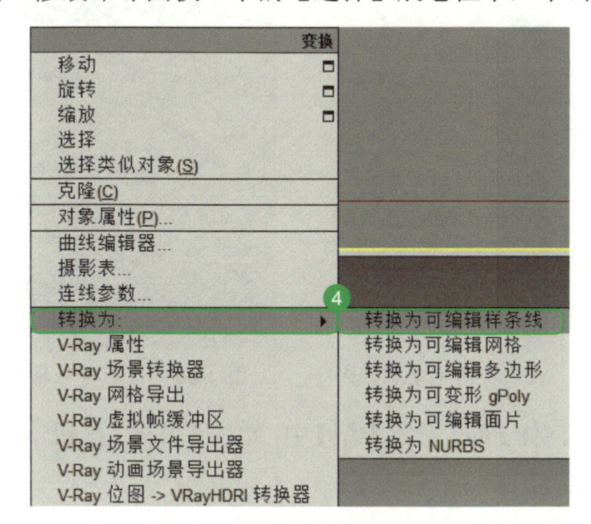

图4-55　转换为可编辑样条线

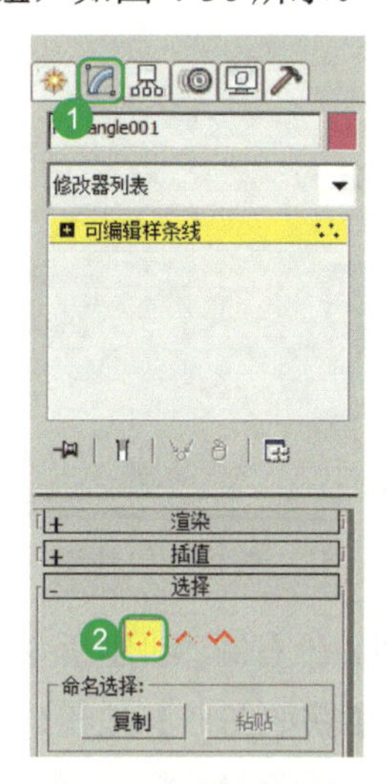

图4-56　选择点按钮

06 在右侧“修改命令面板”下的【几何体】展卷栏中选择【平滑】，将矩形右上角点向左下方移动一下，利用平滑轴对物体形状进行变换，如图4-57所示。

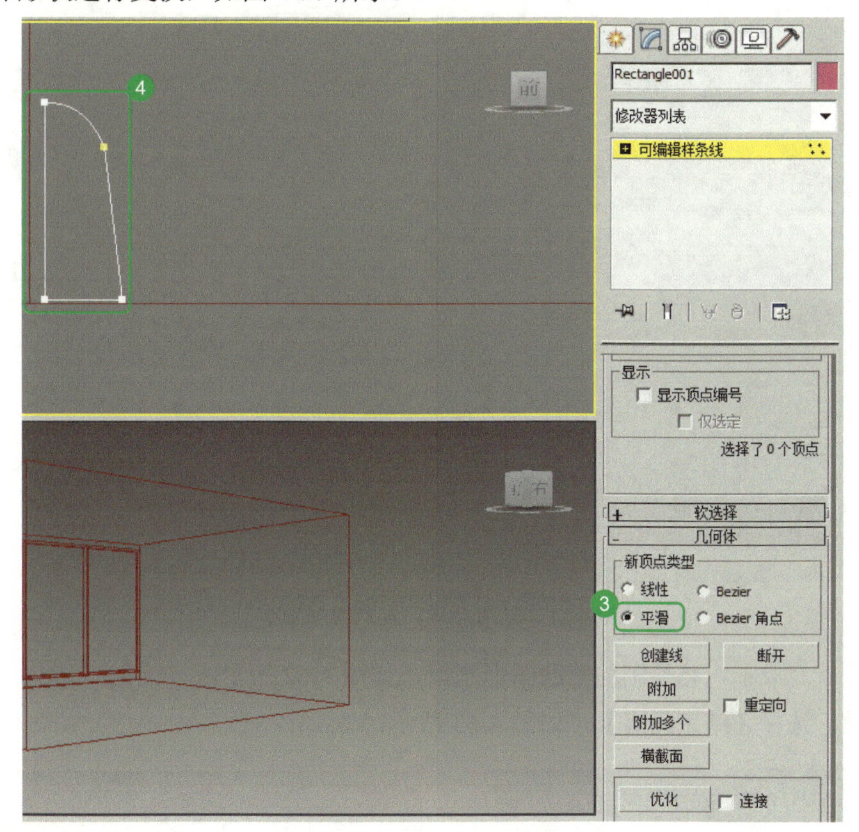

图4-57　点选平滑

07 单击“主工具栏”中的【捕捉】命令，选择“二维捕捉”，如图4-58所示。

08 在“创建命令面板”下【圆形】的【对象类型】中，单击【矩形】按钮，选中“顶视图”，单击界面右下角的【最大化视口切换】按钮，将“顶视图”最大化，利用【捕捉】命令在顶视图中捕捉左下角点和右上角点，绘制一个矩形，如图4-59所示。

09 单击“主工具栏”中的【选择并移动】按钮，在“前视图”中，将踢脚线移动至合适位置，如图4-60所示。

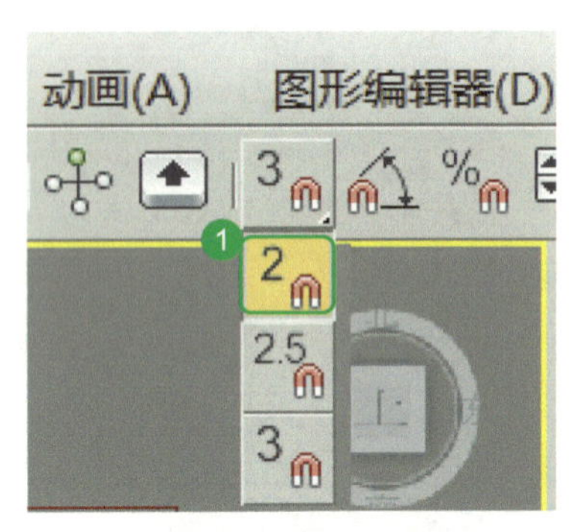

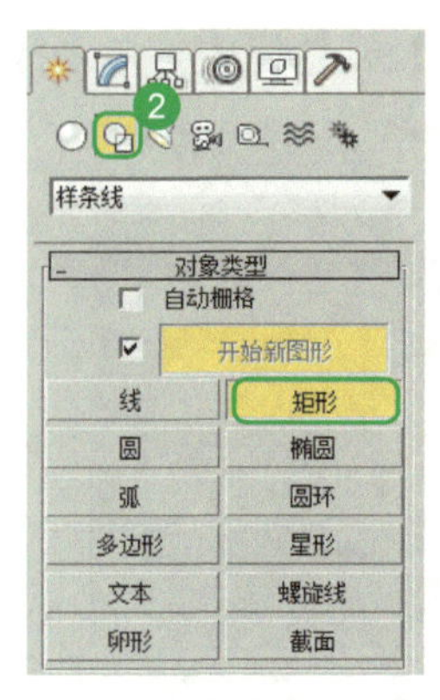

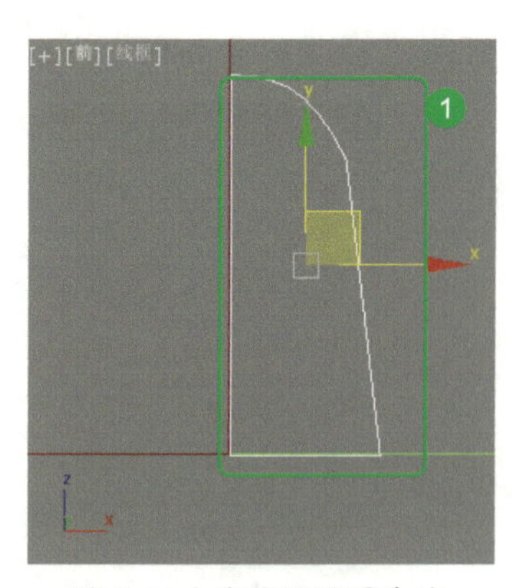

图 4-58 选择二维捕捉　　图 4-59 在顶视图中绘制矩形　　图 4-60 移动安置踢脚线

10 选中底线，在右侧“创建命令面板”下【几何体】的【对象类型】中，单击【放样】按钮，在【创建方法】展卷栏中单击【获取图形】按钮，如图 4-61 所示。

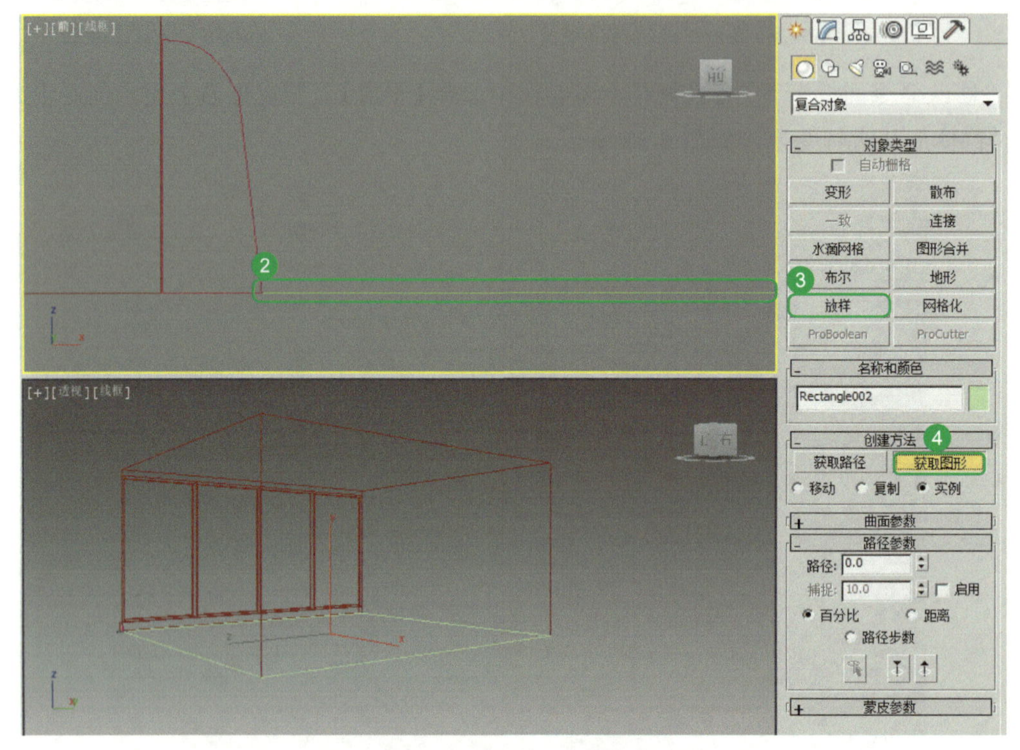

图 4-61 运用放样、获取图形命令

11 这样，踢脚线就完成了，将绘制的辅助图形删掉，如图 4-62 所示。

12 单击鼠标右键，选择【结束隔离】，如图 4-63 所示。

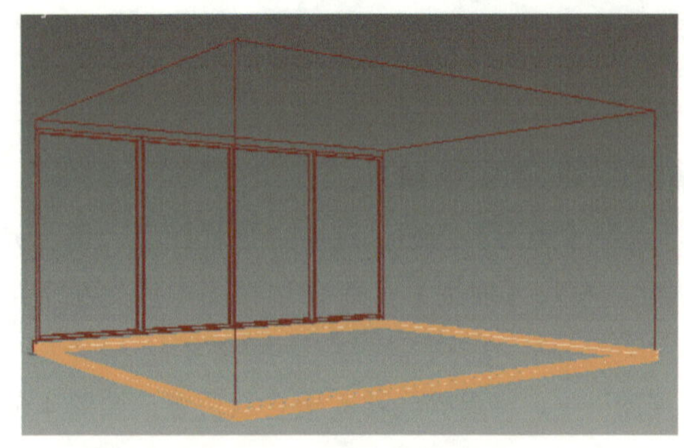
图 4-62 踢脚线围合效果

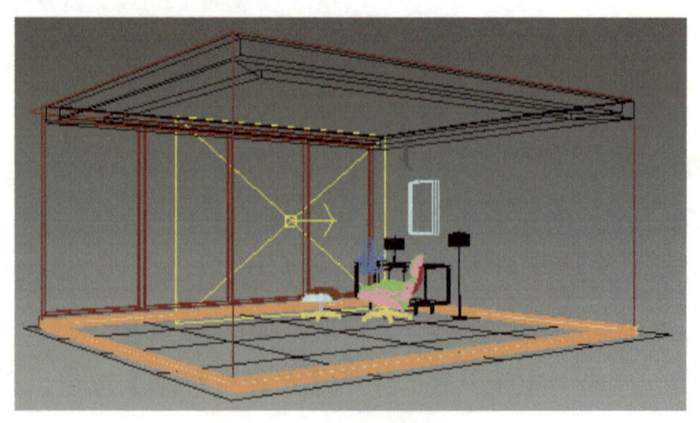
图 4-63 结束隔离

工作任务

任务 4.3　夜景灯光参数调试

任务完成目标

通过完成本任务，掌握以下知识或方法：

- □ 学会正确调试目标平行光参数。
- □ 能够正确调试目标聚光灯参数。
- □ 能够正确调试光度学目标灯光参数。

任务内容描述

熟练使用 3ds Max 对室内夜晚场景灯光进行精确地创建与调试。

任务实施步骤

微课视频 37

一、调试窗口主光源 VR 灯光参数

01 选中“窗帘”，单击鼠标右键，选择【隐藏选定对象】，将窗帘进行隐藏，如图 4-64 所示。

02 在右侧“修改命令面板”下，将【倍增器】设置为“1”，单击【颜色】右侧的按钮，如图 4-65 所示。

03 打开【颜色选择器：颜色】命令框，将【红】设置为“60”，【绿】设置为“155”，【蓝】设置为“240”，单击【确定】按钮，室内形成一个冷色调，如图 4-66 所示。

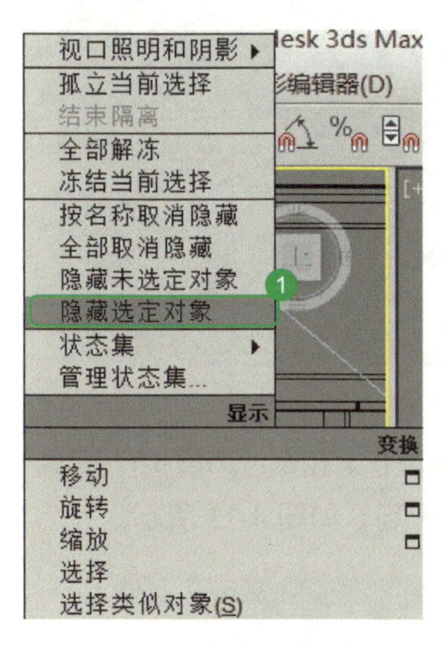

图 4-64　隐藏选定窗帘

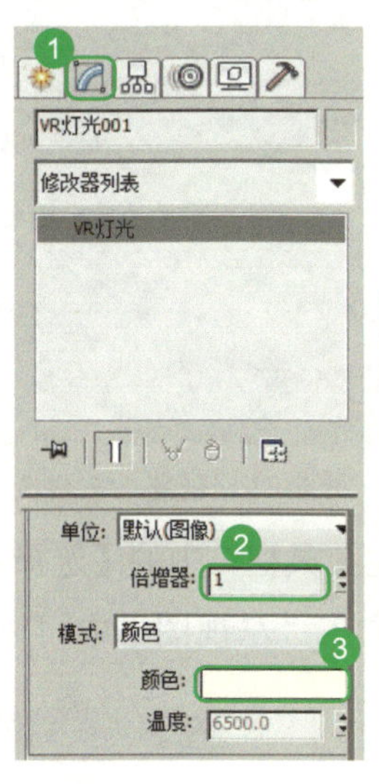

图 4-65　修改 VR 灯光倍增器值

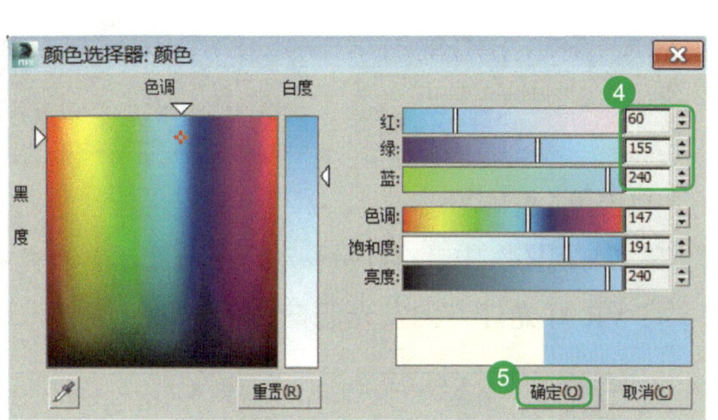

图 4-66　VR 灯光颜色设置

微课视频 38

二、重置材质

01 单击“主工具栏”中的【材质编辑器】按钮（快捷键 <M>），打开【材质编辑器】命令框，单击【实用程序】按钮，选择【重置材质编辑器窗口】，将所有材质球进行重置，如图 4-67 所示。

02 选中第一个材质球，单击【视口中显示明暗处理材质】按钮和【将材质指定给选定对象】按钮，再单击【背景】按钮，如图 4-68 所示。

03 关闭【材质编辑器】命令框，单击“主工具栏”中的【渲染产品】按钮（快捷键 <Shift+Q>），对图像进行测试渲染，如图 4-69 所示。

渲染完成后是一个呈现冷色色调的室内休闲室。

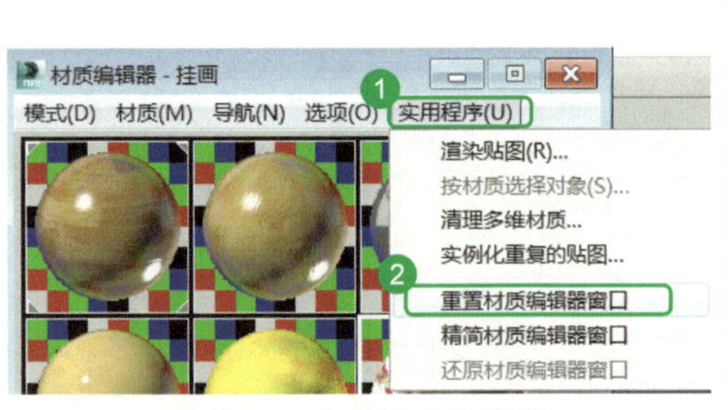

图 4-67 重置材质编辑器

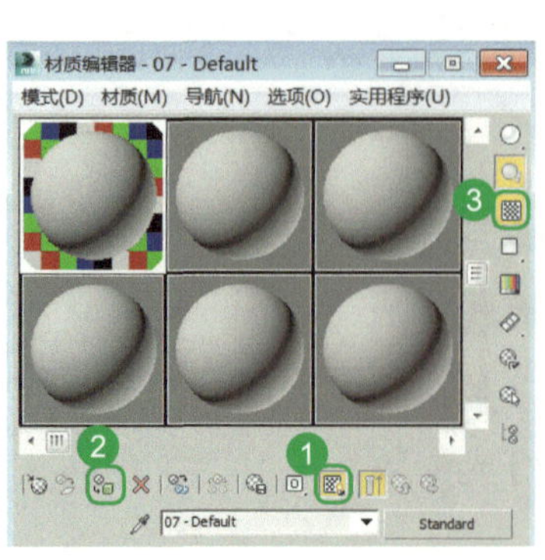

图 4-68 附着统一无贴图材质

图 4-69 渲染测试观察光线色调

三、调试吊顶灯带 VR 灯光参数

微课视频 39

01 在右侧“创建命令面板”下【灯光】的【对象类型】展卷栏中，单击【VR 灯光】按钮，如图 4-70 所示。

02 选中“顶视图”，单击右下角的【最大化视口切换】按钮（快捷键 <Alt+W>），在顶视图中创建灯带，单击【选择并移动】按钮（快捷键 <W>），移动到合适位置，如图 4-71 所示。

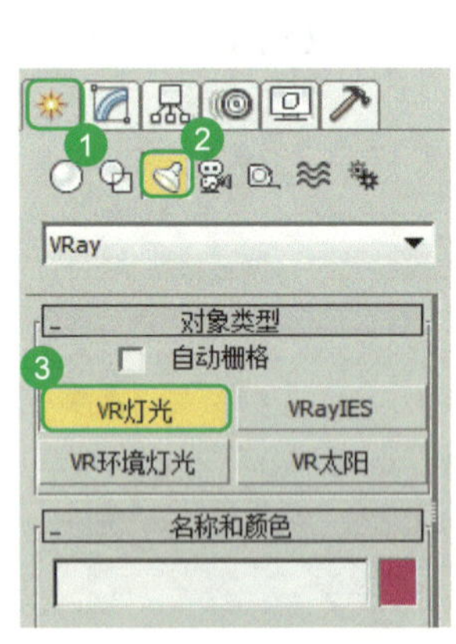

图 4-70 选择 VR 灯光

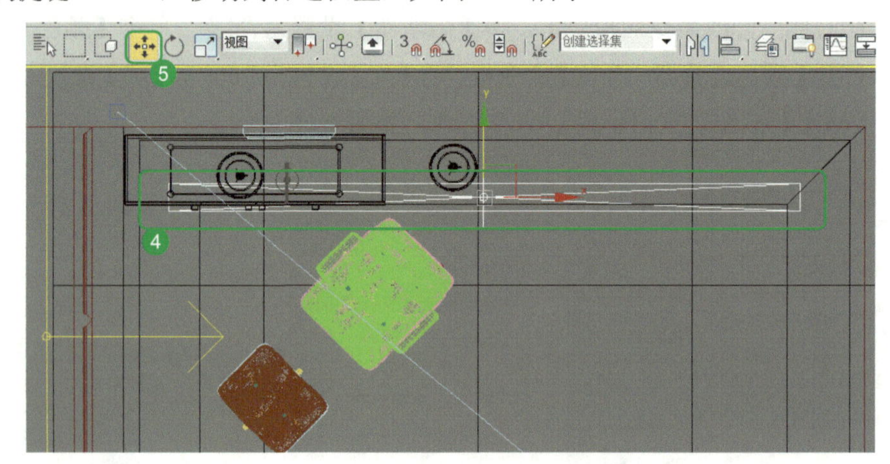

图 4-71 创建 VR 灯光灯带

03 在“前视图”中，将灯带移动至吊顶处，单击“主工具栏”中的【选择并旋转】按钮，如图 4-72 所示。

04 将 VR 灯光灯带的发光源向斜上方进行旋转，这在“左视图”中可以看到，如图 4-73 所示。

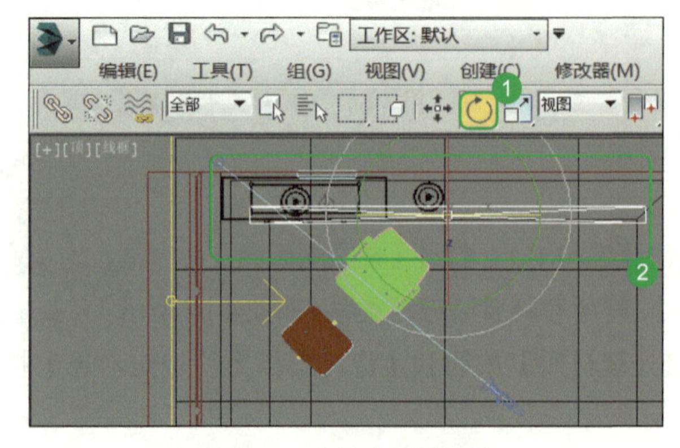

图 4-72 选择并旋转灯带

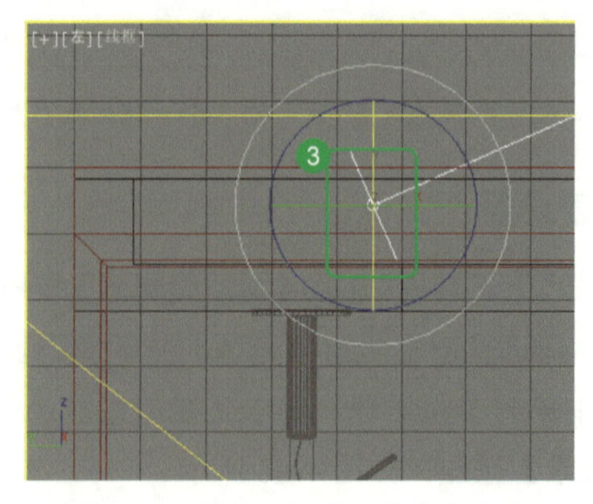

图 4-73 旋转、调整灯光发射方向

05 单击“主工具栏”中的【选择并移动】按钮，在“左视图”中将灯带移动至合适位置，如图 4-74 所示。

06 在右侧“修改命令面板”下，单击【颜色】右侧的按钮，如图 4-75 所示。

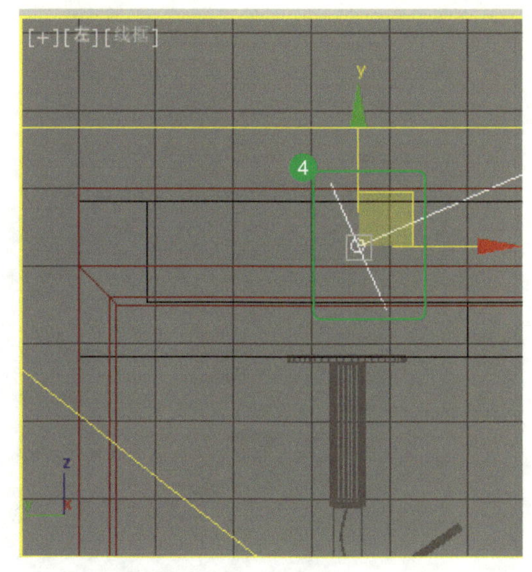

图 4-74　移动灯带到合适位置

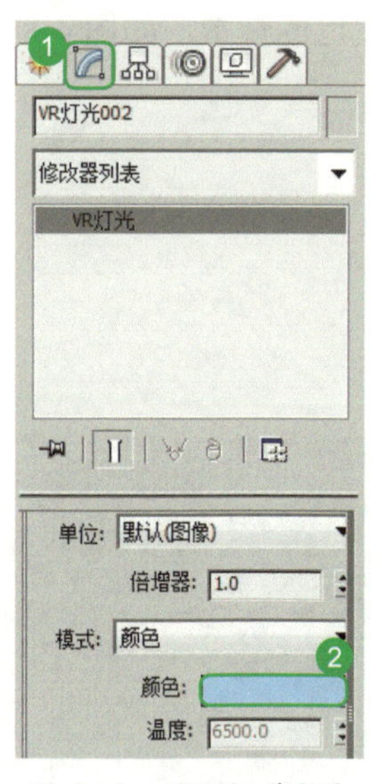

图 4-75　修改灯带颜色

07 打开【颜色选择器：颜色】命令框，将灯光的颜色设置为“黄色”（【红】设置为“246”，【绿】设置为“244”，【蓝】设置为“60”），单击【确定】按钮，如图 4-76 所示。

08 将【倍增器】值设置为“2”，如图 4-77 所示。

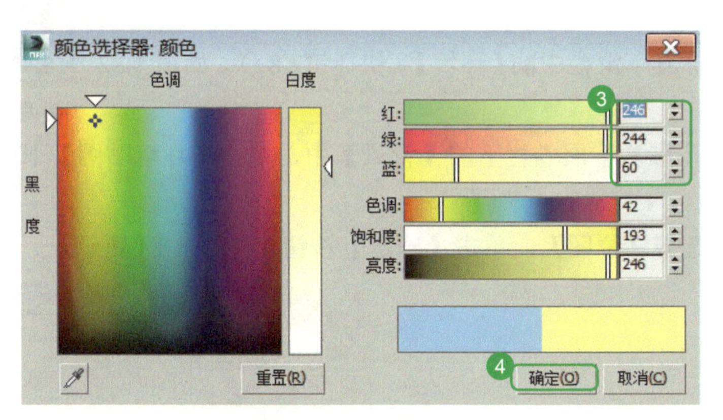

图 4-76　灯带颜色参数设置

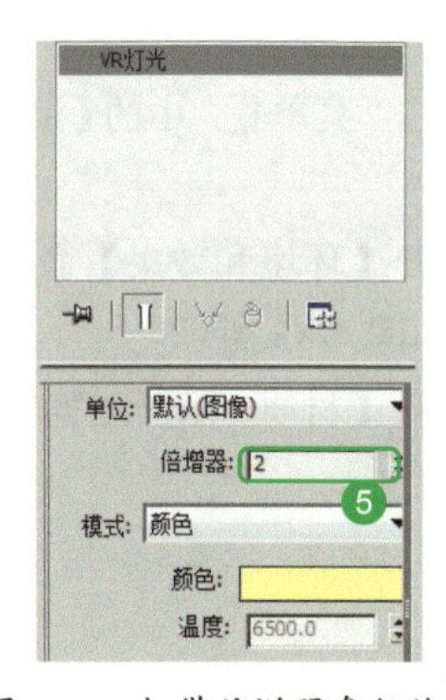

图 4-77　灯带倍增器参数修改

09 单击【选择并旋转】按钮（快捷键 <E>），利用旋转的方式进行复制，按住键盘上的 <Shift> 键，一直按住鼠标左键不放，将灯带旋转 90° 进行复制，如图 4-78 所示。

10 出现【克隆选项】命令框，选择【复制】，单击【确定】按钮，如图 4-79 所示。

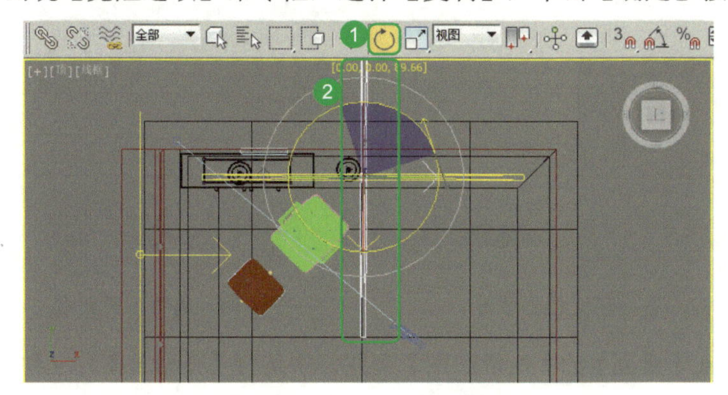

图 4-78　旋转 90° 进行复制

图 4-79　在克隆选项中进行复制

11 单击【选择并移动】按钮，将复制得到的灯带移动至合适位置放置，如图 4-80 所示。

12 单击“主工具栏”中的【渲染产品】按钮（快捷键 <Shift+Q>），将其进行测试渲染，这样，顶面就会呈现一个黄色的灯带，如图 4-81 所示。

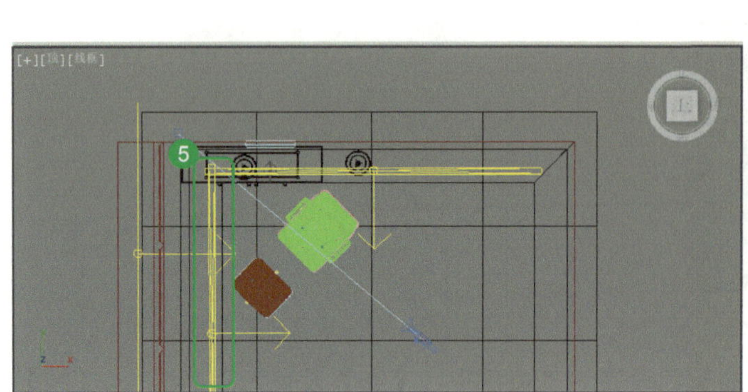

图 4-80　移动复制的灯带到合适位置

图 4-81　测试渲染效果

四、调试窗口环境贴图

微课视频 40

01 单击“菜单栏”中的【渲染】按钮，选择其下滑栏中的【环境】（快捷键 <8>），如图 4-82 所示。

02 打开【环境和效果】命令框，在【公用参数】展卷栏下的【背景】中，单击【环境贴图】下的【无】按钮，如图 4-83 所示。

03 打开【材质 / 贴图浏览器】命令框，选择【位图】，单击【确定】按钮，如图 4-84 所示。

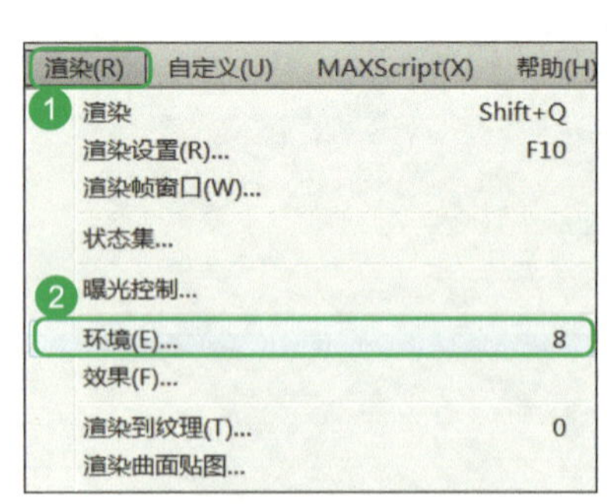

图 4-82　添加环境贴图

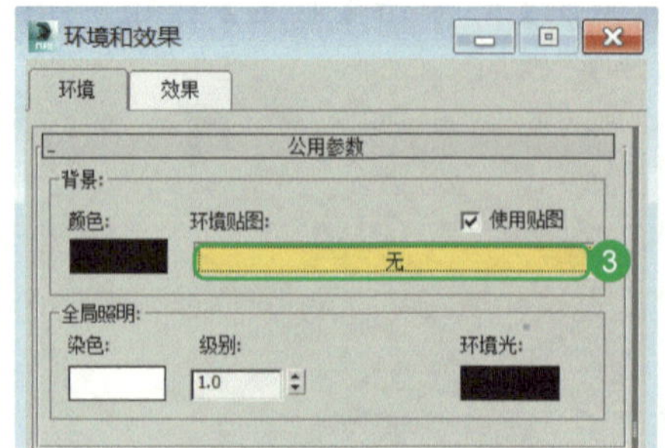

图 4-83　添加环境材质贴图

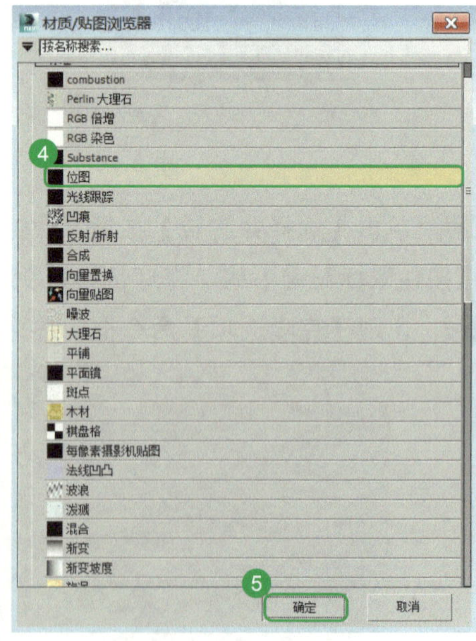

图 4-84　选择位图材质

04 打开【选择位图图像文件】命令框，在【桌面】的【夜景贴图】文件夹中选择【夜景】图片文件，单击【打开】按钮，如图 4-85 所示。

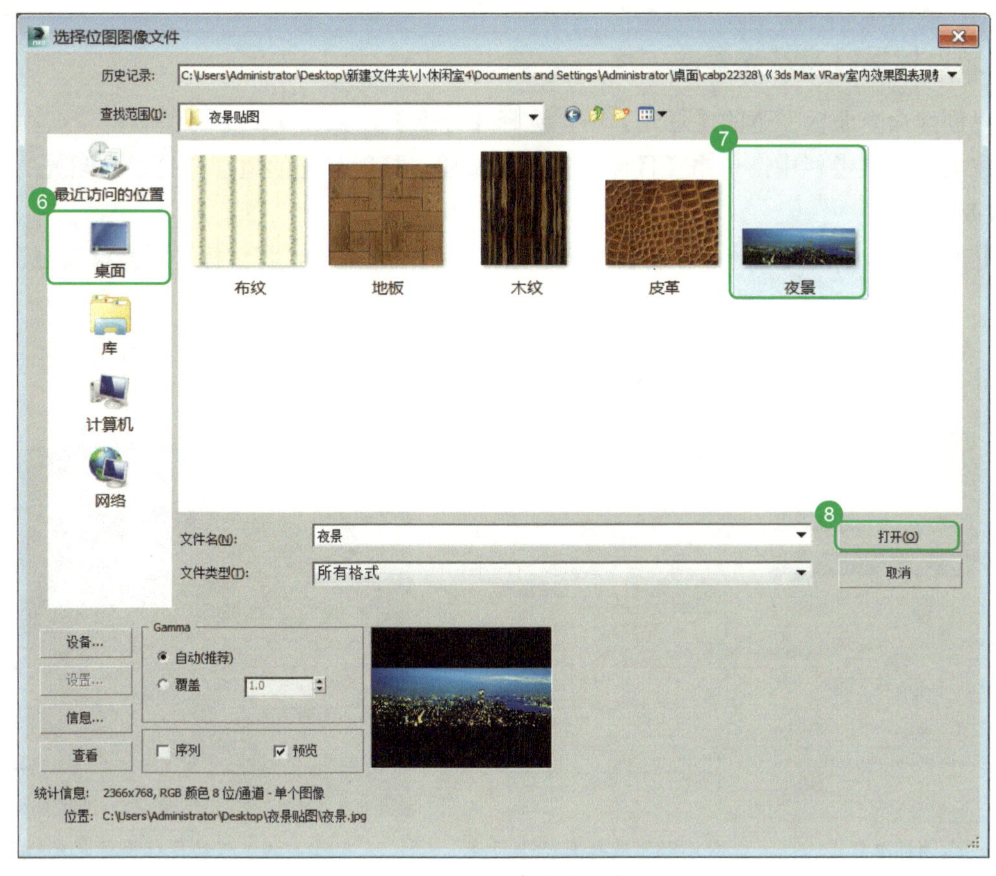

图 4-85　选取夜景图片文件路径

05 关闭【环境和效果】命令框，单击“主工具栏”中的【渲染产品】按钮，对图像进行测试渲染，这样窗外的夜景就绘制完成了，如图 4-86 所示。

图 4-86　测试渲染观察窗外夜景

五、调试月光目标平行光灯光参数

微课视频 41

01 在右侧“创建命令面板”下的【灯光】中，选择【标准】，如图 4-87 所示。

02 在【对象类型】展卷栏中，单击【目标平行光】按钮，打射月光的道理与打射太阳光一样，如图 4-88 所示。

03 单击“主工具栏”中的【选择并移动】按钮，像打射太阳光那样，将目标平行光移动至窗口位置，如图 4-89 所示。

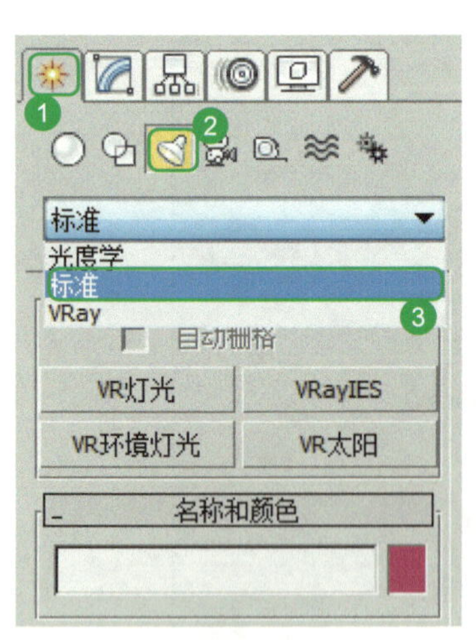

图 4-87　选择标准灯光

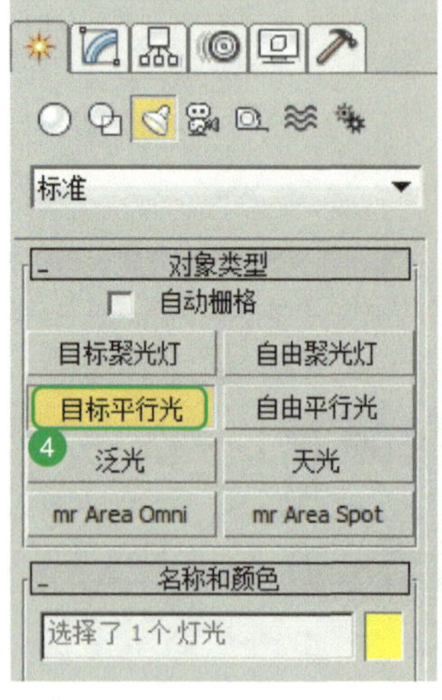

图 4-88　选择目标平行光

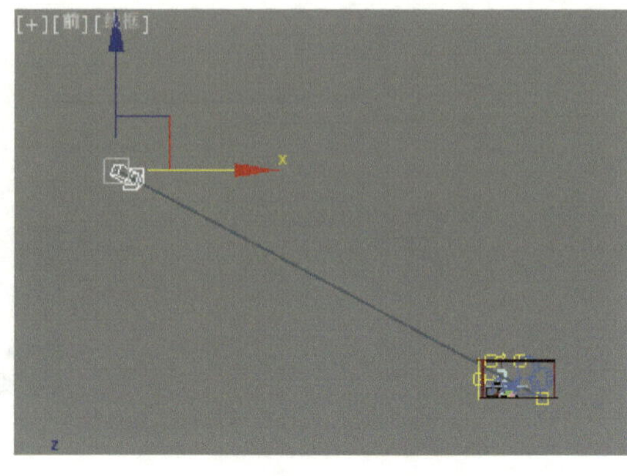

图 4-89　移动目标平行光光线路径

04 在右侧“修改命令面板”下勾选【阴影】下的【启用】，选择【VRay 阴影】，如图 4-90 所示。

05 在【强度 / 颜色 / 衰减】展卷栏中，将【倍增】设置为“2”，单击【倍增】右侧的白色方块，如图 4-91 所示。

06 打开【颜色选择器：灯光颜色】命令框，调节一个冷色，【红】设置为“111”，【绿】设置为“143”，【蓝】设置为“234”，单击【确定】按钮，如图 4-92 所示。

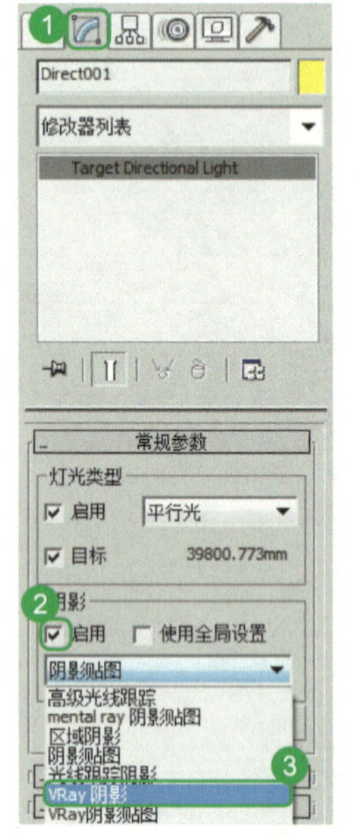

图 4-90　选择 VRay 阴影贴图

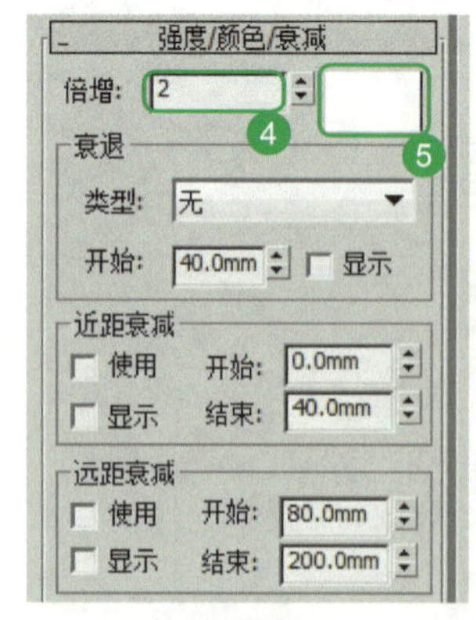

图 4-91　修改倍增值和光线色彩

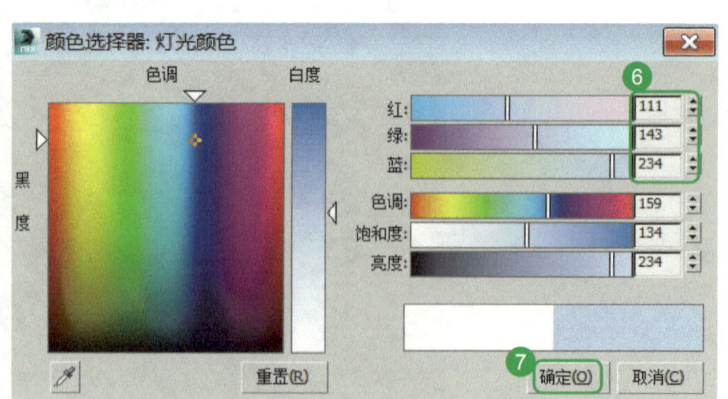

图 4-92　目标平行光灯光颜色参数设置

07 在右侧“修改命令面板”下的【近距衰减】中，将【开始】设置为“100mm”，【结束】设置为“2000mm”，如图 4-93 所示。

08 在【平行光参数】展卷栏中，勾选【显示光锥】，将【聚光区 / 光束】设置为“1200mm”，【衰减区 / 区域】设置为“2000mm”，选择【圆】，如图 4-94 所示。

09 单击“主工具栏”中的【渲染产品】按钮，对图像进行测试渲染。如果光线过于强烈，有两种处理方法：

方法一：将月光拉至光源位置。

方法二：降低月光的【倍增】值。

10 在右侧“修改命令面板”下的【强度 / 颜色 / 衰减】展卷栏中，将【倍增】值设置为“0.5”，如图 4-95 所示。

11 在右侧“修改命令面板”下的【VRay 阴影参数】展卷栏中，将【偏移】设置为“10”，勾选【区域阴影】，如图 4-96 所示。

12 单击“主工具栏”中的【渲染产品】按钮，对图像进行测试渲染，如图 4-97 所示。

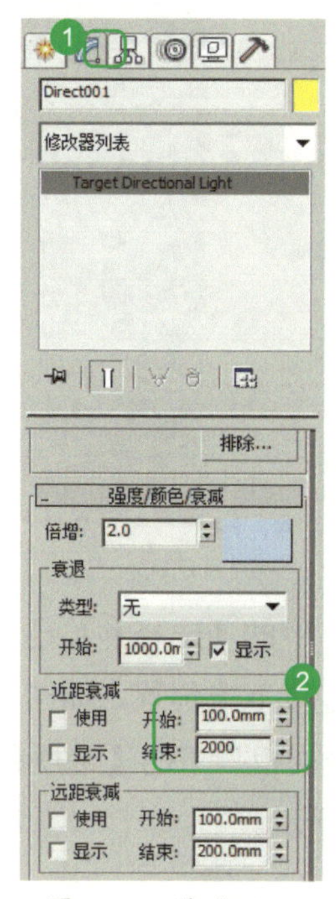

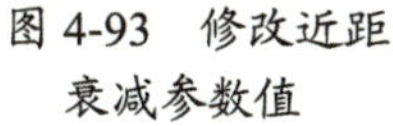
图 4-93　修改近距衰减参数值

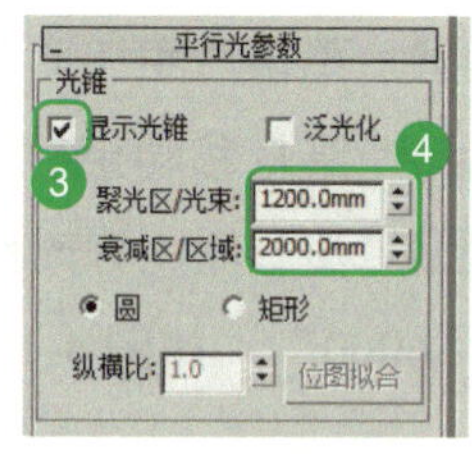

图 4-94　显示与调整平行光光锥参数

图 4-95　降低倍增值

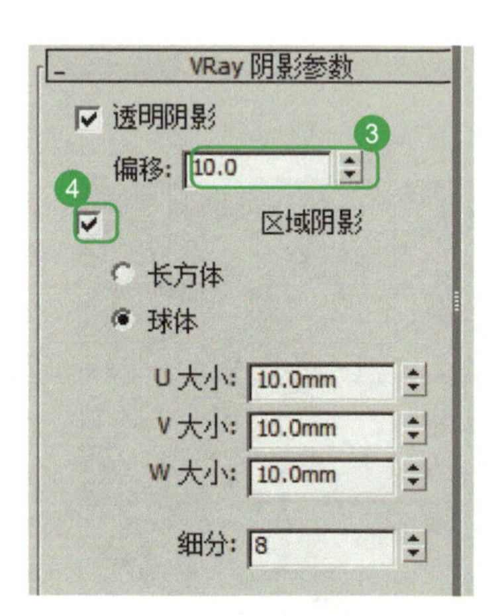

图 4-96　调节 VRay 阴影偏移参数

图 4-97　测试渲染

注意：如果目标的距离从发光源到顶端的距离在 40m 范围内，调倍增值在“0.5”左右；如果目标的距离从发光源到顶端的距离在 60m 范围内，调倍增值在“1”左右。

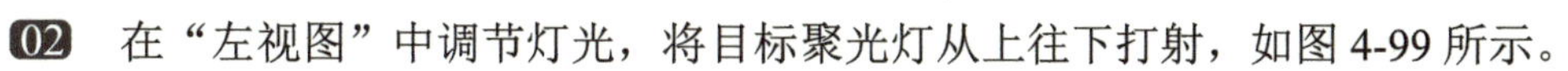

六、调试落地灯目标聚光灯灯光参数

微课视频 42

01 在右侧“创建命令面板”【灯光】的【标准】中，单击【对象类型】展卷栏的【目标聚光灯】按钮，如图 4-98 所示。

02 在“左视图”中调节灯光，将目标聚光灯从上往下打射，如图 4-99 所示。

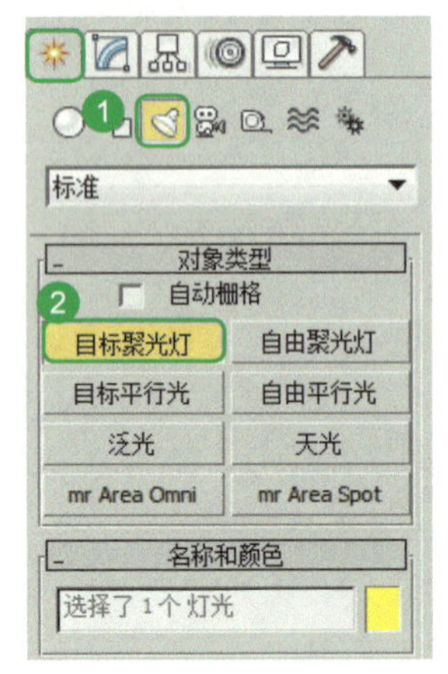

图 4-98　选择目标聚光灯

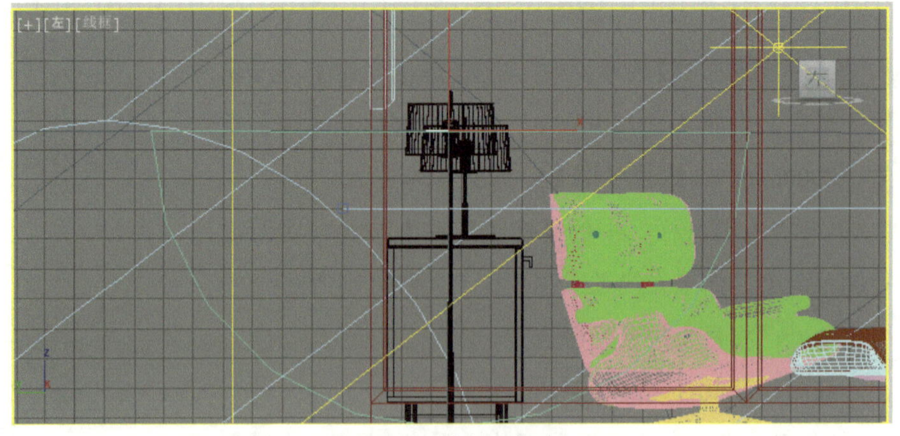

图 4-99　创建打射灯光

03　单击“主工具栏”中的【选择并移动】按钮，将【全部】设置为【L- 灯光】，如图 4-100 所示。

04　将灯移动至射灯灯罩下方位置，如图 4-101 所示。

05　在右侧“修改命令面板”下的【常规参数】展卷栏中，关闭【灯光类型】中的【目标】，设置数值为“6000”，如图 4-102 所示。

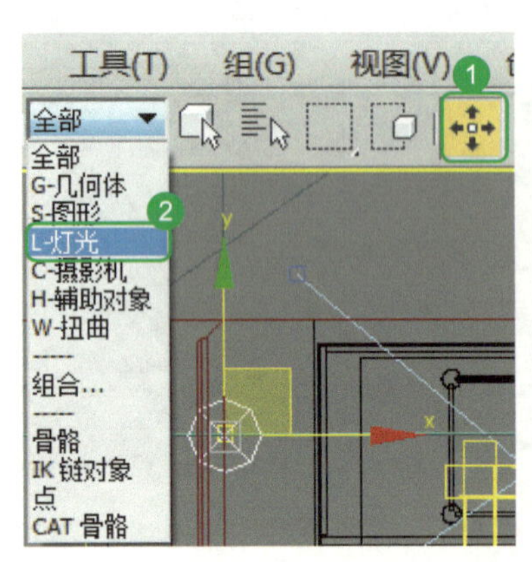

图 4-100　灯光设置

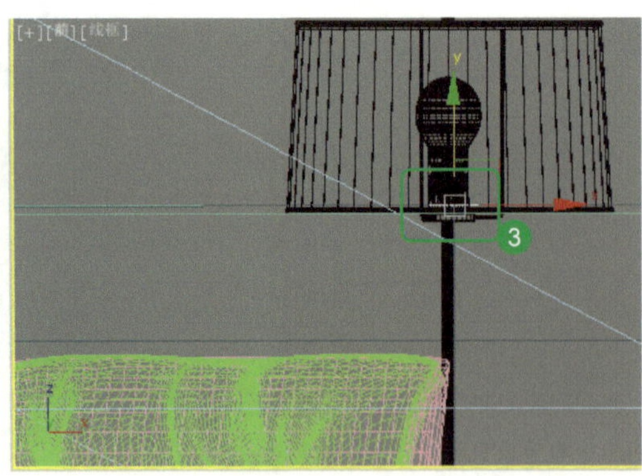

图 4-101　目标聚光灯位置放置

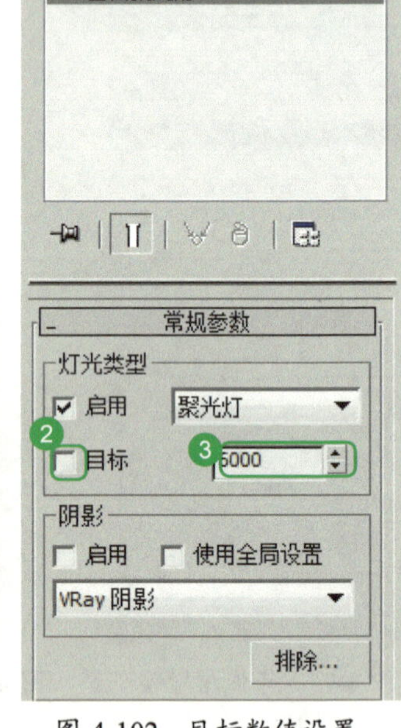

图 4-102　目标数值设置

06　在【强度 / 颜色 / 衰减】展卷栏中将【倍增】值设置为“0.9”，单击【倍增】右侧的颜色方块，如图 4-103 所示。

07　打开【颜色选择器：灯光颜色】命令框，将【红】设置为“250”，【绿】设置为“240”，【蓝】设置为“100”，调至黄色，单击【确定】按钮，如图 4-104 所示。

08　在【近距衰减】中勾选【显示】，数值设置为“0”；在【远距衰减】中勾选【显示】，数值设置为“200mm”；在【聚光灯参数】展卷栏中，将【聚光区 / 光束】设置为“15”，【衰减区 / 区域】设置为“85”，如图 4-105 所示。

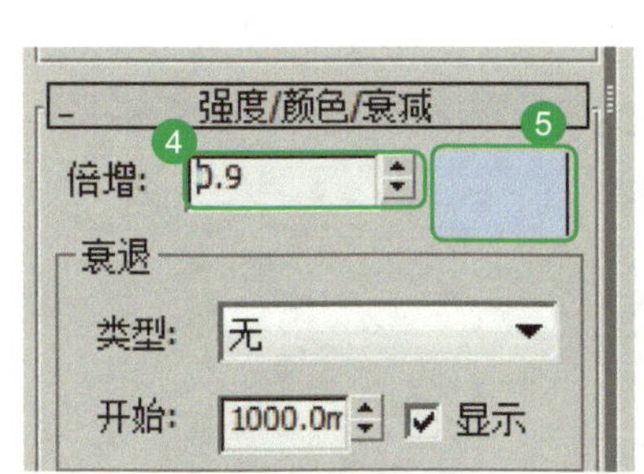

图 4-103　倍增值设置

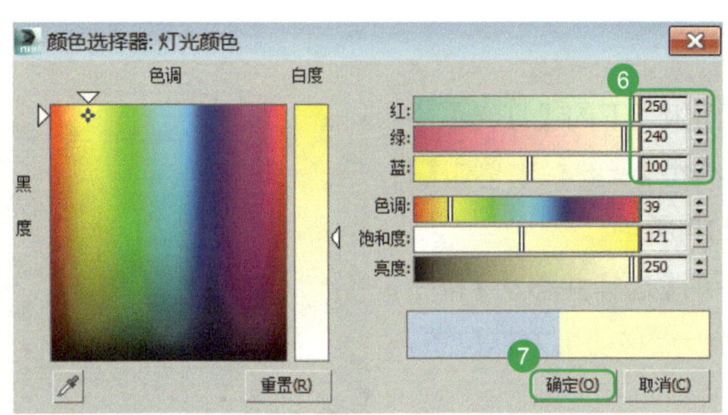

图 4-104　目标聚光灯颜色数值调节

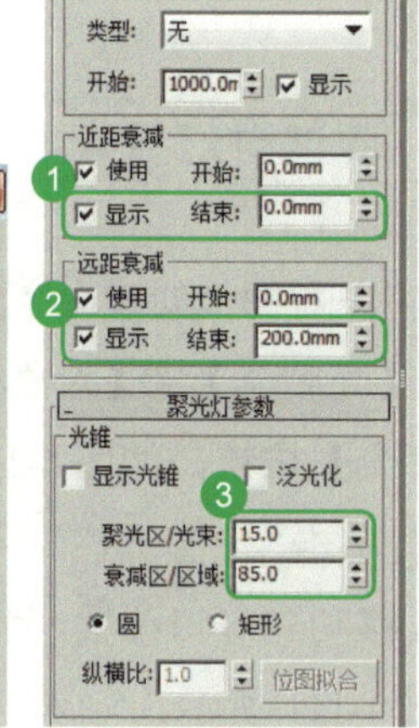

图 4-105　近距及远距参数设置

09　单击“主工具栏”中的【选择并移动】按钮，选中灯光，移动至合适位置，如图 4-106 所示。

10　单击“主工具栏”中的【渲染产品】按钮，对图像进行测试渲染，如图 4-107 所示。

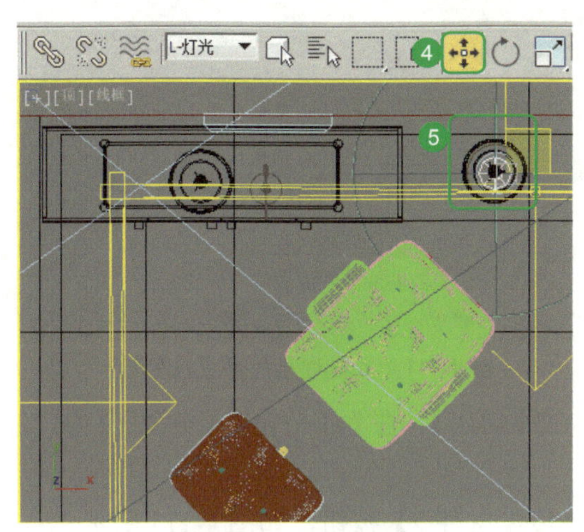

图 4-106　移动灯光

图 4-107　测试渲染效果

11　在右侧“修改命令面板”下，将【强度 / 颜色 / 衰减】展卷栏中的【倍增】值修改为“1”，如图 4-108 所示。

12　单击“主工具栏”中的【渲染产品】按钮，对修改后的图像进行渲染测试，与之前的渲染效果相比，灯光明显减弱，如图 4-109 所示。

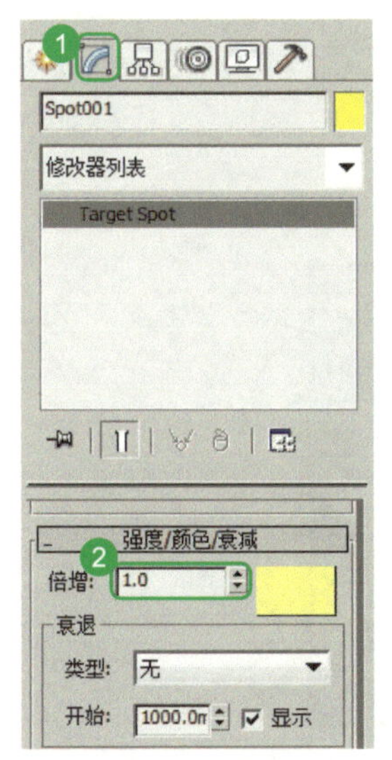

图 4-108　倍增值修改

图 4-109　光线变弱后的测试渲染效果

七、调试射灯目标灯光参数

01　在右侧“创建命令面板”下的【灯光】中，选择【光度学】，在【对象类型】展卷栏中单击【目标灯光】按钮，如图 4-110 所示。

02　单击“主工具栏”中的【选择并移动】按钮，将灯移动到灯口位置，另一点移动至方框位置，如图 4-111 所示。

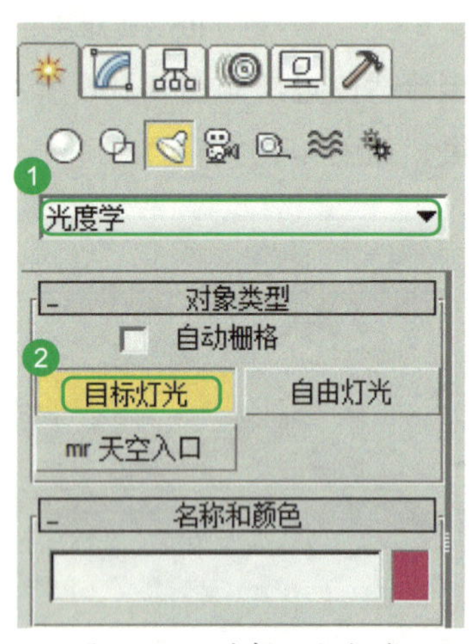

图 4-110　选择目标灯光

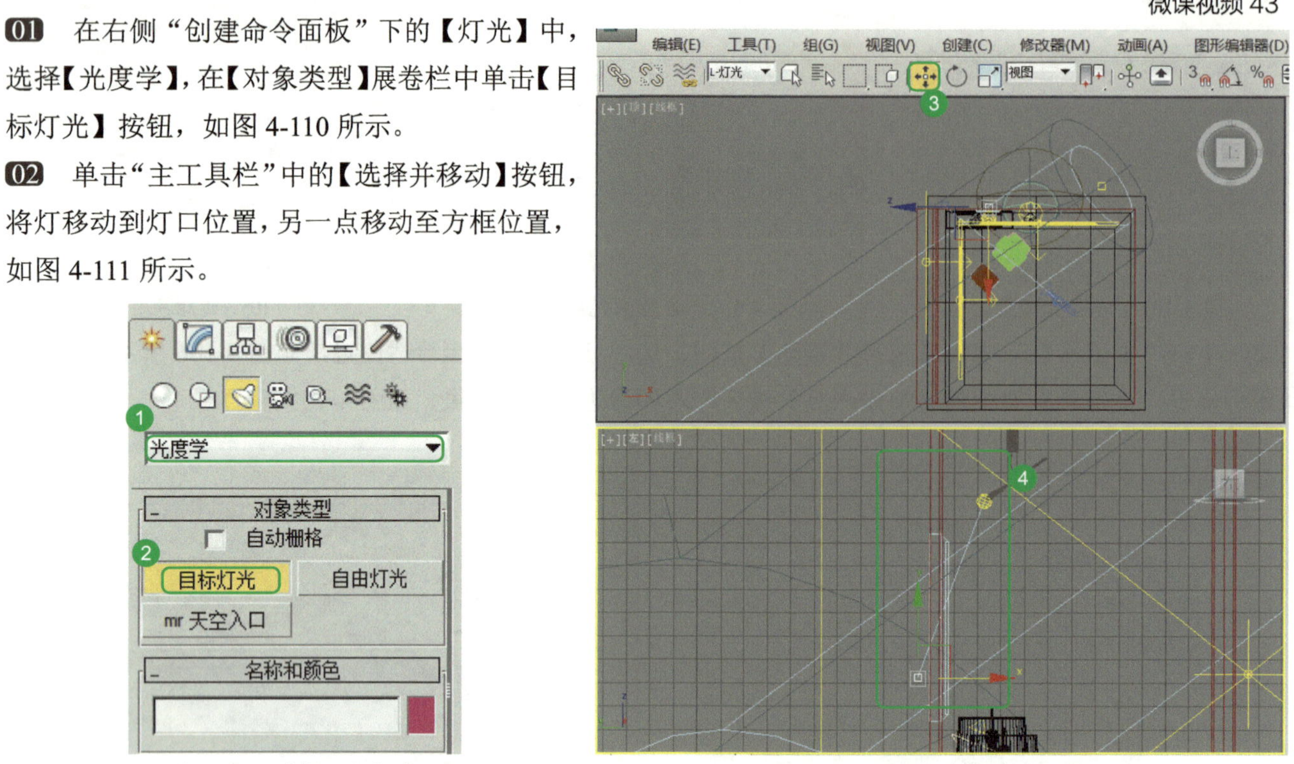

图 4-111　目标灯光的放置位置

03　选中灯，在右侧“修改命令面板”下，在【阴影】中勾选【启用】；在【灯光分布（类型）】中，选择【光度学 Web】，如图 4-112 所示。

04　在【分布（光度学 Web）】展卷栏中单击【<选择光度学文件>】按钮，如图 4-113 所示。

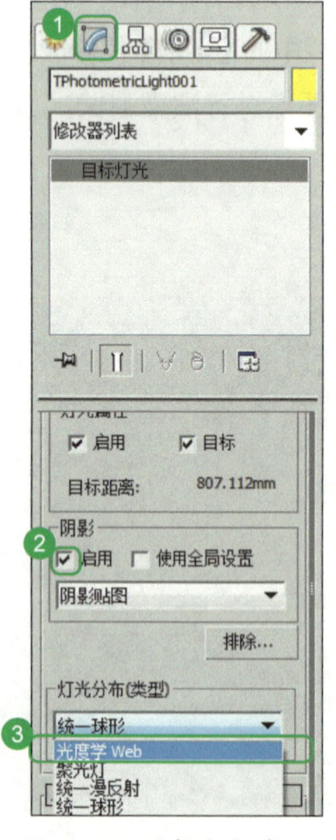

图 4-112　选择光度学 Web

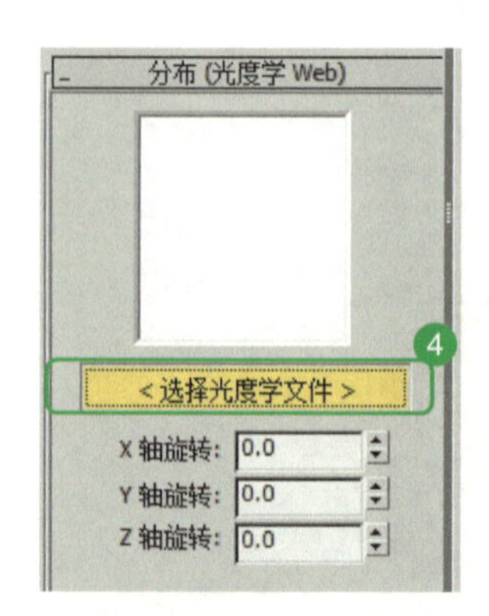

图 4-113　选择光度学文件

05 打开【打开光域 Web 文件】命令框，在“桌面”的“光域网”文件夹中选中“10.ies”文件，单击【打开】按钮，如图 4-114 所示。

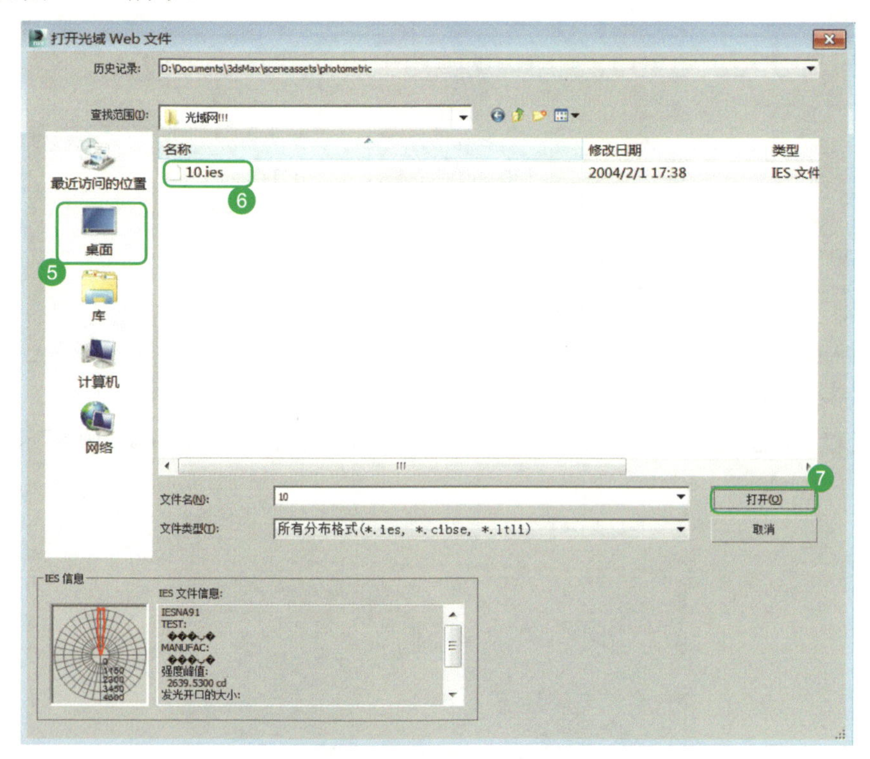

图 4-114　选择 ies 文件路径

06 在“左视图”中可以看到投射的位置效果，如图 4-115 所示。

07 单击“主工具栏”中的【渲染产品】按钮，对图像进行测试渲染，如图 4-116 所示。

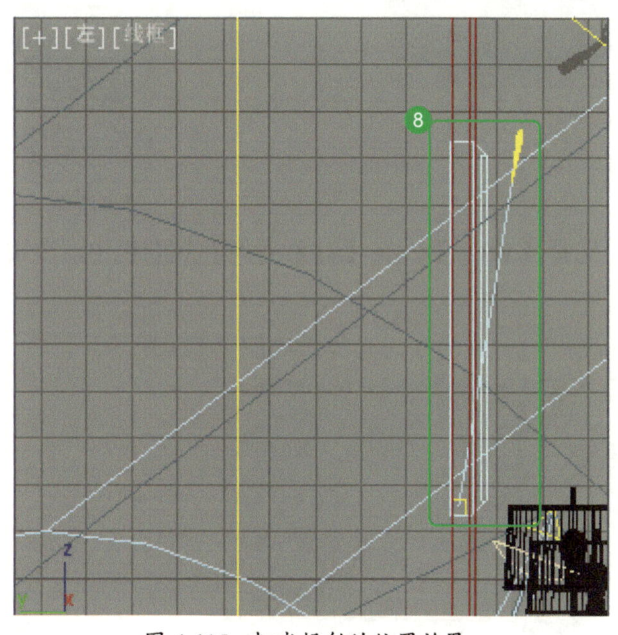

图 4-115　灯光投射的位置效果

图 4-116　测试渲染效果

08 在右侧“修改命令面板”下的【强度 / 颜色 / 衰减】展卷栏中单击【过滤颜色】右侧的颜色方块，如图 4-117 所示。

09 通过真实的预览可以看到跟室内光线的黄色光源相统一，在【颜色选择器：过滤器颜色】命令框中，将【红】设置为“250”，【绿】设置为“240”，【蓝】设置为“20”，单击【确定】按钮，如图 4-118 所示。

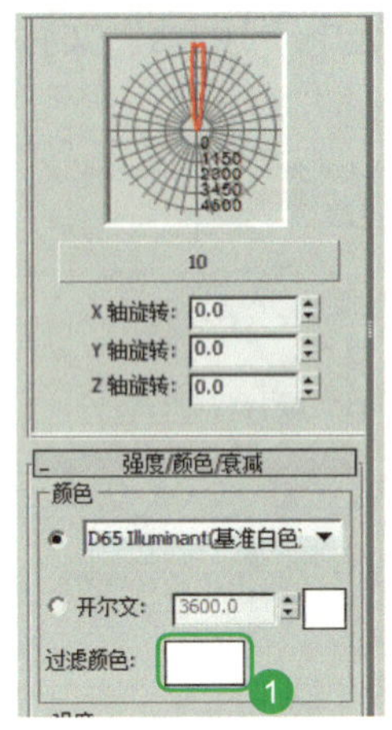

图 4-117 更改过滤颜色

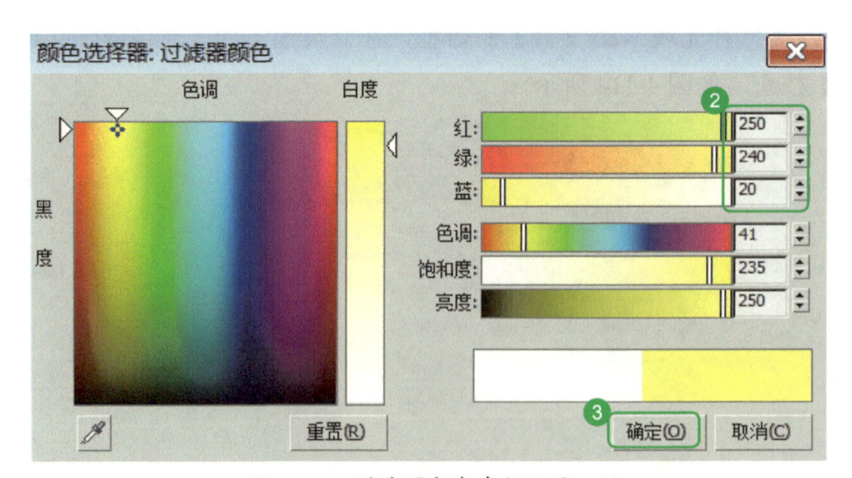

图 4-118 过滤器颜色参数设置

10 单击“主工具栏”中的【渲染产品】按钮，对图像进行测试渲染，如图 4-119 所示。

图 4-119 测试渲染效果

微课视频 44

八、创建 VR 灯光补光光源

01 在右侧“创建命令面板”下，单击【灯光】按钮，选择【VRay】，在【对象类型】展卷栏中，单击【VRay】下的【VR 灯光】按钮，如图 4-120 所示。

02 在“前视图”中的椅子后面打一个竖向的与椅子高度大约一致的灯光光线，如图 4-121 所示。

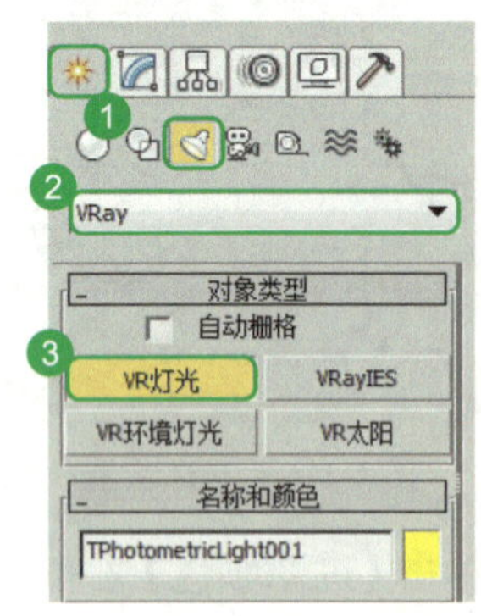

图 4-120 选择 VR 灯光

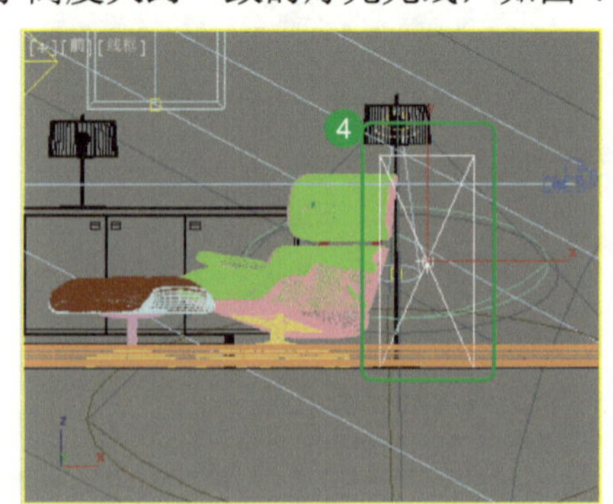

图 4-121 补光大小、位置效果

03 单击“主工具栏”中的【选择并移动】按钮，在“顶视图”中移动至合适位置，单击【选择并旋转】按钮，对其进行旋转，如图 4-122 所示。

04　在右侧“修改命令面板”下，将【强度】中的【倍增器】值设置为“1”，单击【颜色】右侧的方块，如图 4-123 所示。

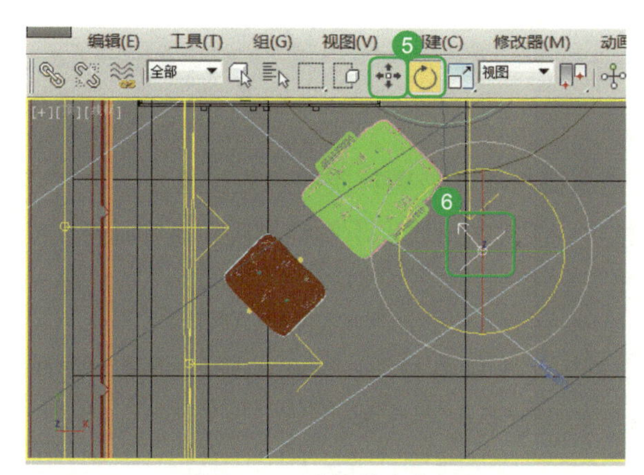

图 4-122　旋转补光光源

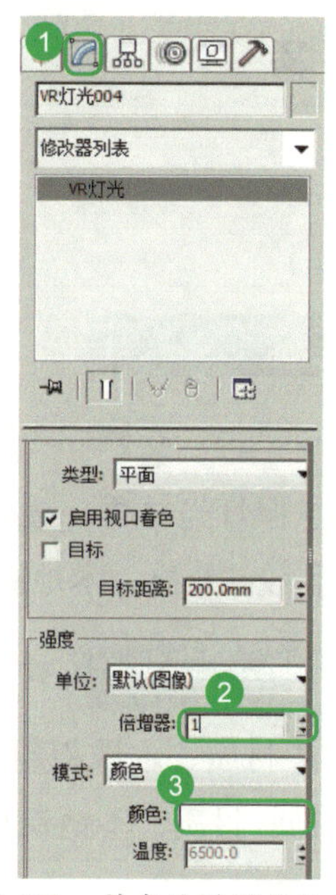

图 4-123　补光倍增器值设置

05　打开【颜色选择器：颜色】命令框，将【红】设置为“250”，【绿】设置为“220”，【蓝】设置为“120”，单击【确定】按钮，如图 4-124 所示。

06　在右侧“修改命令面板”下的【选项】中，勾选【不可见】，如图 4-125 所示。

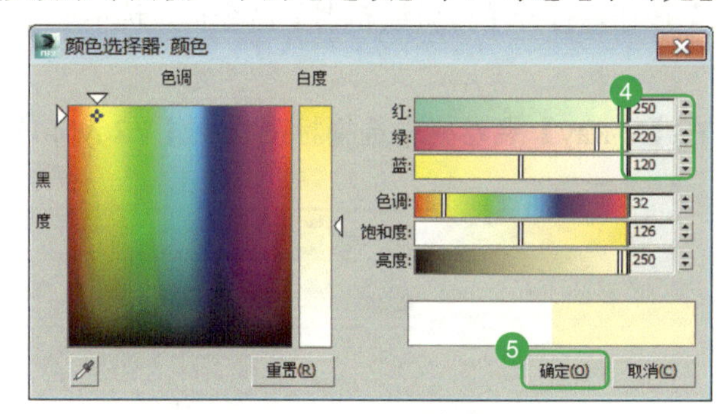

图 4-124　补光颜色参数设置

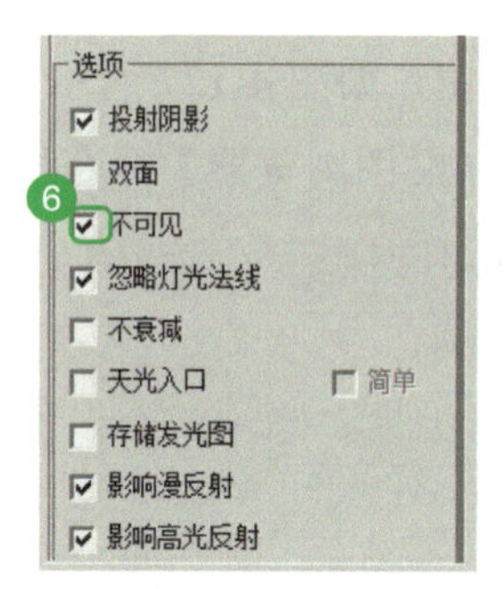

图 4-125　勾选不可见

07　单击“主工具栏”中的【渲染产品】按钮，对图像进行测试渲染，如图 4-126 所示。

图 4-126　测试渲染效果

说明：室内光线的灯光布光思路起着举足轻重的作用，所以在制作过程中要注意巧妙地运用。

工作任务

任务 4.4　附着物体材质

任务完成目标

通过完成本任务，掌握以下知识或方法：

- □ 重点掌握灯光材质、透明窗帘材质、金属铬材质、玻璃材质的参数设置。
- □ 掌握乳胶漆材质、木地板材质、木纹材质、胡桃木材质、不锈钢材质、装饰画材质的参数设置。

任务内容描述

完成乳胶漆材质、木地板材质、透明窗帘材质、金属铬材质、木纹材质、胡桃木材质、灯光材质、皮革材质、装饰画材质、不锈钢材质、玻璃材质的设置与附着任务。

任务实施步骤

微课视频 45

一、白色乳胶漆材质设置

01　单击“主工具栏”中的【材质编辑器】按钮，打开【材质编辑器】命令框，选中一个新的材质球，单击【Standard】按钮，如图 4-127 所示。

02　打开【材质 / 贴图浏览器】命令框，在【V-Ray】展卷栏中选择标准材质【VRayMtl】，单击【确定】按钮，如图 4-128 所示。

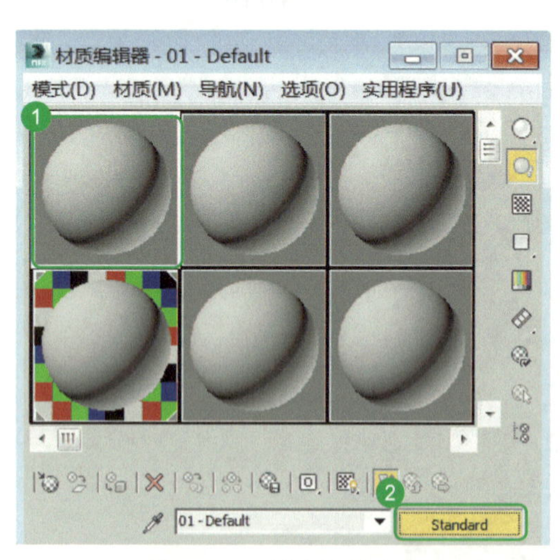

图 4-127　创建新材质球

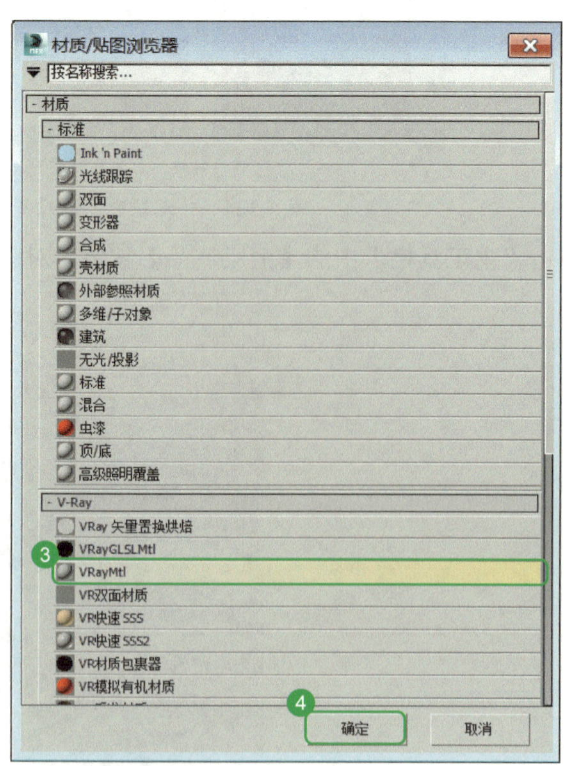

图 4-128　选择 VRayMtl 标准材质

03　在【材质编辑器】命令框中单击【背景】按钮；在【基本参数】展卷栏中，单击【漫反射】右侧的颜色方框，如图 4-129 所示。

04　打开【颜色选择器：漫反射】命令框，将【红】设置为“255”，【绿】设置为“255”，【蓝】设置为“245”，单击【确定】按钮，如图 4-130 所示。

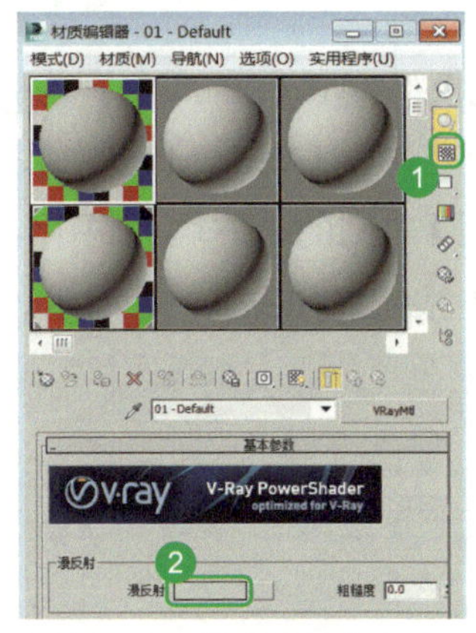

图 4-129　修改漫反射颜色

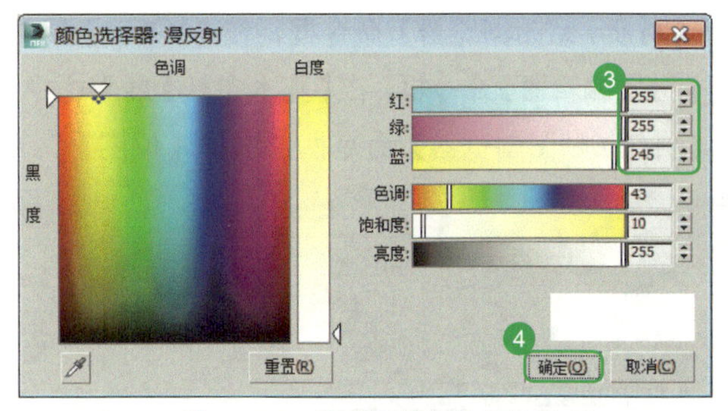

图 4-130　漫反射颜色参数设置

05　在【反射】中，将【高光光泽度】设置为“0.25”，单击【反射】右侧的颜色方框，如图 4-131 所示。

06　打开【颜色选择器：反射】命令框，将【亮度】设置为“10”，单击【确定】按钮，如图 4-132 所示。

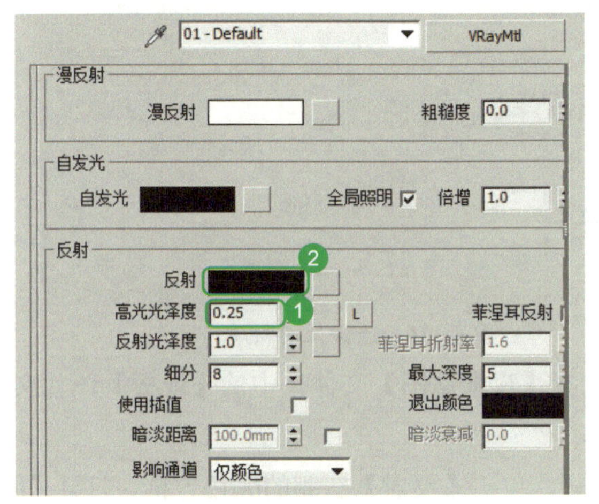

图 4-131　反射参数设置

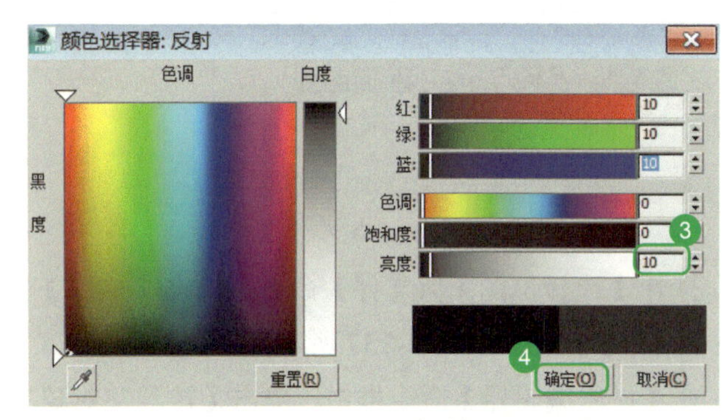

图 4-132　反射亮度设置

07　在【材质编辑器】命令框的【选项】展卷栏中，关闭【跟踪反射】，如图 4-133 所示。

08　选中“房体”，单击【材质编辑器】命令框中的【视口中显示明暗处理材质】按钮和【将材质指定给选定对象】按钮，将材质附着到图像中，并将材质球的名称设置为【白色乳胶漆】，如图 4-134 所示。

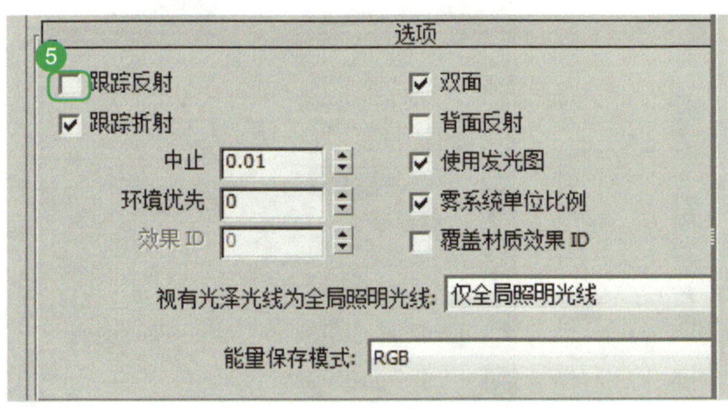

图 4-133　关闭跟踪反射

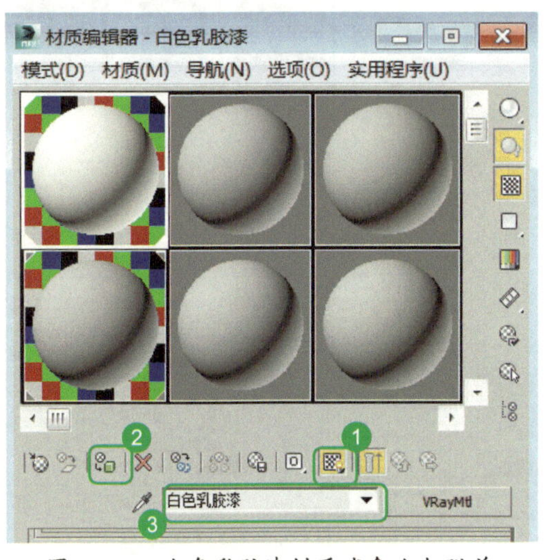

图 4-134　白色乳胶漆材质球命名与附着

二、木地板材质设置

微课视频 46

01 在【材质编辑器】命令框中选中一个新的材质球，输入名称为“木地板”，单击【Standard】按钮，打开【材质 / 贴图浏览器】命令框，在【V-Ray】展卷栏中选择标准材质【VRayMtl】，单击【确定】按钮，回到【材质编辑器】命令框，在【基本参数】展卷栏中单击【漫反射】右侧的小方块，如图 4-135 所示。

02 打开【材质 / 贴图浏览器】命令框，选择【位图】，单击【确定】按钮，如图 4-136 所示。

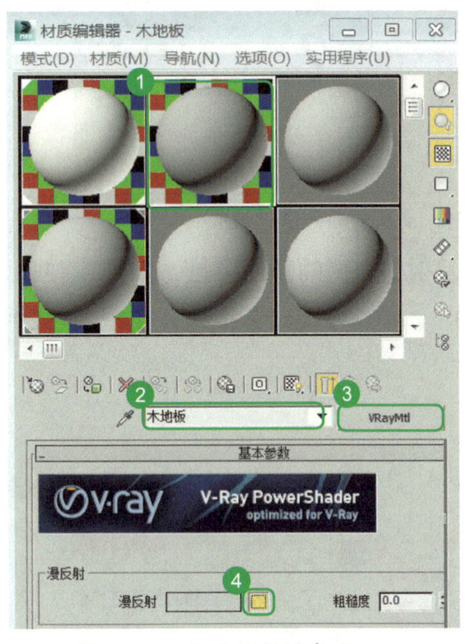

图 4-135 木地板材质命名

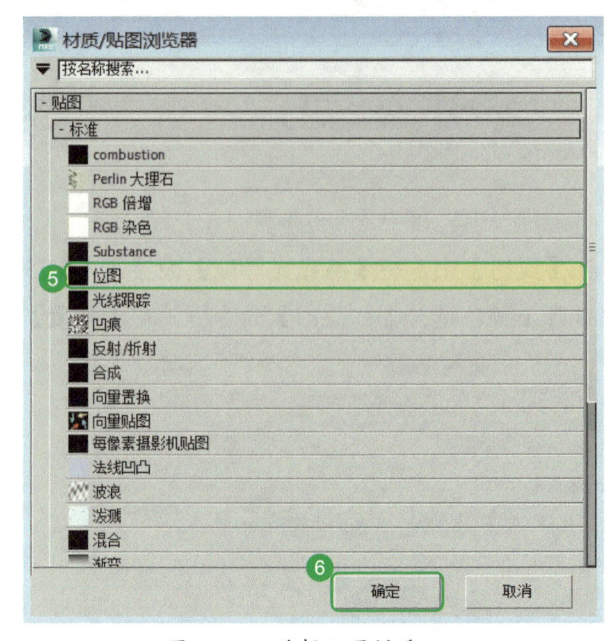

图 4-136 选择位图材质

03 打开【选择位图图像文件】命令框，在【桌面】上选择【夜景贴图】文件夹中的【地板】图片文件，单击【打开】按钮，如图 4-137 所示。

04 在【材质编辑器】命令框中，单击【转到父对象】按钮，单击【反射】右侧的颜色方框，打开【颜色选择器：反射】命令框，将【亮度】设置为“134”，单击【确定】按钮，如图 4-138 所示。

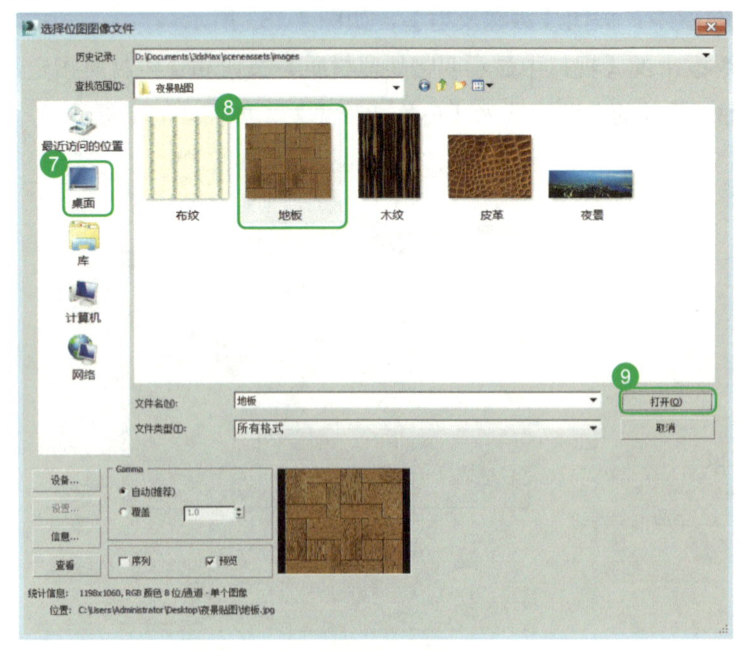

图 4-137 地板图片选取路径

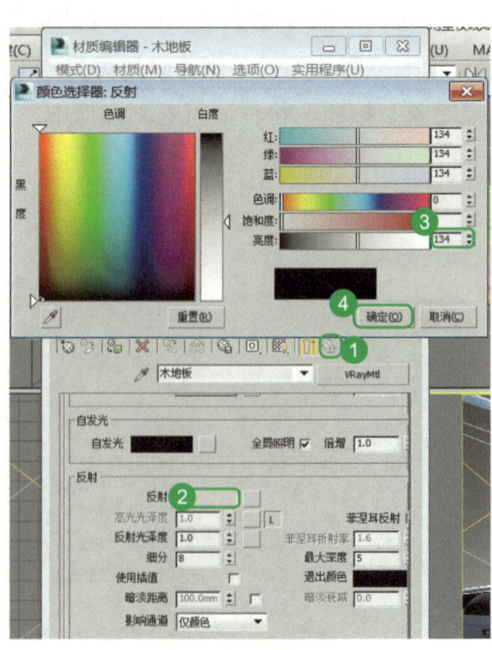

图 4-138 反射颜色参数设置

05　在【材质编辑器】命令框的【反射】中，将【反射光泽度】设置为“0.8”，【细分】设置为“15”，如图 4-139 所示。

06　在【贴图】中，鼠标左键选中【漫反射】右侧的“贴图 #15（地板 .jpg）”，如图 4-140 所示。

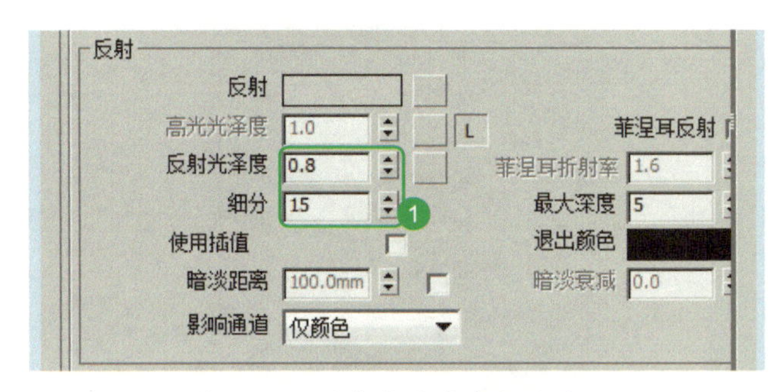

图 4-139　反射光泽度参数设置

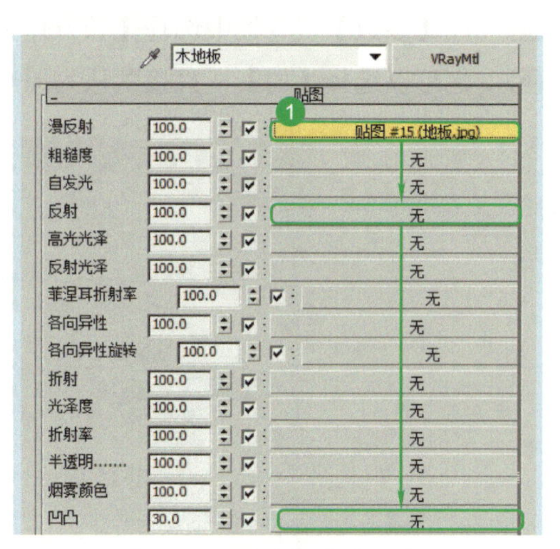

图 4-140　漫反射贴图设置

07　将其拖至【反射】处，出现【复制（实例）贴图】命令框，选中【复制】，单击【确定】按钮，如图 4-141 所示。

08　复制给【反射】，然后通过相同的方法，复制给【凹凸】，如图 4-142 所示。

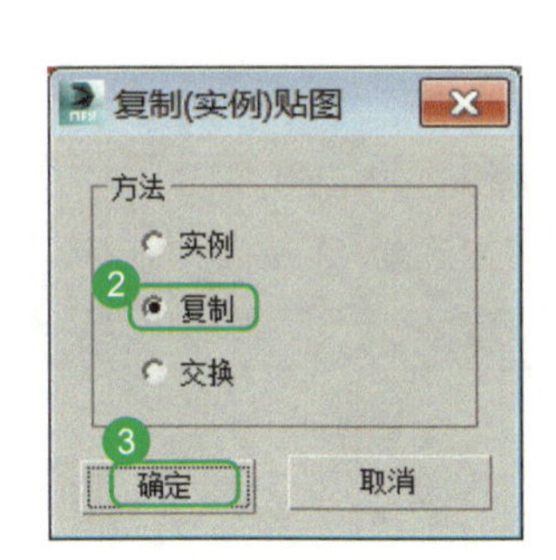

图 4-141　复制（实例）贴图

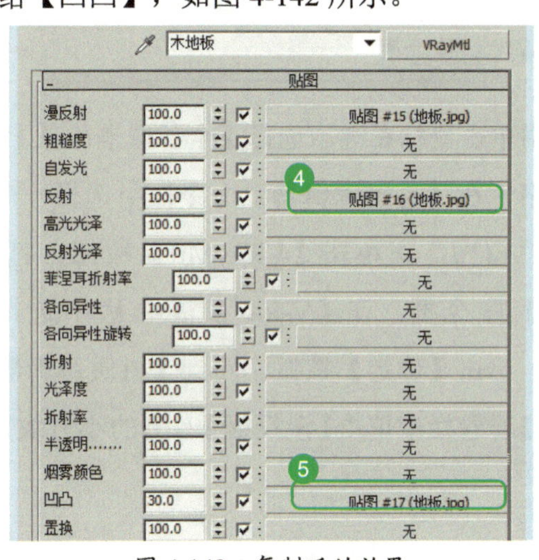

图 4-142　复制后的效果

09　将【凹凸】后的数值设置为“50”，如图 4-143 所示。

10　在“透视图”中选择地板，单击【材质编辑器】命令框中的【视口中显示明暗处理材质】按钮和【将材质指定给选定对象】按钮，将材质附着到图像中。

11　如果感觉地板的纹理不合适，在右侧“修改命令面板”下，选择【UVW 贴图】，在其中进行修改，如图 4-144 所示。

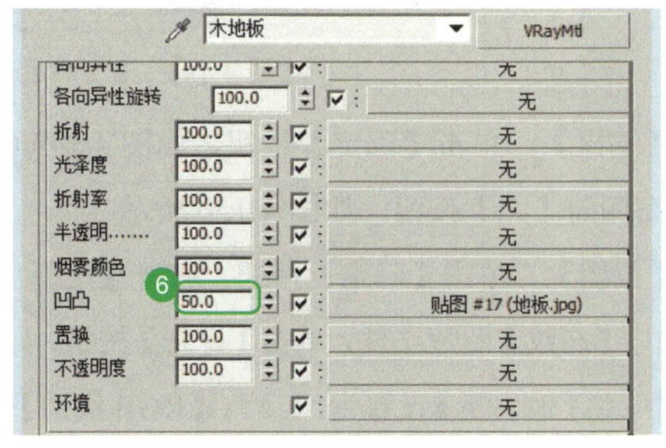

图 4-143　凹凸值设置

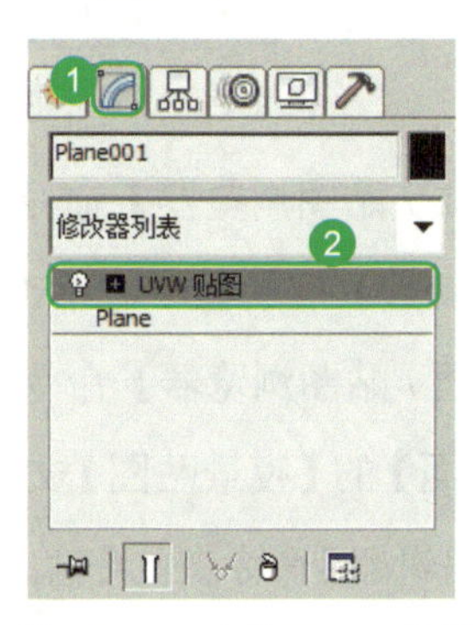

图 4-144　选择 UVW 贴图

12 在【参数】展卷栏中选择【长方体】，将其修改到长度和宽度适合，如图 4-145 所示。

13 也可以选择【面】，直接默认为原来的尺寸，如图 4-146 所示。

图 4-145 选择长方体贴图调整地板纹理尺寸

图 4-146 选择面贴图调整地板纹理尺寸

微课视频 47

三、透明窗帘材质设置

01 在界面中单击鼠标右键，选择【全部取消隐藏】，如图 4-147 所示。

02 选中窗帘，在【材质编辑器】命令框中选择一个新的材质球，输入名称为“窗帘”，单击【VRayMtl】按钮，打开【材质/贴图浏览器】命令框，在【V-Ray】展卷栏中选择标准材质【VRayMtl】，单击【确定】按钮，回到【材质编辑器】命令框，在【基本参数】展卷栏中单击【漫反射】右侧的小方块，如图 4-148 所示。

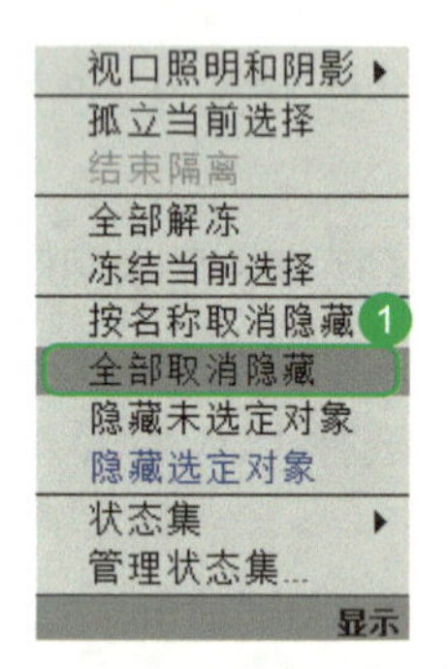

图 4-147 全部取消隐藏

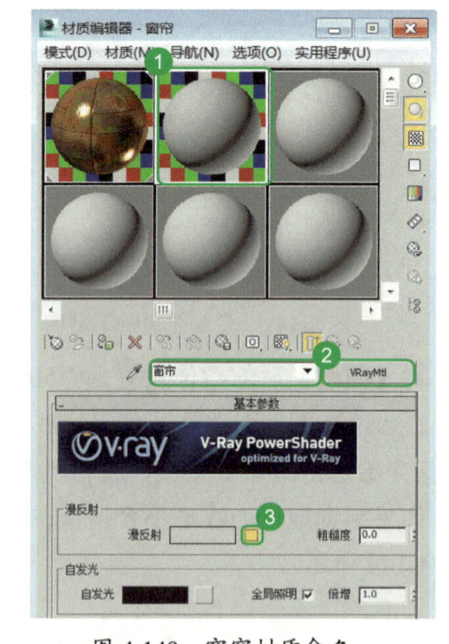

图 4-148 窗帘材质命名

03 打开【材质/贴图浏览器】命令框，选择【输出】，单击【确定】按钮，如图 4-149 所示。

04 在【输出参数】展卷栏中，单击【贴图】右侧的【无】按钮，如图 4-150 所示。

05 打开【材质/贴图浏览器】命令框，选择【位图】，单击【确定】按钮。打开【选择位图图像文件】命令框，在【桌面】的【夜景贴图】文件夹中，选中【布纹】图片文件，单击【打开】按钮，如图 4-151 所示。

06 在【材质编辑器】命令框的【输出】展卷栏中，将【输出量】设置为“1.4”，【RGB 级别】设置为“1.25”，如图 4-152 所示。

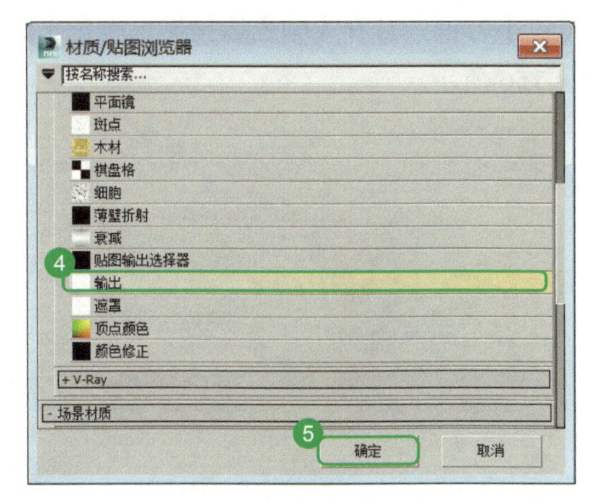

图 4-149　选择输出材质贴图

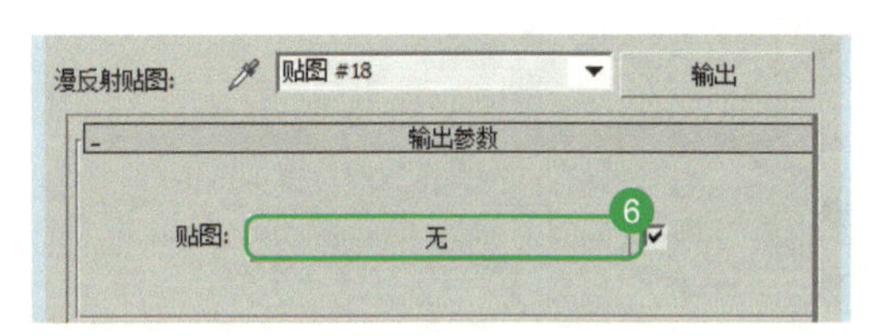

图 4-150　添加贴图

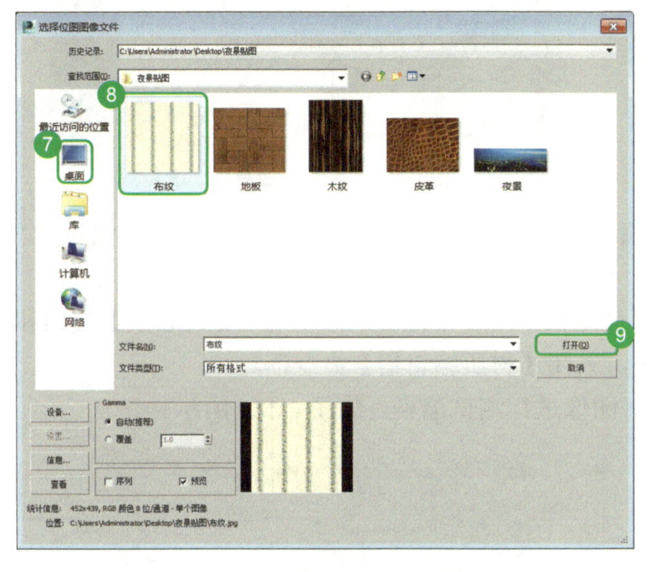

图 4-151　选择布纹贴图路径

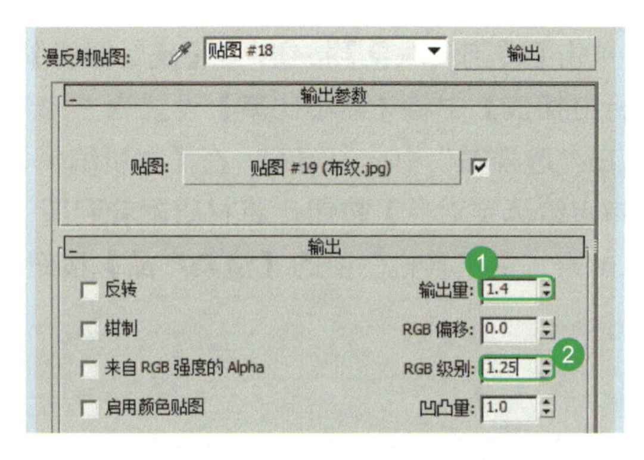

图 4-152　输出参数设置

07　单击【转到父对象】按钮，在【反射】中将【反射光泽度】设置为“0.7”，【最大深度】设置为“3”，如图 4-153 所示。

08　只有产生折射才能产生透明感，在【折射】中，将【折射率】设置为“1.001”，【细分】设置为“12”，单击【折射】右侧的小方块，如图 4-154 所示。

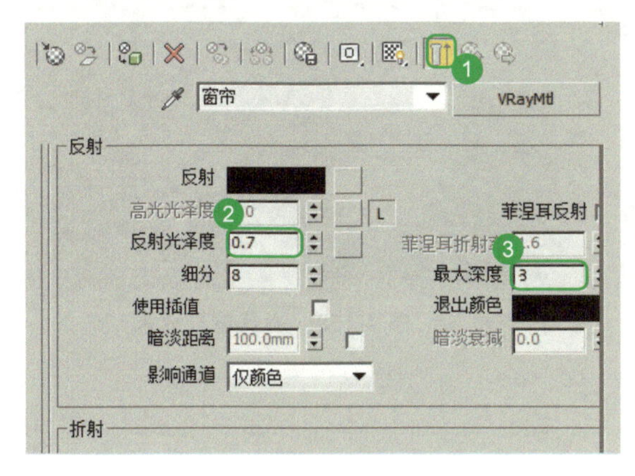

图 4-153　反射参数设置

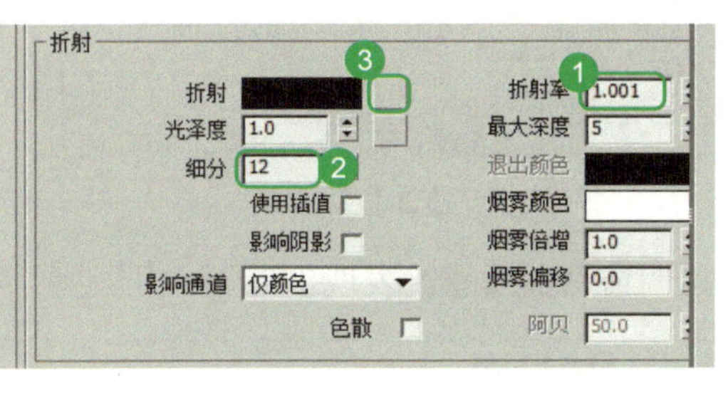

图 4-154　折射参数设置

09　打开【材质 / 贴图浏览器】命令框，选择【衰减】，单击【确定】按钮，如图 4-155 所示。

10 在【衰减参数】展卷栏中，单击【前：侧】中的黑色小方框，打开【颜色选择器：颜色 1】命令框，将【亮度】设置为“100”，单击【确定】按钮，如图 4-156 所示。

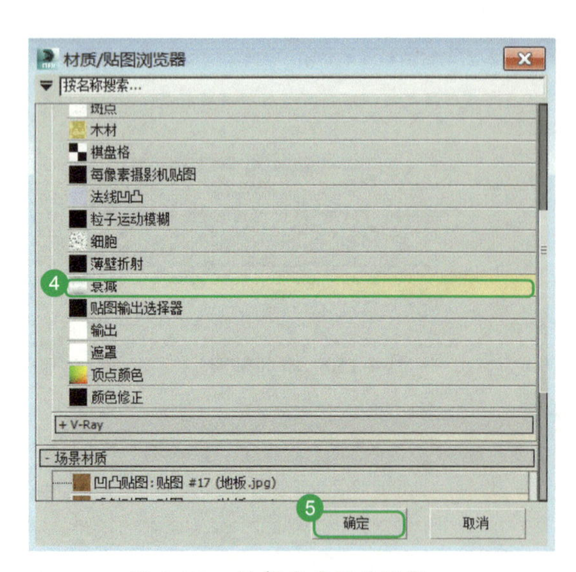

图 4-155 选择衰减材质贴图

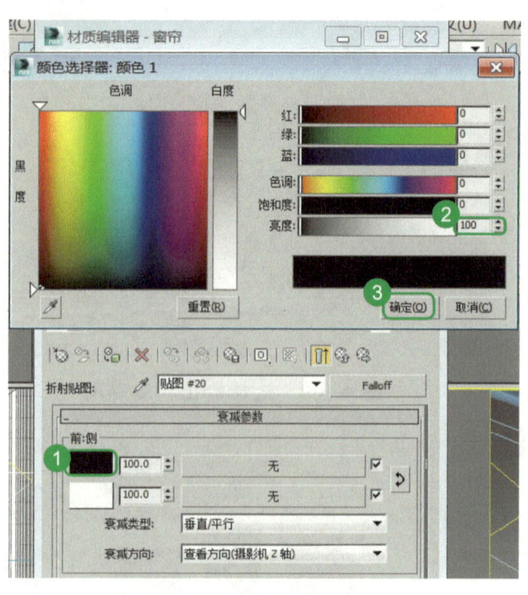

图 4-156 颜色参数调整

11 单击【转到父对象】按钮，在【反射插值】中将【最小比率】设置为“−3”，【最大比率】设置为“0”，在【折射插值】中将【最小比率】设置为“−3”，【最大比率】设置为“0”，如图 4-157 所示。

12 在“透视图”中选中窗帘，在【材质编辑器】命令框中单击【视口中显示明暗处理材质】按钮和【将材质指定给选定对象】按钮，将材质附着到图像中，关闭【材质编辑器】命令框。

13 单击“主工具栏”中的【渲染产品】按钮，对图像进行测试渲染，如图 4-158 所示。

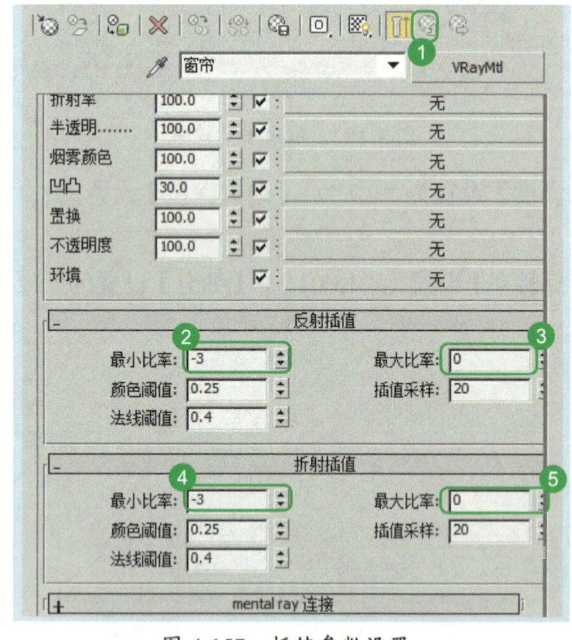

图 4-157 插值参数设置

图 4-158 测试渲染效果

这样透明窗帘的质感就表现出来了。

四、金属铬材质设置

微课视频 48

01 金属铬比起不锈钢，表面上呈现磨砂质感，单击“主工具栏”中的【材质编辑器】按钮，打开【材质编辑器】命令框，选中一个新的材质球，输入名称为“金属_铬”，单击【VRayMtl】

按钮，打开【材质 / 贴图浏览器】命令框，在【V-Ray】展卷栏中选择标准材质【VRayMtl】，单击【确定】按钮。回到【材质编辑器】命令框，单击【背景】按钮，单击【漫反射】右侧的颜色方框，如图 4-159 所示。

02　打开【颜色选择器：反射】，按图 4-160 设置数值，单击【确定】按钮。

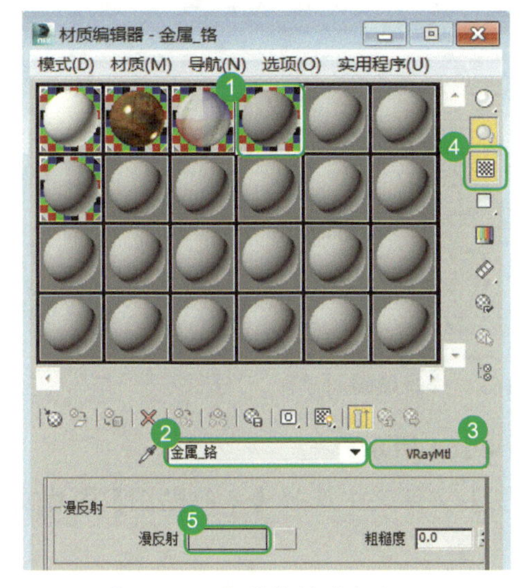

图 4-159　金属铬材质命名

颜色选择器: 反射
色调
白度
黑
度
红:
绿:
蓝:
色调:
饱和度:
亮度:
180
180
180
0
0
180
重置(R)
确定(O)
取消(C)

图 4-160　反射颜色参数设置

03　在【反射】中将【反射光泽度】设置为“0.7”，双击【金属 _ 铬】材质球，可以看到效果，如图 4-161 所示。

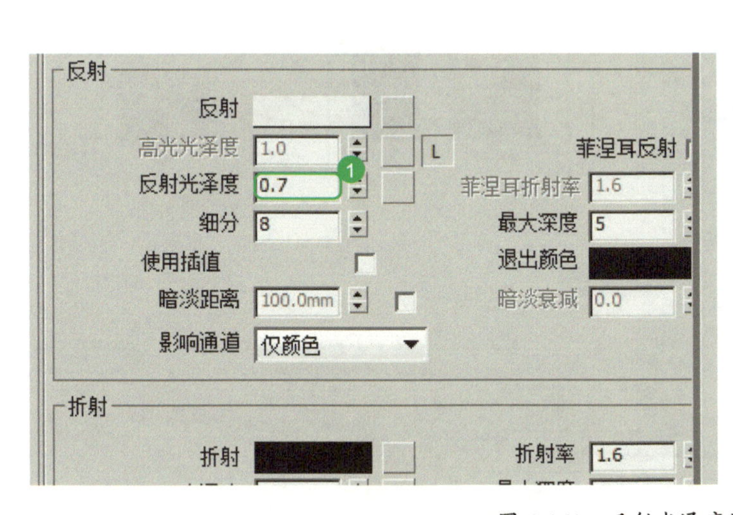

图 4-161　反射光泽度设置

04　在“透视图”中选中图像中的椅腿，单击【材质编辑器】命令框中的【视口中显示明暗处理材质】按钮和【将材质指定给选定对象】按钮，将材质附着到图像中。

五、木纹材质设置

微课视频 49

01　在【材质编辑器】命令框中，选中【木地板】材质球，将其进行复制，修改名称为“木纹”，如图 4-162 所示。

02　在【贴图】展卷栏中，单击【漫反射】右侧的“贴图 #15（地板 .jpg）”按钮，对漫反射的贴图进行更换，如图 4-163 所示。

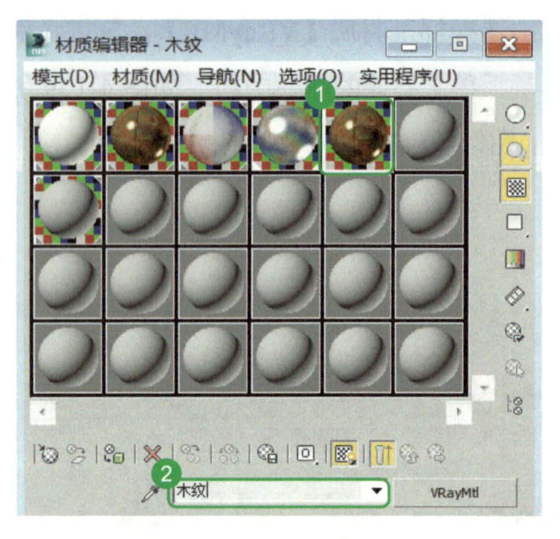

图 4-162　木纹材质命名

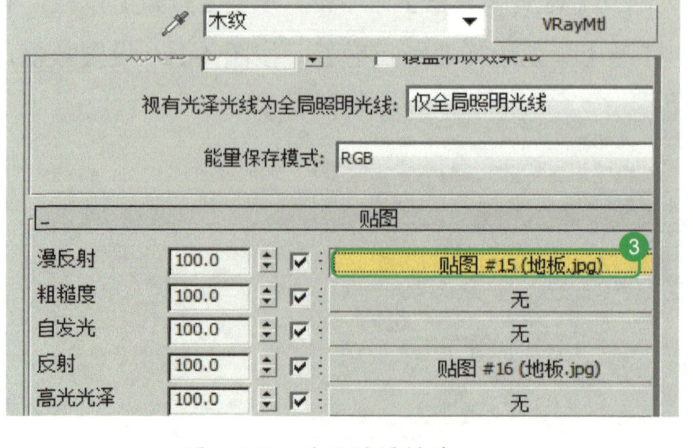

图 4-163　修改贴图材质

03　在【位图参数】展卷栏中单击【位图】右侧的地址按钮，如图 4-164 所示。

04　打开【选择位图图像文件】命令框，在【桌面】上的【夜景贴图】文件夹中选择【木纹贴图】图片文件，单击【打开】按钮，如图 4-165 所示。

05　在【材质编辑器】命令框中，单击【转到父对象】按钮，在【贴图】展卷栏中将【漫反射】中的贴图进行复制，复制到【反射】【凹凸】中，将【凹凸】值设置为“80”，如图 4-166 所示。

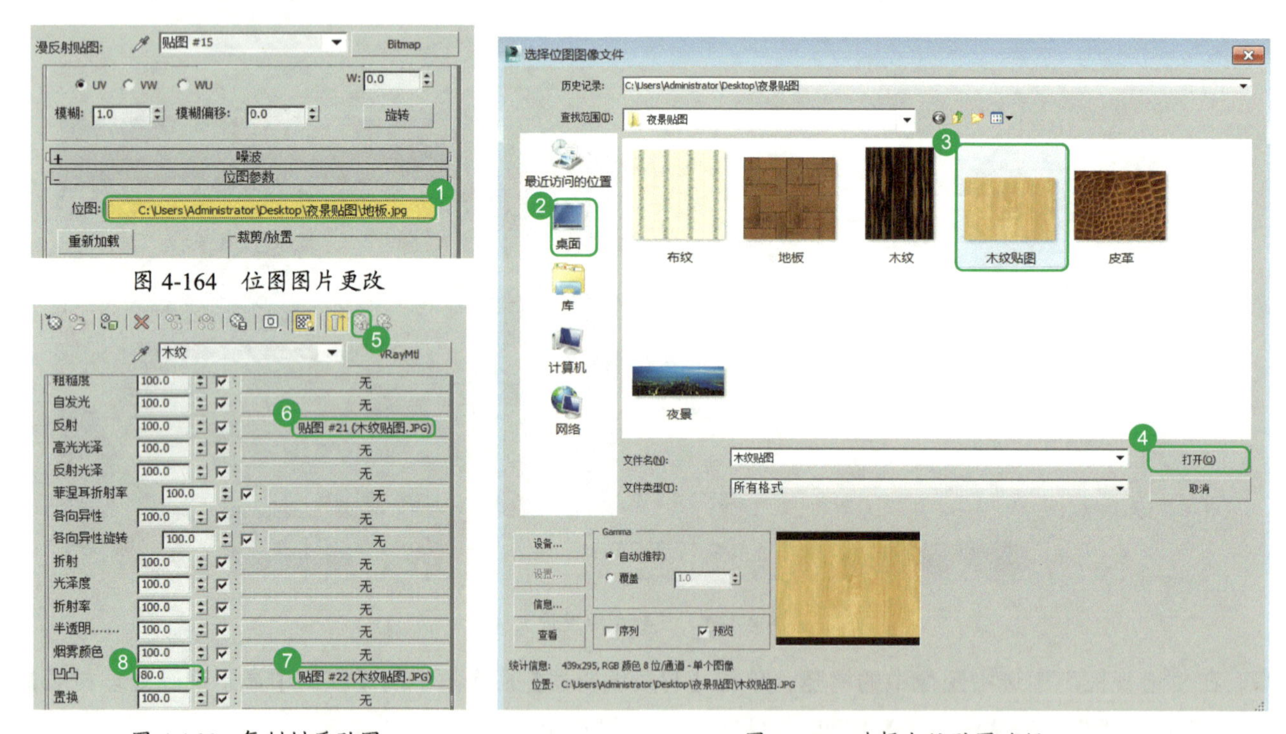

图 4-164　位图图片更改

图 4-166　复制材质贴图

图 4-165　选择木纹贴图路径

06　在“主工具栏”中选择【G- 几何体】，在“透视图”中分别选中台柜、踢脚线，单击【材质编辑器】命令框中的【视口中显示明暗处理材质】按钮和【将材质指定给选定对象】按钮，将材质附着到图像中。

六、胡桃木材质设置

微课视频 50

01　在【材质编辑器】命令框中选中【木纹】材质球，将其进行复制，输入名称为“胡桃木木纹”，如图 4-167 所示。

02 单击【漫反射】右侧的“贴图 #15（地板 .jpg）”按钮，对漫反射的贴图进行更换，在【位图参数】下单击【位图】右侧的地址按钮，打开【选择位图图像文件】命令框，在【桌面】上的【夜景贴图】文件夹中选择【木纹】图片文件，单击【打开】按钮，如图 4-168 所示。

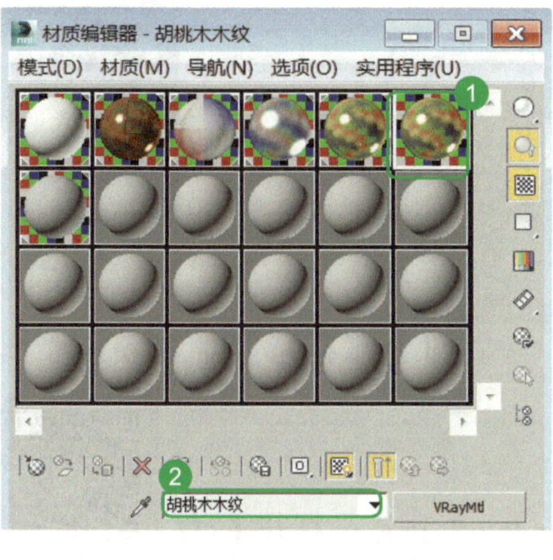
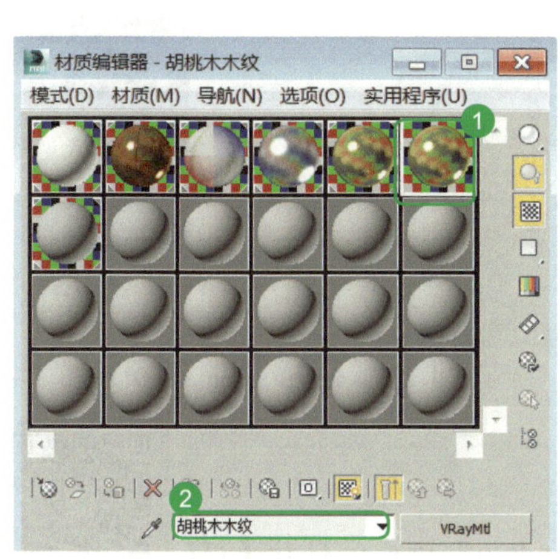

图 4-167　胡桃木木纹材质命名

图 4-168　选取胡桃木木纹路径

03 在【材质编辑器】命令框中，单击【转到父对象】按钮，将【漫反射】的贴图复制给【反射】。

04 在【折射】中，单击【折射】右侧的颜色方框，打开【颜色选择器：折射】命令框，将【亮度】设置为“20”，单击【确定】按钮，如图 4-169 所示。

05 将【折射】中的【细分】设置为“10”，在【反射】中将【反射光泽度】设置为“0.9”，这样，材质表面会更光滑亮丽，如图 4-170 所示。

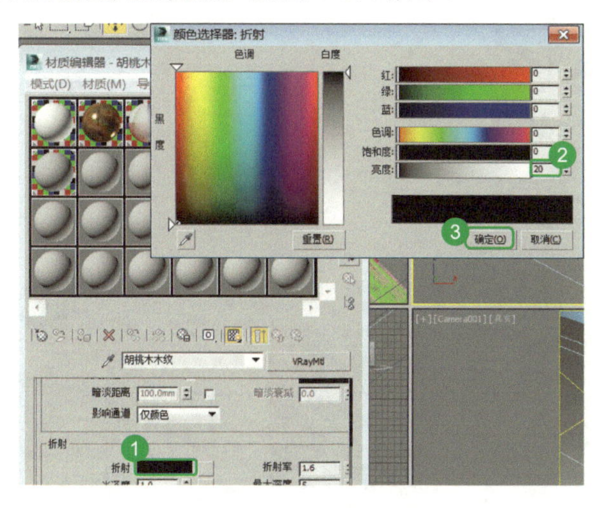

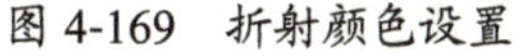

图 4-169　折射颜色设置

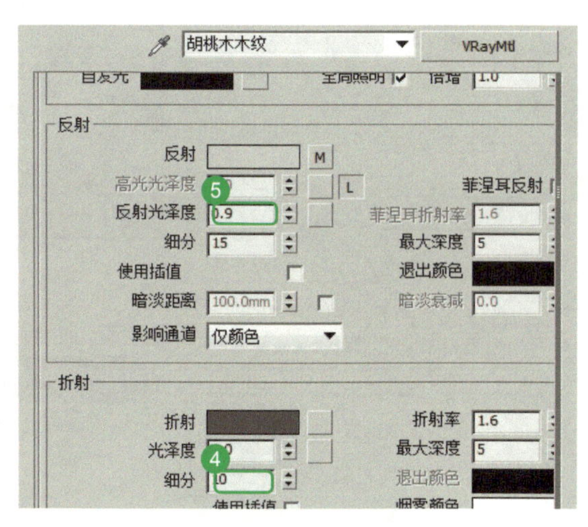

图 4-170　数值设置

06 在“透视图”中分别选中现代椅的木质部分和垫腿的木质部分，在【材质编辑器】命令框中单击【视口中显示明暗处理材质】按钮和【将材质指定给选定对象】按钮，将材质附着到图像中。

07 在“透视图”中单击鼠标右键，将摄影机视图转换为【透视】，如图 4-171 所示。

08　在图像中可以看到附着后的真实图像，发现纹理不是很合适，在右侧“修改命令面板”下，调整【UVW 贴图】，在【参数】展卷栏中将其【长度】【宽度】【高度】根据图像调整完善（长度 43.64mm；宽度 35.41mm；高度 25.688mm），如图 4-172 所示。

09　在图像中单击鼠标右键选择【摄影机】中的【Camera001】，如图 4-173 所示。

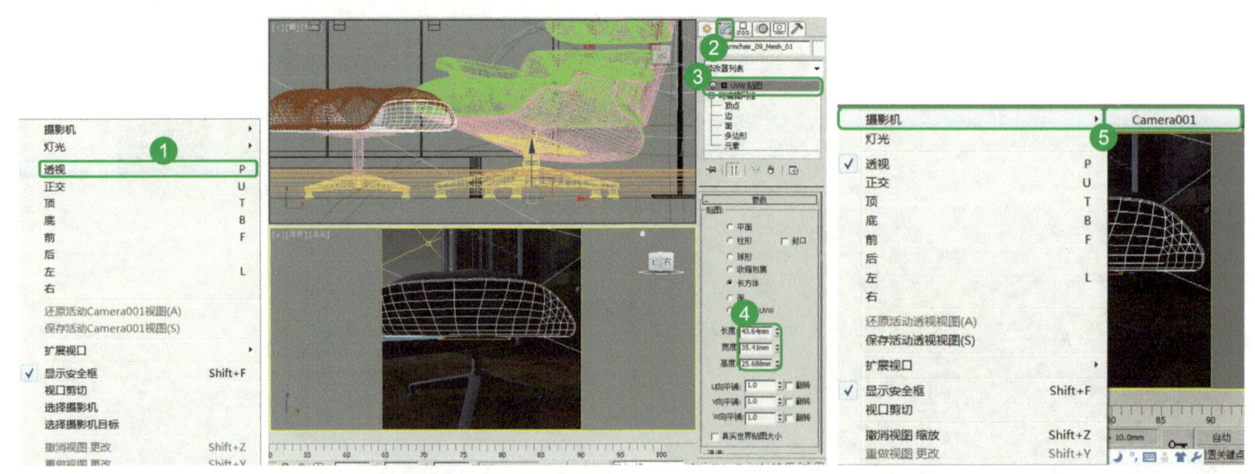

图 4-171　转换为透视　　图 4-172　UVW 贴图参数调整　　图 4-173　转换为 Camera001 视图

七、灯光材质设置

微课视频 51

01　在【材质编辑器】命令框中，选中一个新材质球，单击【Standard】按钮，打开【材质 / 贴图浏览器】命令框，在【V-Ray】展卷栏中选择【VR 灯光材质】，单击【确定】按钮，如图 4-174 所示。

02　在【材质编辑器】命令框中单击【背景】按钮，单击【颜色】右侧的颜色方框，如图 4-175 所示。

03　打开【颜色选择器：颜色】命令框，设置为黄色，将【红】设置为“232”，【绿】设置为“239”，【蓝】设置为“49”，单击【确定】按钮，如图 4-176 所示。

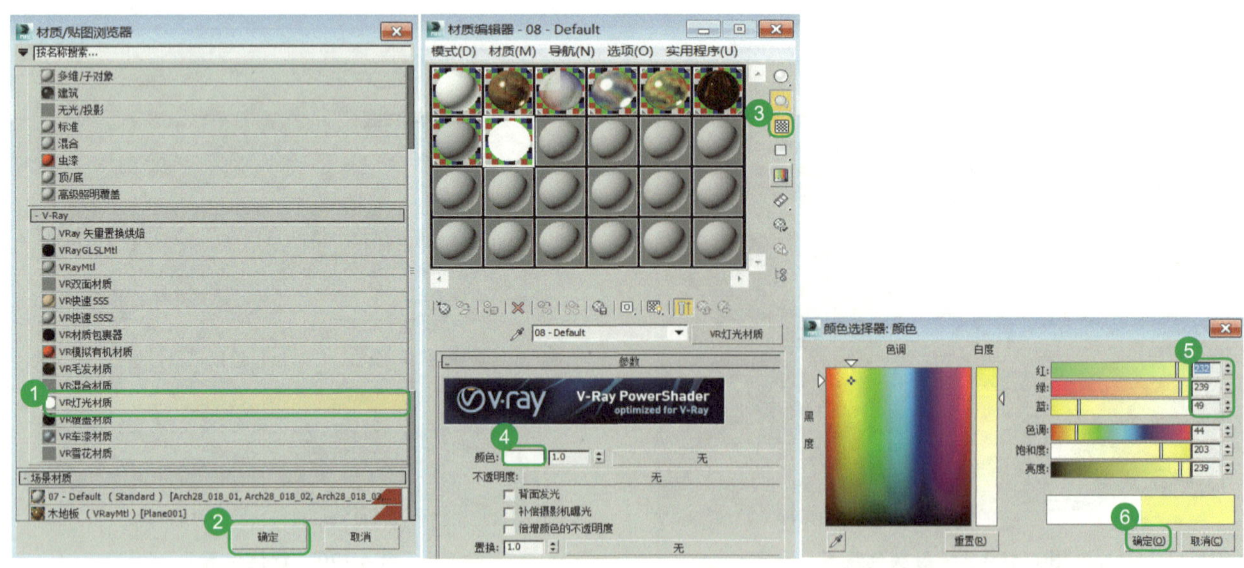

图 4-174　选择 VR 灯光材质　　图 4-175　修改 VR 灯光材质颜色　　图 4-176　颜色参数设置

04　在图像中选择灯罩，在【材质编辑器】命令框中单击【视口中显示明暗处理材质】按钮和【将材质指定给选定对象】按钮，将材质附着到图像中。

05　在【材质编辑器】命令框中，将材质球的名称设置为“灯罩”，如图 4-177 所示。

06 对于另一个灯罩，对它的处理是关掉灯光的状态，在“透视图”中选中灯罩，如图 4-178 所示。

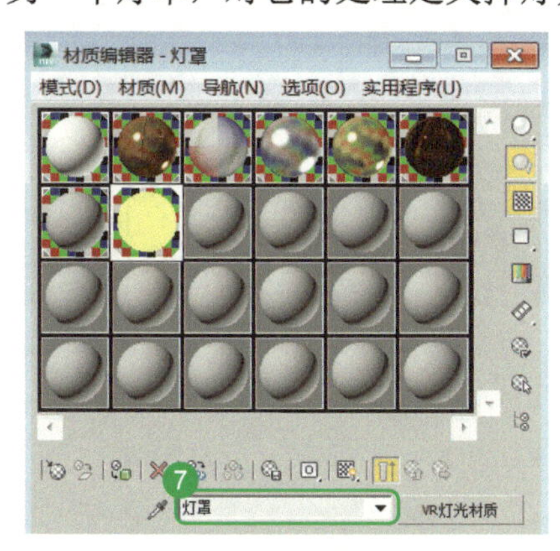

图 4-177　灯罩材质命名

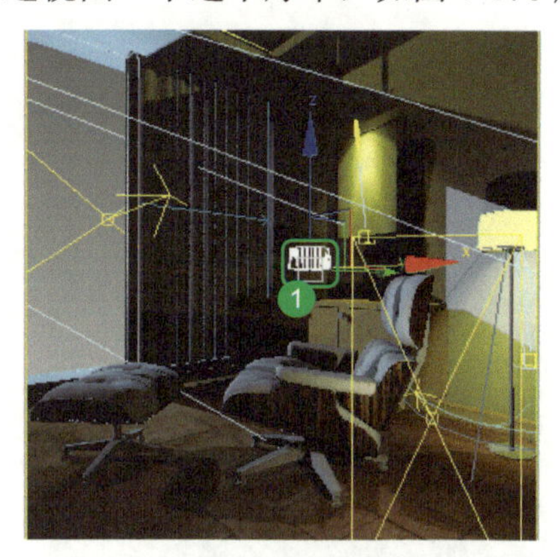

图 4-178　选中不发光灯罩

07 在【材质编辑器】命令框中单击【白色乳胶漆】材质球，单击【视口中显示明暗处理材质】按钮和【将材质指定给选定对象】按钮，将材质附着到灯罩上，如图 4-179 所示。

08 单击“主工具栏”中的【渲染产品】按钮，对图像进行测试渲染，如图 4-180 所示。

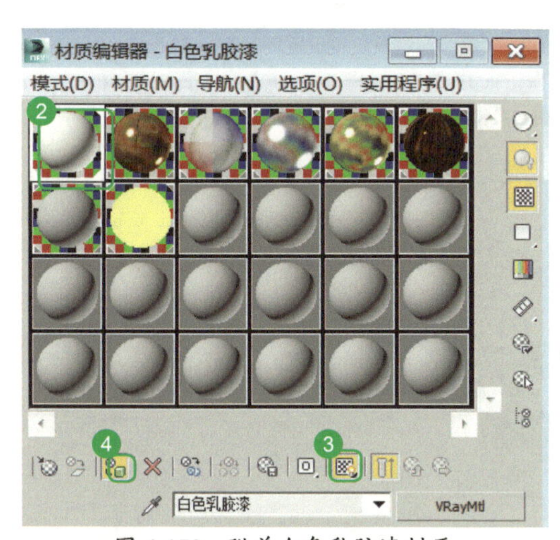

图 4-179　附着白色乳胶漆材质

图 4-180　测试渲染效果

八、皮革材质设置

微课视频 52

01 在【材质编辑器】命令框中，选中一个新的材质球，输入名称为“皮革”，单击【VRayMtl】按钮，打开【材质 / 贴图浏览器】命令框，在【V-Ray】展卷栏中选择标准材质【VRayMtl】，单击【确定】按钮，回到【材质编辑器】命令框，单击【背景】按钮，单击【漫反射】右侧的小方块按钮，如图 4-181 所示。

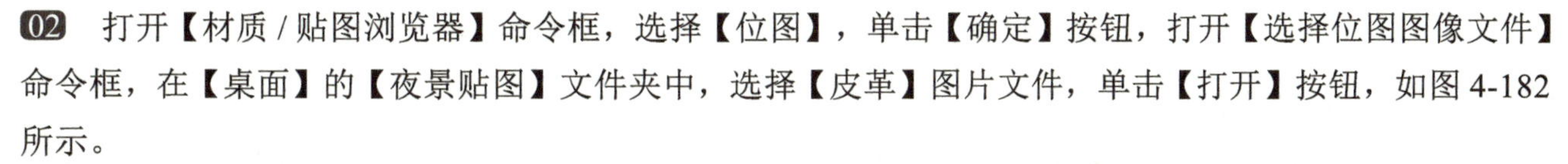

02 打开【材质 / 贴图浏览器】命令框，选择【位图】，单击【确定】按钮，打开【选择位图图像文件】命令框，在【桌面】的【夜景贴图】文件夹中，选择【皮革】图片文件，单击【打开】按钮，如图 4-182 所示。

03 在【材质编辑器】命令框中单击【转到父对象】按钮，在【反射】中单击【反射】右侧的颜色方框，打开【颜色选择器：反射】命令框，将【亮度】设置为“20”，单击【确定】按钮，如图 4-183 所示。

04 在【反射】中将【反射光泽度】设置为“0.6”，【细分】设置为“12”，光泽度不要太高，因为皮革表面只具有一定亮度而不是非常亮的，如图 4-184 所示。

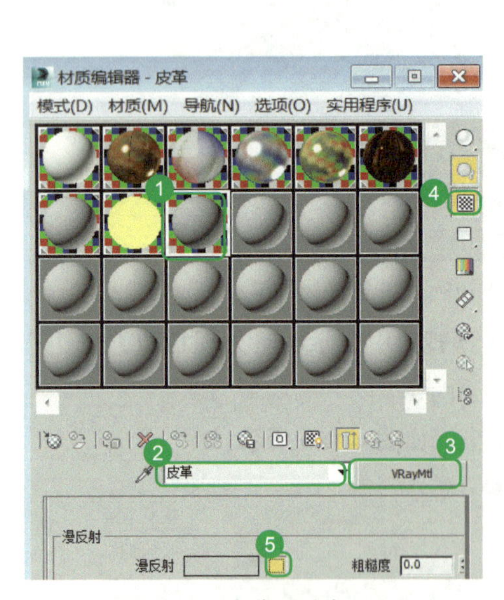

图 4-181　皮革材质命名

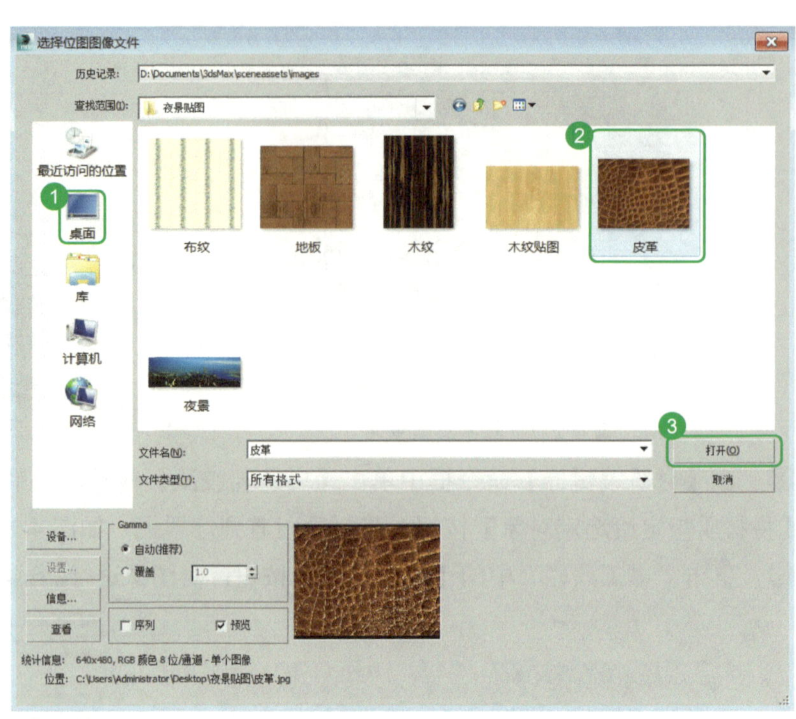

图 4-182　选取皮革图片路径

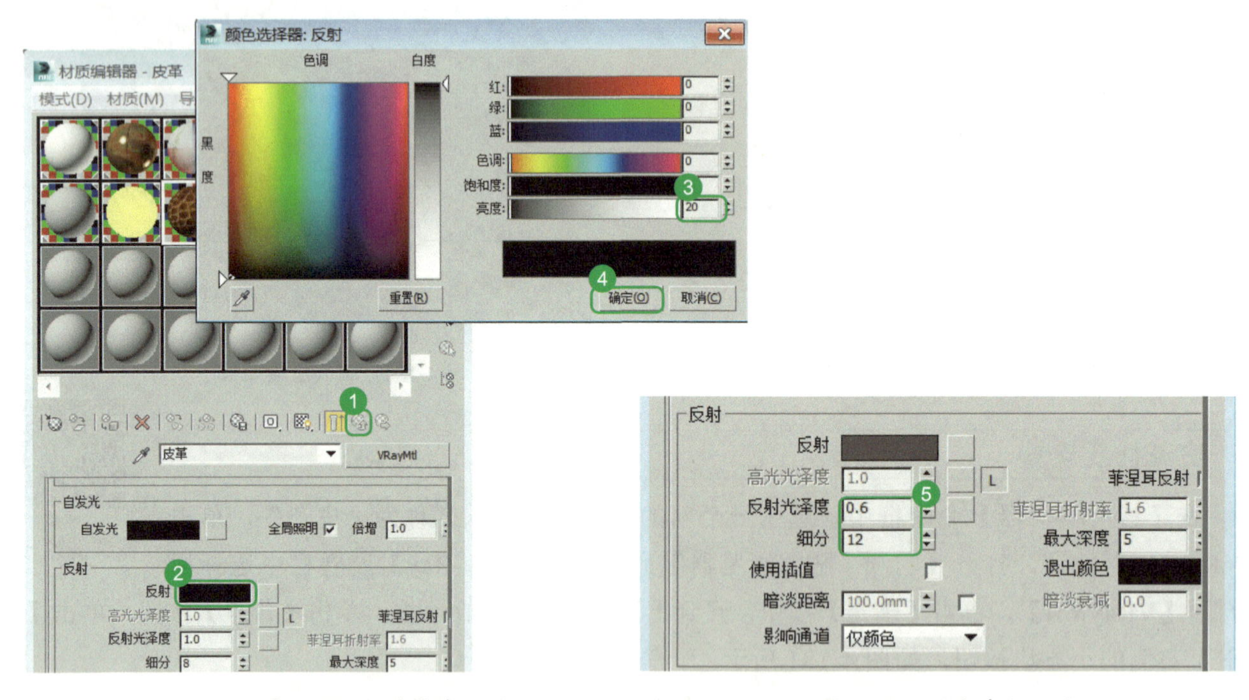

图 4-183　反射颜色设置　　　　图 4-184　反射参数设置

05　在【折射】中将【细分】设置为“50”，如图 4-185 所示。

06　打开【贴图】展卷栏，将【漫反射】右侧的“贴图 #25（皮革 .jpg）”复制到【凹凸】中，将【凹凸】数值设置为“80”，如图 4-186 所示。

07　在【反射】中打开【高光光泽度】，单击【高光光泽度】右侧有“L”的小方块按钮，将数值设置为“0.75”，如图 4-187 所示。

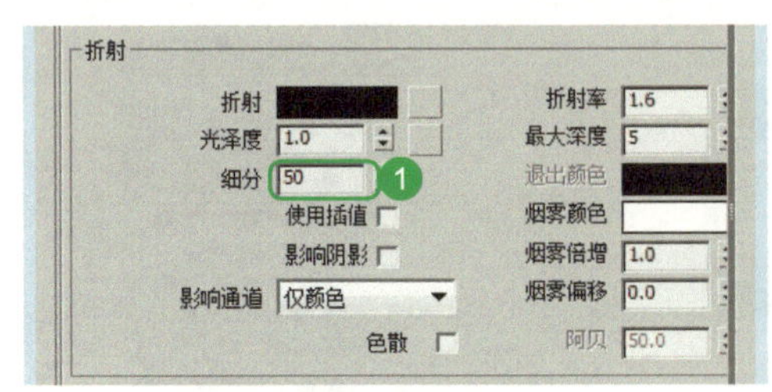

图 4-185　折射参数设置

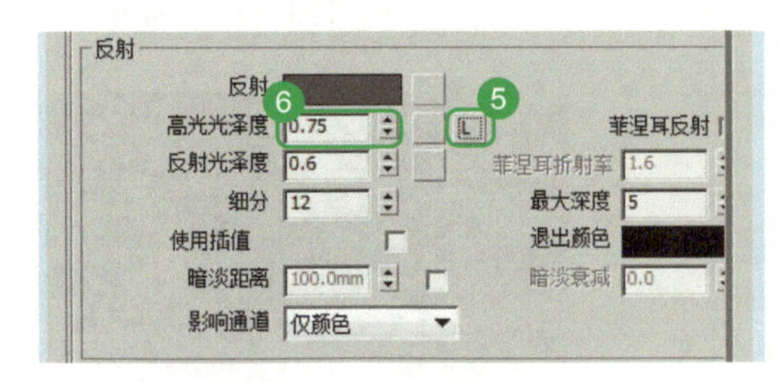

图 4-187　高光光泽度参数设置

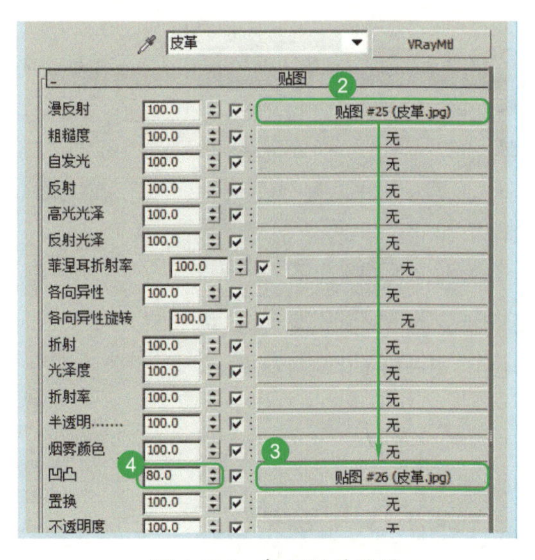

图 4-186　复制材质贴图

08　将材质附着到图像中的休闲椅上，缩小【材质编辑器】命令框，在“主工具栏”的【G-几何体】下单击【选择对象】按钮，框选选中图像中的休闲椅，如图 4-188 所示。

09　单击鼠标右键，选择【孤立当前选择】，如图 4-189 所示。

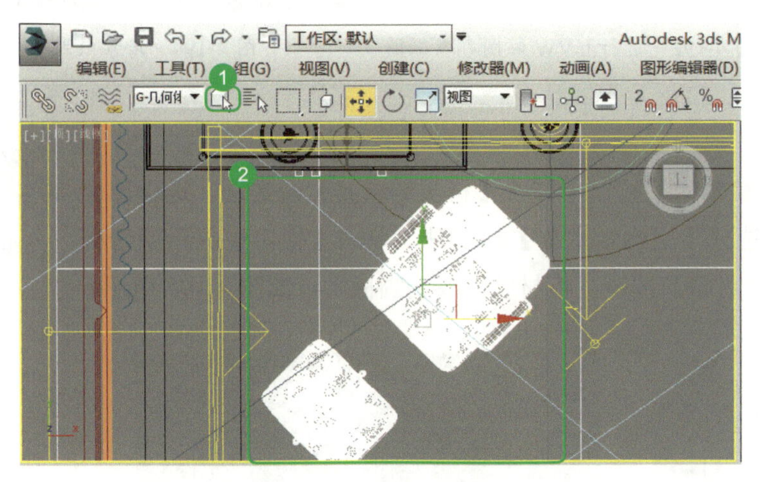

图 4-188　选中休闲椅

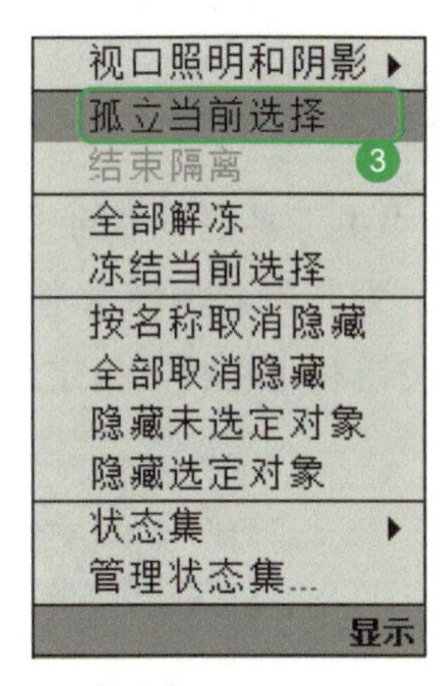

图 4-189　孤立当前选择

10　将选中的休闲椅进行孤立，在“透视图”中单击鼠标右键，选择【透视】，单击右下角的【最大化视口切换】按钮（快捷键<Alt+W>），将“透视图”最大化，这样就可方便地根据需要对休闲椅的纹理进行调整，如图 4-190 所示。

11　打开【材质编辑器】命令框，依次在图像中选择休闲椅需要附着材质的部位，在【材质编辑器】命令框中单击【视口中显示明暗处理材质】按钮和【将材质指定给选定对象】按钮，将材质附着到图像中，如图 4-191 所示。

12　选中附着后的部位，在右侧“修改命令面板”下的【参数】展卷栏中，对【长度】【宽度】【高度】进行修改调整，如图 4-192 所示。

13　单击鼠标右键选择【摄影机】中的【Camera001】，同时单击鼠标右键选择【结束隔离】，如图 4-193 所示。

14　结束孤立，这个场景就大致完成了，如图 4-194 所示。

图 4-190　逐一附着休闲椅材质纹理

图 4-191　休闲椅材质附着完成

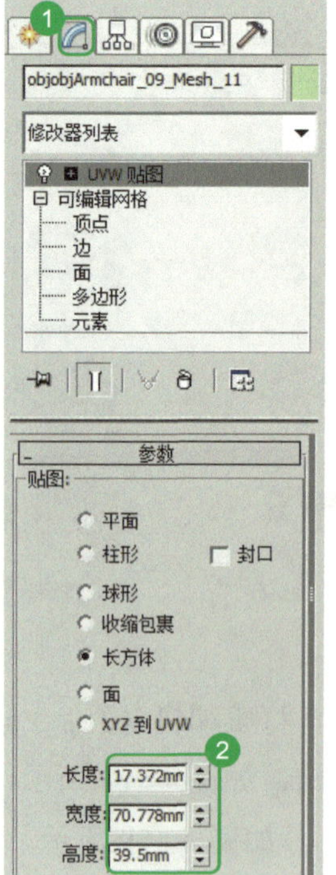

图 4-192　进行 UVW 贴图参数微调

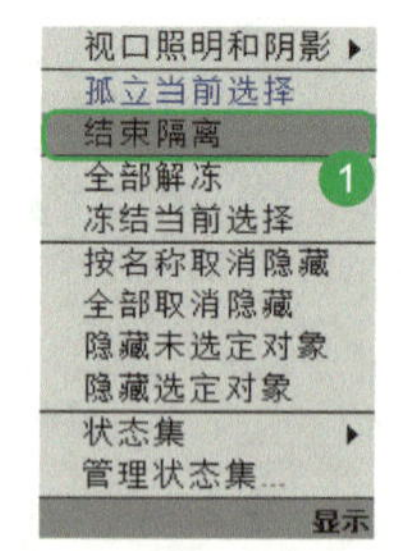

图 4-193　结束隔离

图 4-194　场景效果

九、装饰画材质设置

微课视频 53

01　单击“主工具栏”中的【材质编辑器】按钮，打开【材质编辑器】命令框，选中图像中的画框，为其附着胡桃木木纹。选择【胡桃木木纹】材质球，单击【视口中显示明暗处理材质】按钮和【将材质指定给选定对象】按钮，将材质附着到画框上，如图 4-195 所示。

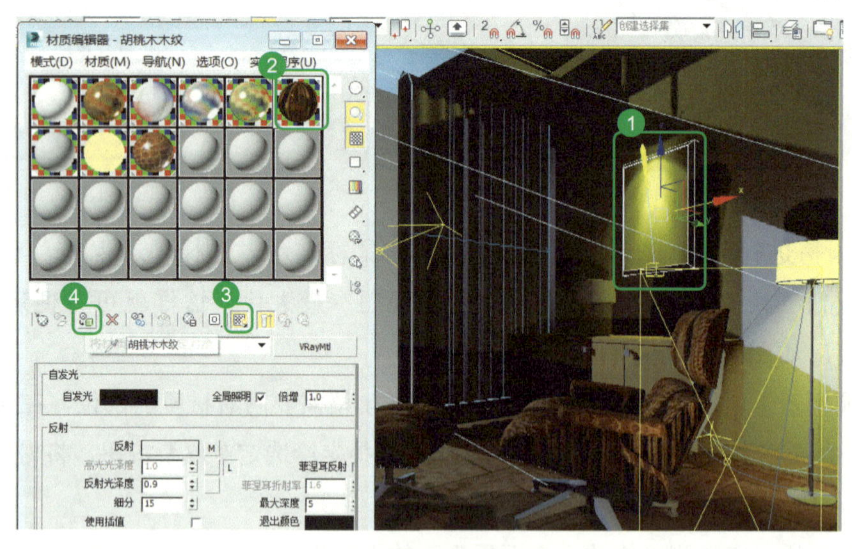

图 4-195　画框材质附着

02　在右侧“修改命令面板”下单击【多边形】按钮，在图像中选中面，如图 4-196 所示。

03　在【材质编辑器】的命令框中选中一个新的材质球，输入名称为“画”，单击【VRayMtl】按钮，打开【材质 / 贴图浏览器】命令框，在【V-Ray】展卷栏中选择标准材质【VRayMtl】，单击【确定】按钮，回到【材质 / 贴图浏览器】命令框。单击【漫反射】右侧的小方块按钮，如图 4-197 所示。

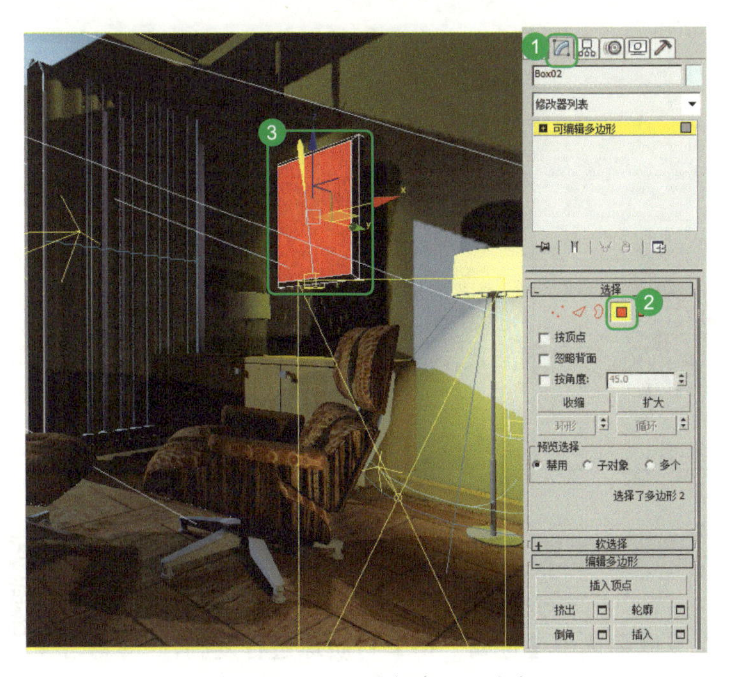

图 4-196　用可编辑多边形选中面

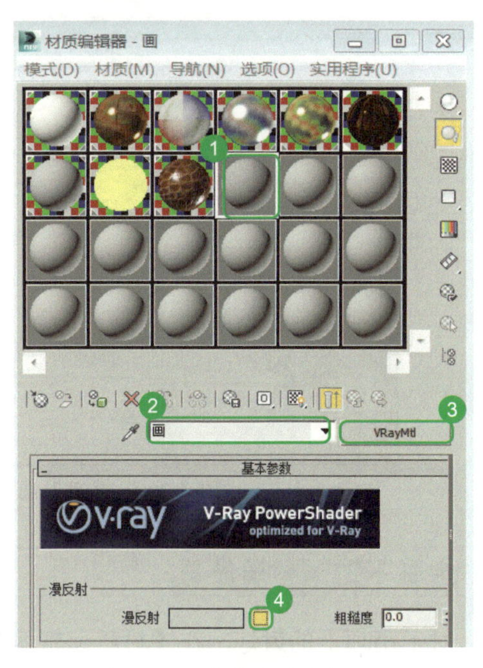

图 4-197　装饰画材质命名

04 打开【材质 / 贴图浏览器】命令框，选中【位图】，单击【确定】按钮，打开【选择位图图像文件】命令框，在【桌面】的【夜景贴图】文件夹下，选中【装饰画】图片文件，单击【打开】按钮，如图 4-198 所示。

05 在【材质编辑器】命令框【位图参数】展卷栏的【裁剪 / 放置】中，勾选【应用】，单击【查看图像】按钮，如图 4-199 所示。

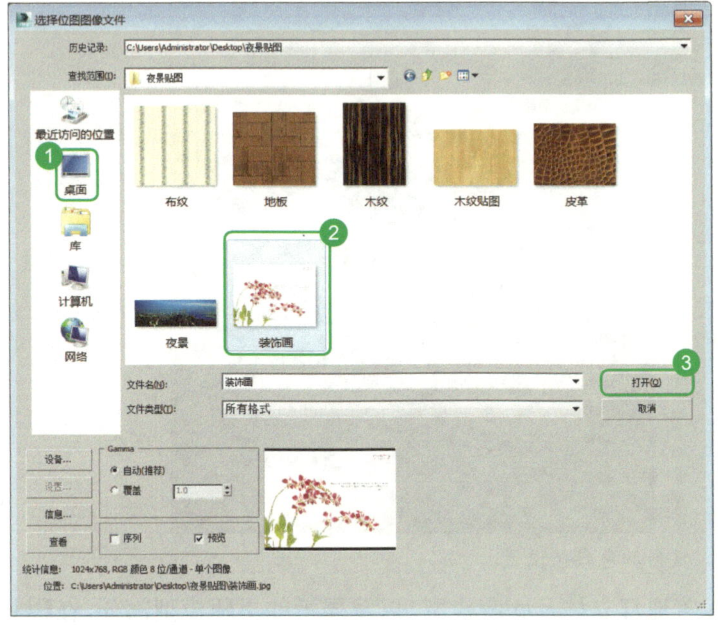

图 4-198　选择装饰画贴图路径

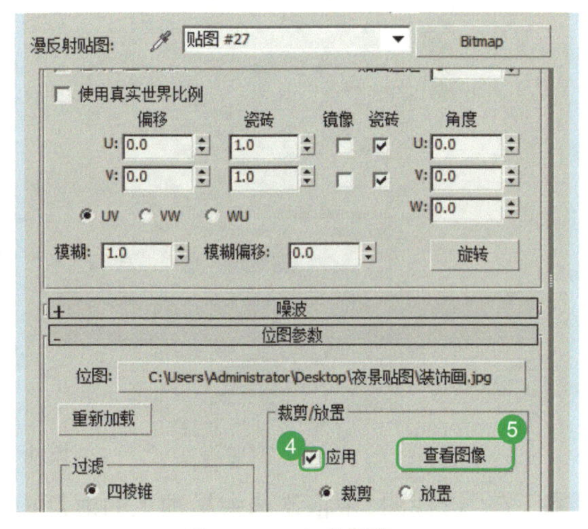

图 4-199　查看图像

06 在“查看”里用【裁剪】工具将需要的画裁剪出来，如图 4-200 所示。

07 在选中面的情况下，在【材质编辑器】命令框中单击【视口中显示明暗处理材质】按钮和【将材质指定给选定对象】按钮，将材质附着到面上，如图 4-201 所示。

图 4-200　裁剪贴图

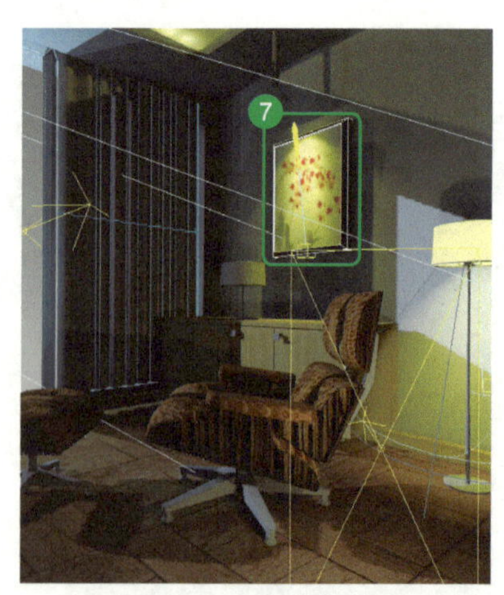

图 4-201　附着装饰画材质

十、金属不锈钢材质设置

微课视频 54

01 对于吊顶上的射灯，在【材质编辑器】命令框中选中【金属 _ 铬】材质球进行复制，修改名称为“金属 _ 不锈钢”。

02 在【反射】中将【反射光泽度】设置为“0.9”，单击【反射】右侧的颜色方框，打开【颜色选择器：反射】命令框，将【红】【绿】【蓝】【亮度】数值均设置为“240”，单击【确定】按钮，如图 4-202 所示。

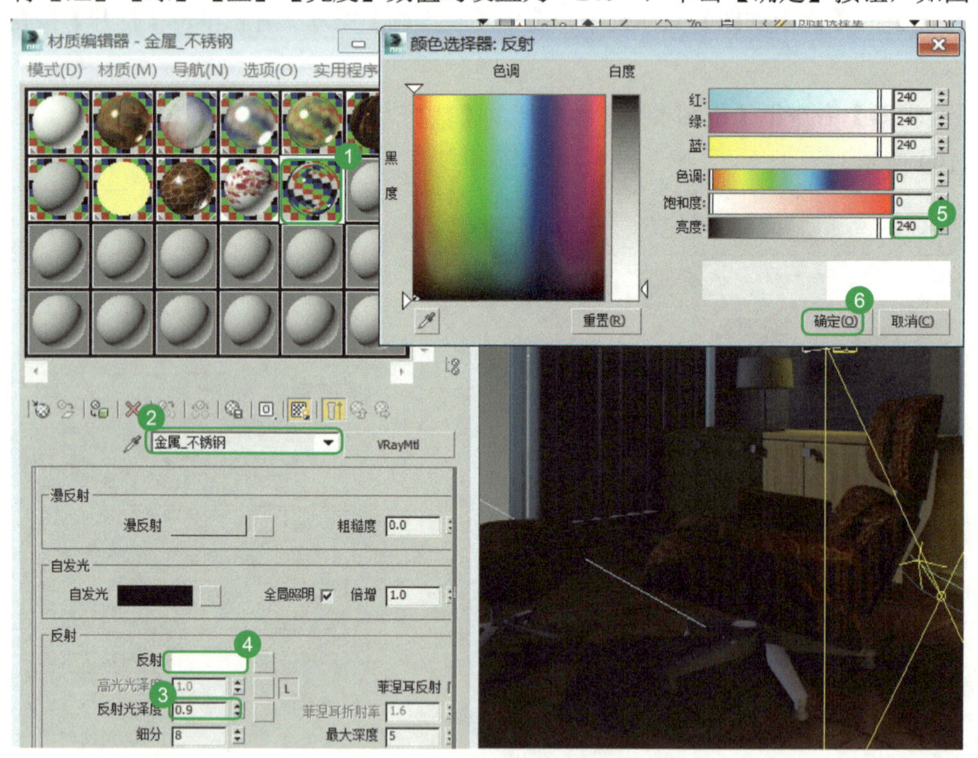

图 4-202　反射颜色数值设置

03 在“透视图”中依次选中吊顶上的射灯模型、落地灯立柱及底座模型，以及矮柜的桌腿模型部分，在【材质编辑器】命令框中单击【视口中显示明暗处理材质】按钮和【将材质指定给选定对象】按钮，将材质附着到图像中。

十一、玻璃材质设置

微课视频 55

01 在【材质编辑器】命令框中选择一个新的材质球，输入名称为“玻璃”，单击【VRayMtl】

按钮，打开【材质 / 贴图浏览器】命令框，在【V-Ray】展卷栏中选择标准材质【VRayMtl】，单击【确定】按钮，回到【材质编辑器】命令框，单击【背景】按钮，如图 4-203 所示。

02 玻璃材质主要进行反射和折射操作，在【反射】中，单击【反射】右侧的颜色方框，打开【颜色选择器：反射】命令框，将【亮度】设置为“140”，单击【确定】按钮。如果数值设置为“255”，则会像镜子一样反射；如果数值设置为“0”，则是透明的，如图 4-204 所示。

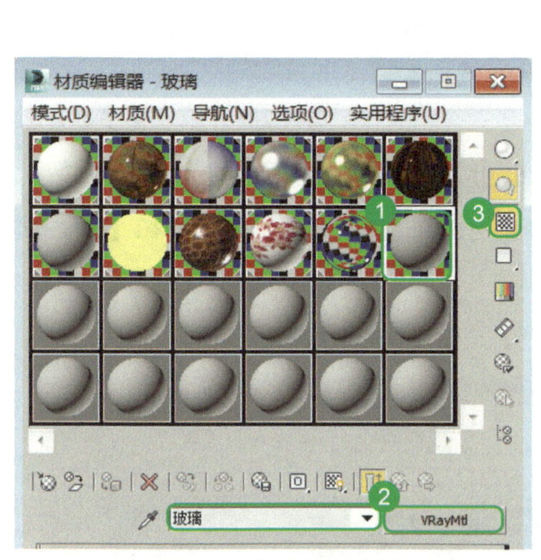

图 4-203　玻璃材质命名

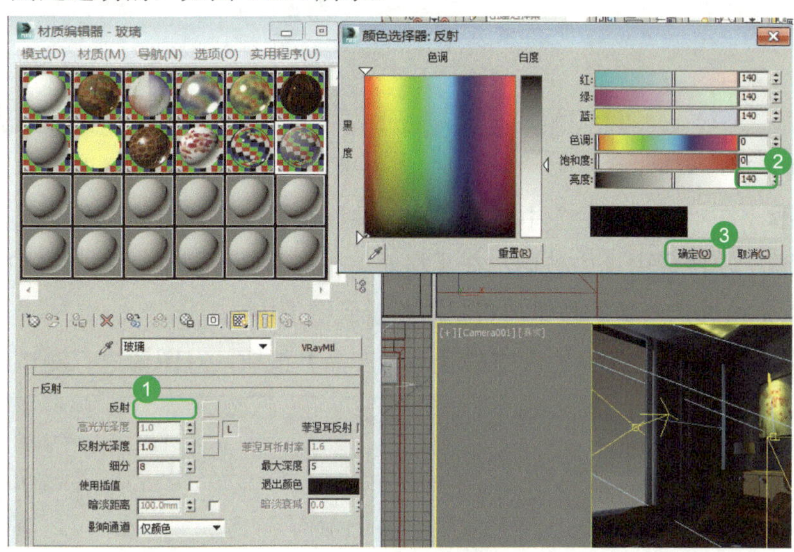

图 4-204　反射颜色数值设置

03 在【折射】中单击【折射】右侧的颜色方框，打开【颜色选择器：折射】命令框，将【亮度】数值设置为“255”，单击【确定】按钮，如图 4-205 所示。

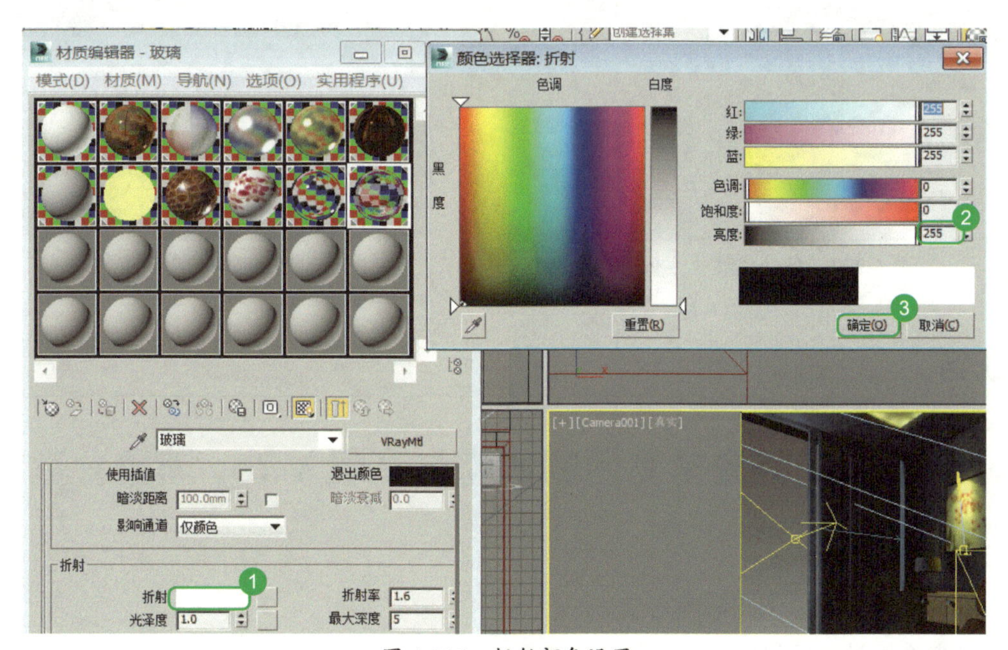

图 4-205　折射颜色设置

04 在右侧“创建命令面板”下的【几何体】中，单击【对象类型】展卷栏中【长方体】按钮，如图 4-206 所示。

05 在“左视图”中绘制一个长方体，如图 4-207 所示。

06 在右侧“创建命令面板”下的【参数】展卷栏中将玻璃的【长度】设置为“2500mm”，【宽度】设置为“5000mm”，【高度】设置为“5mm”，如图 4-208 所示。

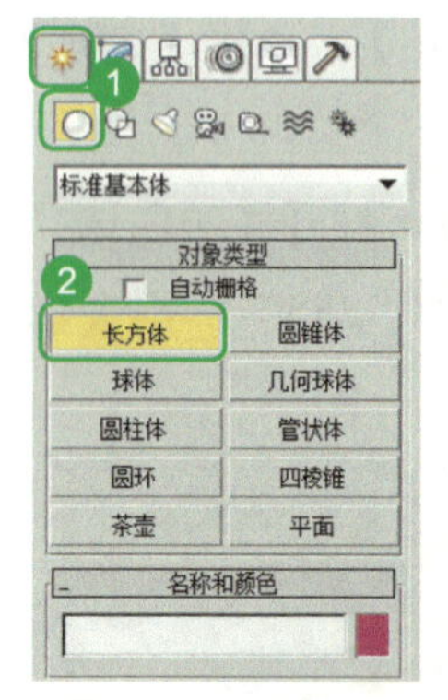

图 4-206　创建长方体

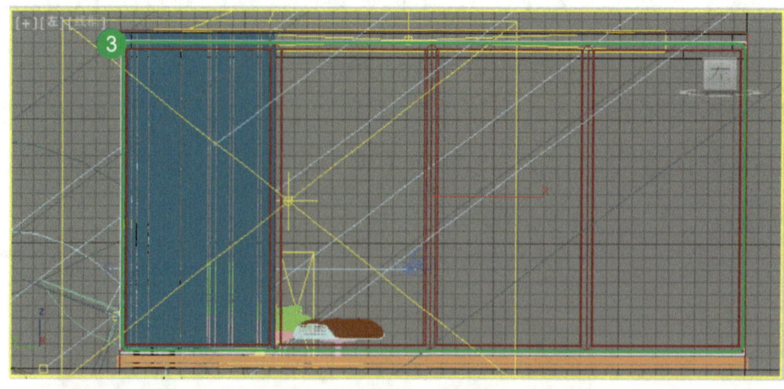

图 4-207　绘制长方体大小效果

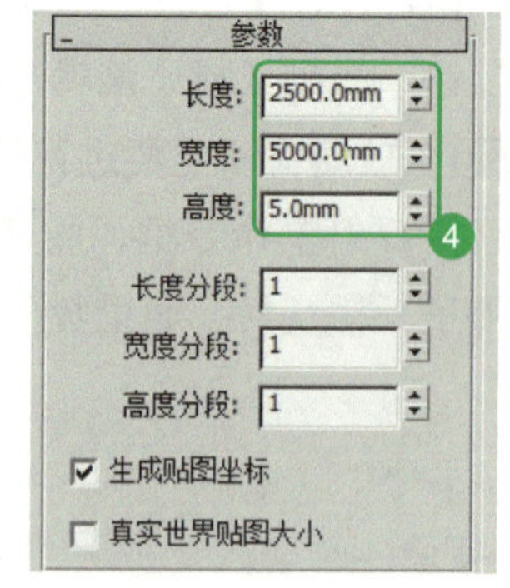

图 4-208　长方体参数设置

07　在“主工具栏”中单击【选择并移动】按钮，将玻璃移动至窗框上，如图 4-209 所示。

08　在图像中选中玻璃，在【材质编辑器】命令框中单击【视口中显示明暗处理材质】按钮和【将材质指定给选定对象】按钮，将材质附着到图像中。

09　单击“主工具栏”中的【渲染产品】按钮，对图像进行测试渲染，如图 4-210 所示。

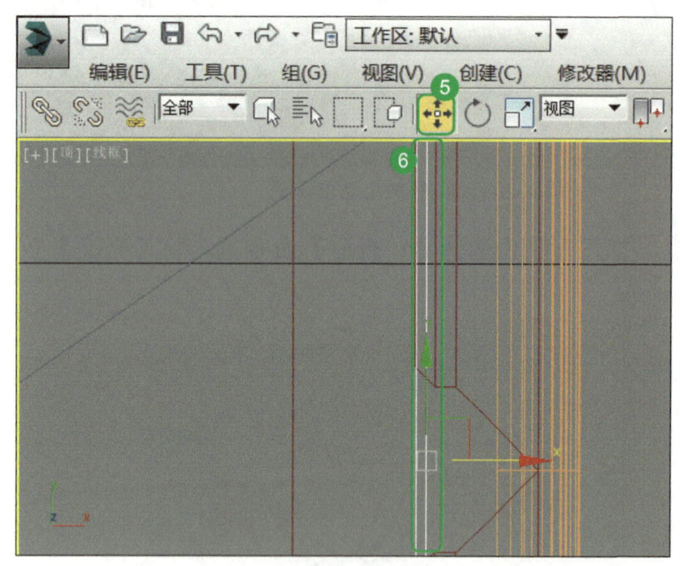

图 4-209　移动玻璃长方体

图 4-210　测试渲染效果

工作任务

任务 4.5　夜晚场景常见问题调整与高级 VRay 渲染参数设置

任务完成目标

通过完成本任务，掌握以下知识或方法：

- □　能够对夜晚场景常见问题进行调整。
- □　掌握并能够熟练调试 VRay 渲染参数面板的渲染参数。
- □　掌握 3ds Max 文件的保存与归档方法。

任务内容描述

能够对夜晚场景常见问题进行调整并完成最终渲染参数的设置，对渲染出来的图片进行保存，最终完成 3ds Max 文件的保存与归档。

任务实施步骤

一、渲染测试常见问题与调试

在渲染效果图中，会发现一些问题：

① 安装玻璃后会看到玻璃反射了 VRay 补充灯光散射形成的灯光光线条。

② 玻璃挡住了外面的月光光线。

③ 加了灯带之后，通过反射后会看到后面的灯带没有安装。

下面根据这三个问题，对图像进行修改。

（一）问题①修改

01 选中玻璃，在右侧“修改命令面板”下，将名称设置为“玻璃”，如图 4-211 所示。

02 在图像中选择窗户外的 VRay 灯光，在右侧“修改命令面板”下的【参数】展卷栏中，单击【排除】按钮，如图 4-212 所示。

03 打开【排除 / 包含】命令框，在【场景对象】下选择【玻璃】，如图 4-213 所示。

图 4-211　玻璃长方体名称

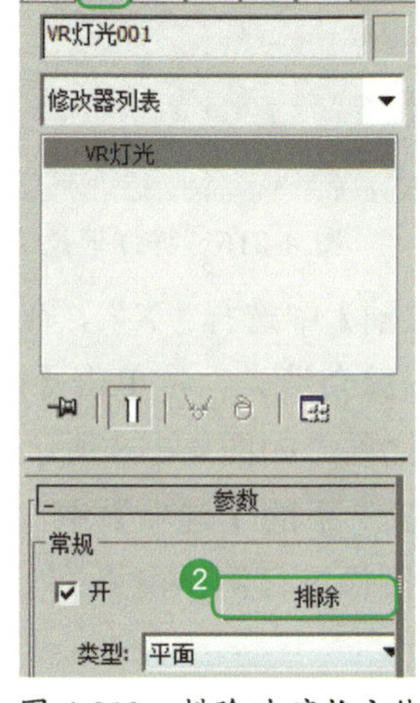

图 4-212　排除玻璃长方体

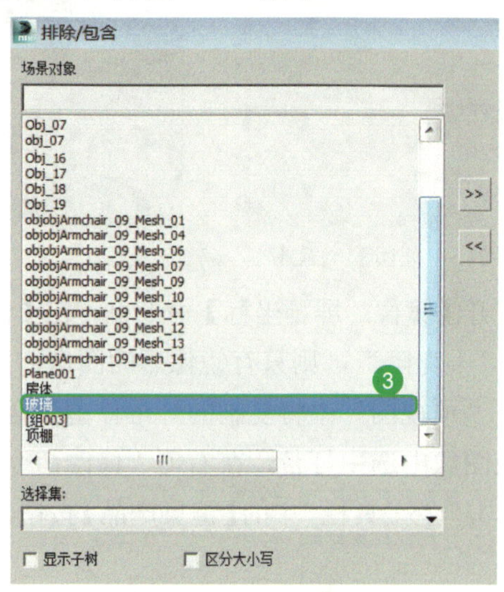

图 4-213　选择玻璃

04 单击置为右侧按钮，将其置为右侧并选择【排除】，单击【确定】按钮，将玻璃进行排除，如图 4-214 所示。

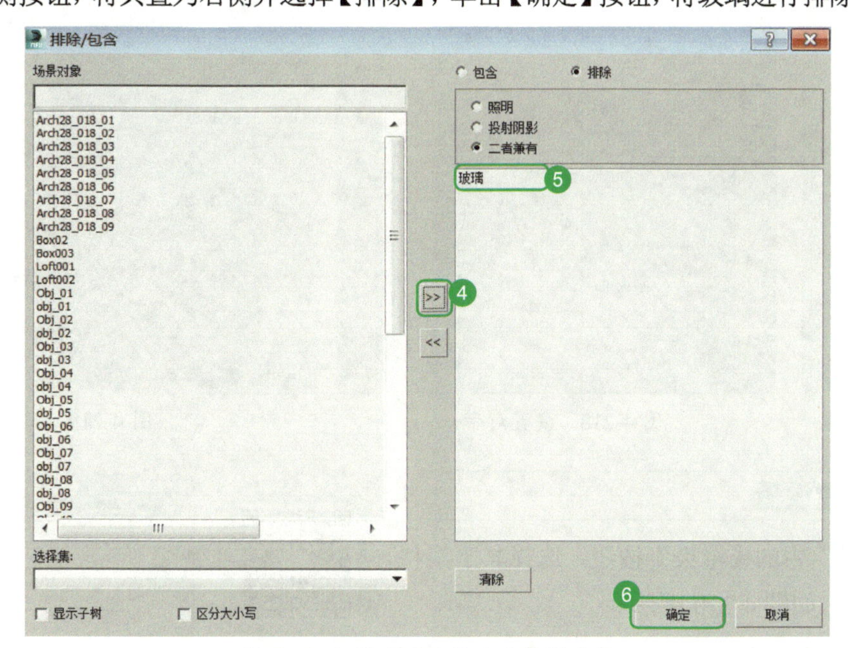

图 4-214　排除玻璃长方体阴影遮挡

这样就可排除玻璃，忽略玻璃对光线的影响。

05 选中外面的月光，在右侧“修改命令面板”中单击【排除】按钮，打开【排除 / 包含】命令框，选中【玻璃】将其拖至右侧，单击【确定】按钮，将玻璃进行排除，忽略玻璃对月光的影响。

（二）问题②修改

在图像中选中补光灯，在右侧“修改命令面板”下的【选项】中关闭【影响反射】，如图 4-215 所示。

（三）问题③修改

在后面加一个灯带。

01 选中前面的灯带，单击“主工具栏”的【镜像】按钮，如图 4-216 所示。

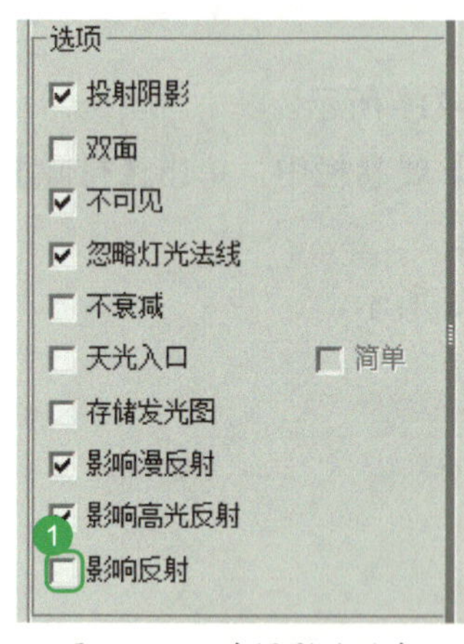

图 4-215　关闭影响反射

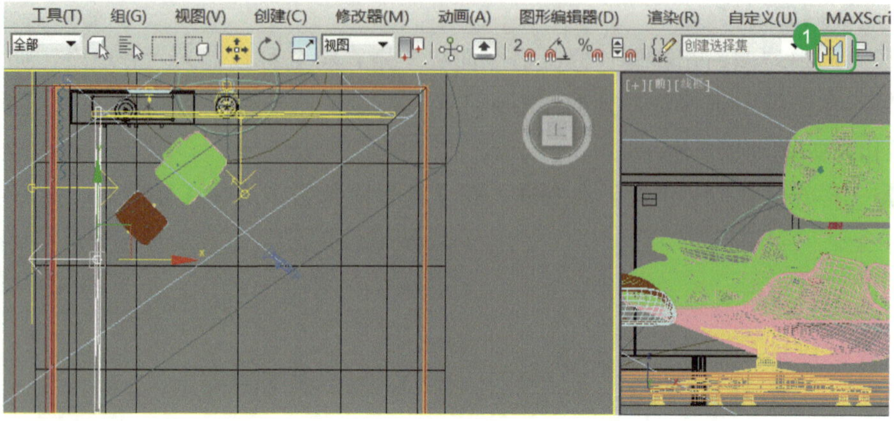

图 4-216　将灯带镜像复制

02 打开【镜像：屏幕坐标】命令框，在【镜像轴】中选择“X”，在【克隆当前选择】中选“复制”（如果选择“不克隆”，则只有镜像后的图像，原图像会消失），单击【确定】按钮，如图 4-217 所示。

03 在“顶视图”中将复制的灯带移动至合适位置，如图 4-218 所示。

04 在图像中选中灯带，在右侧“修改命令面板”下的【选项】中，关闭【影响反射】。

05 单击“主工具栏”中的【渲染产品】按钮，对图像进行测试渲染，效果比之前要好很多，如图 4-219 所示。

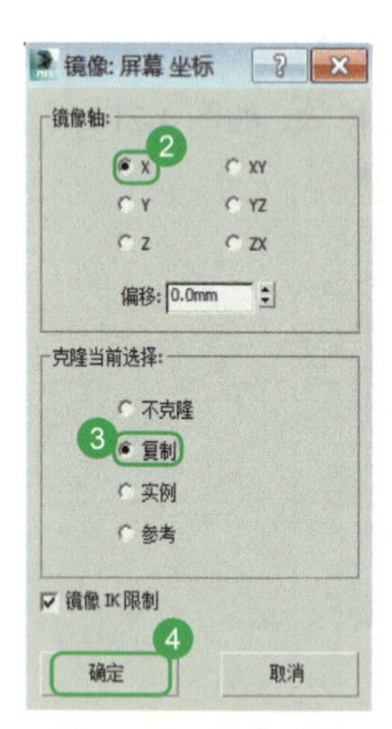

图 4-217　镜像设置

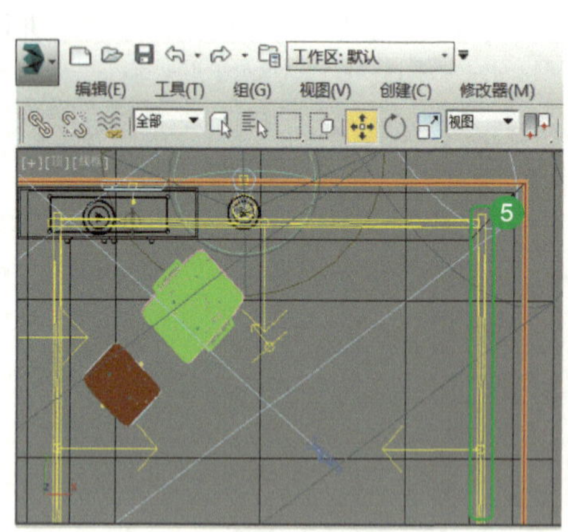

图 4-218　安置灯带

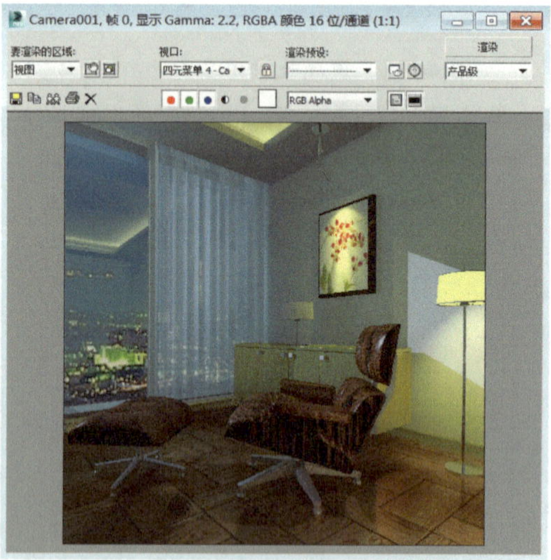

图 4-219　测试渲染效果

二、高级渲染参数设置

01 单击“菜单栏”中的【渲染】按钮，选择其下滑栏中的【渲染设置】，如图 4-220 所示。

微课视频 57

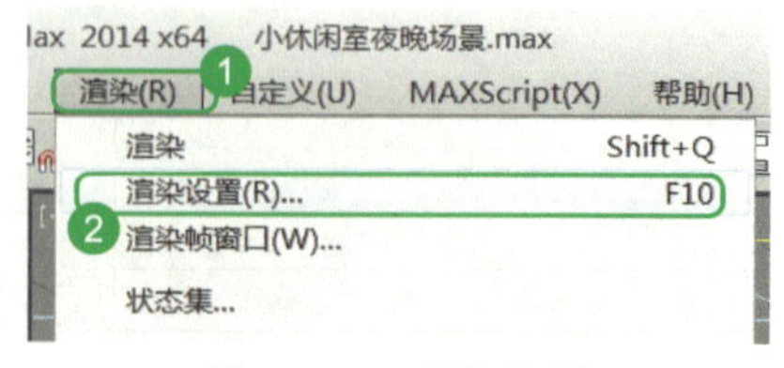

图 4-220　渲染设置

02 打开【渲染设置】命令框，在【公用】下【公用参数】

展卷栏中，将【输出大小】中的【宽度】和【高度】都设置为“1024”，如图 4-221 所示。

03 在【V-Ray】中将【图像采样器（反锯齿）】展卷栏中的【类型】设置为“自适应细分”，如图 4-222 所示。

04 勾选【抗锯齿过滤器】，选择“Mitchell-Netravali”，如图 4-223 所示。

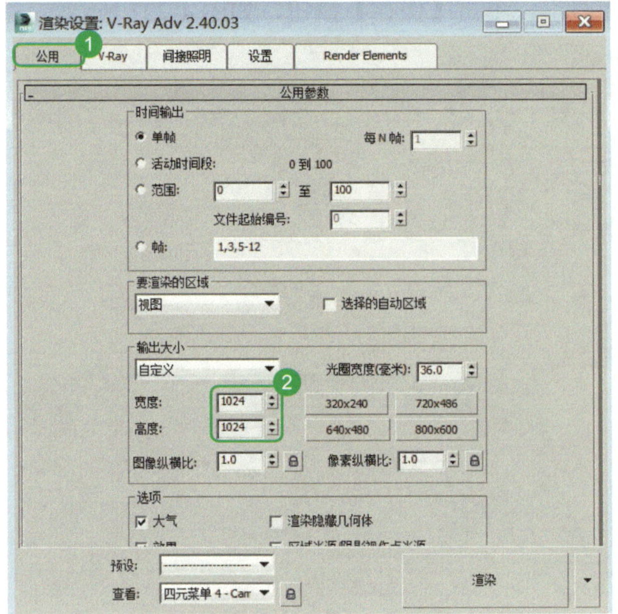

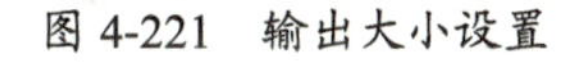
图 4-221　输出大小设置

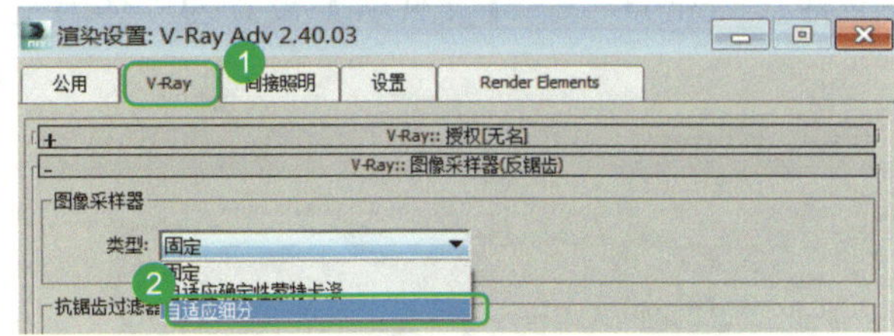

图 4-222　选择自适应细分图像采样器

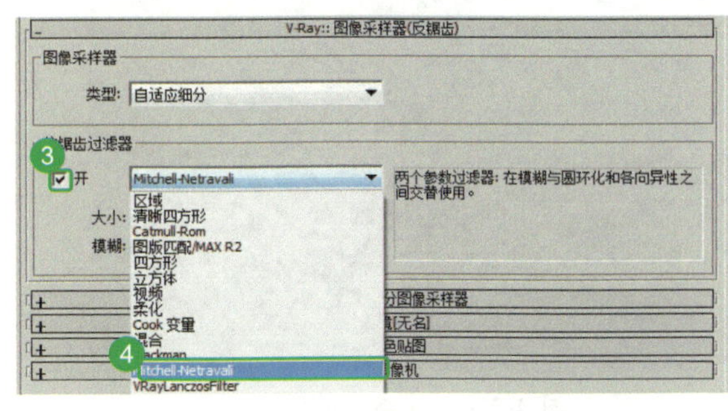

图 4-223　选择 Mitchell-Netravali 抗锯齿过滤器

05 在【间接照明】下，在【发光图（无名）】展卷栏的【内建预置】中将【当前预置】设置为“高”，如图 4-224 所示。

06 在【灯光缓存】展卷栏的【计算参数】中，将【细分】设置为“1200”，单击【渲染】按钮，这样就可以对图像进行渲染，如图 4-225 所示。

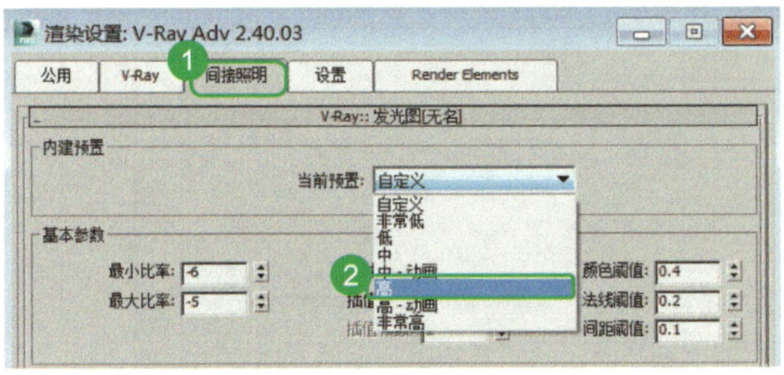

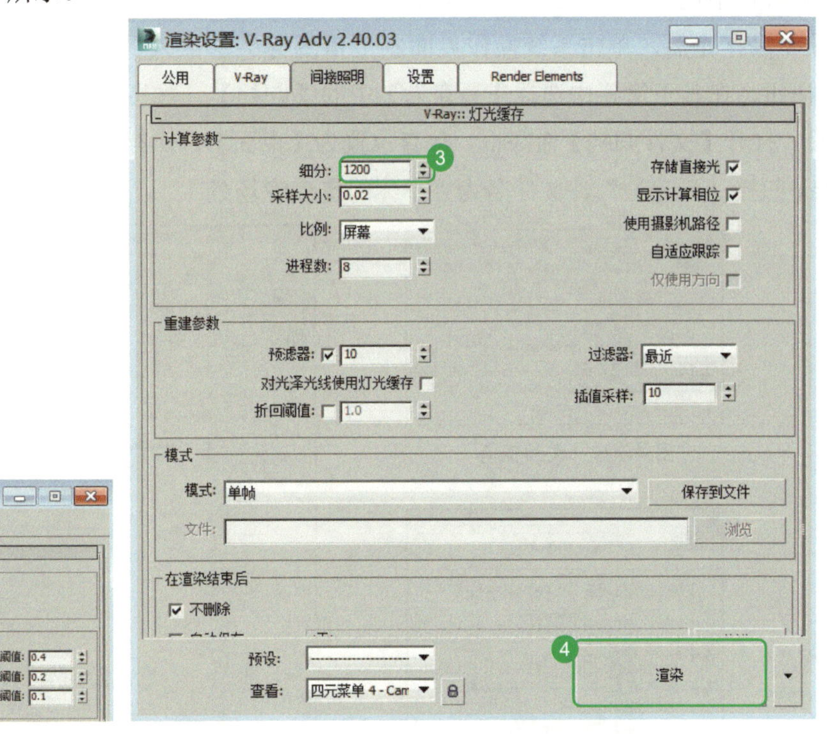

图 4-224　当前预置设置

图 4-225　调高计算参数中的细分值

三、BMP 格式保存设置

微课视频 58

01　渲染效果如图 4-226 所示，接下来单击左上角的【保存图像】按钮将效果图进行保存。

02　打开【保存图像】命令框，保存位置设置为【桌面】，【保存类型】设置为“BMP 图像文件（*.bmp）”，【文件名】设置为“休闲室夜景”，单击【保存】按钮，如图 4-227 所示。

图 4-226　渲染效果图

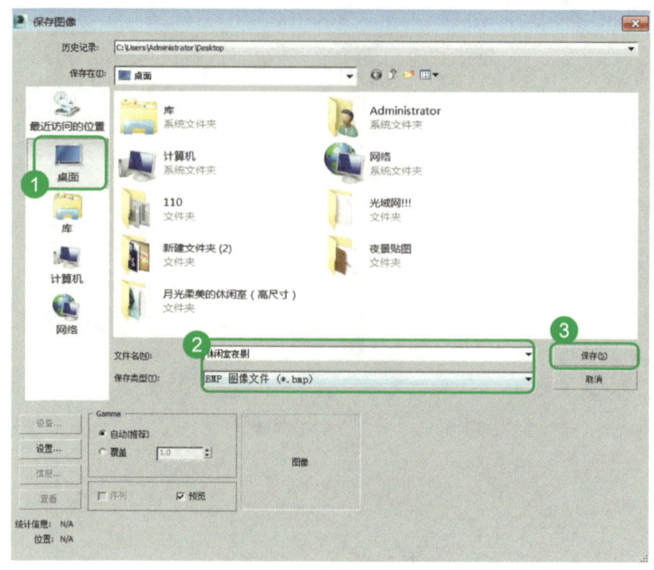

图 4-227　保存文件命名

03　打开【BMP 配置】命令框，选择“RGB 24 位（1670 万色）”，单击【确定】按钮，如图 4-228 所示。

四、文件归档保存

微课视频 59

01　单击系统操作界面左上角图标旁的嵌入式按钮，在其下滑栏中选择【保存】，如图 4-229 所示。

02　保存完后，单击系统操作界面左上角图标旁的嵌入式按钮，在其下滑栏中选择【另存为】中的【归档】，如图 4-230 所示。

BMP 配置
颜色
8 位优化调色板(256 色)
4 RGB 24 位(1670 万色)
5 确定　取消

图 4-228　保存 BMP 格式

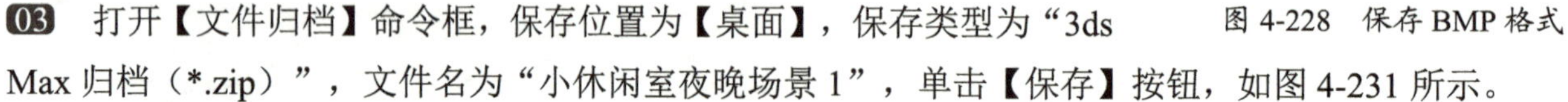

03　打开【文件归档】命令框，保存位置为【桌面】，保存类型为“3ds Max 归档（*.zip）”，文件名为“小休闲室夜晚场景 1”，单击【保存】按钮，如图 4-231 所示。

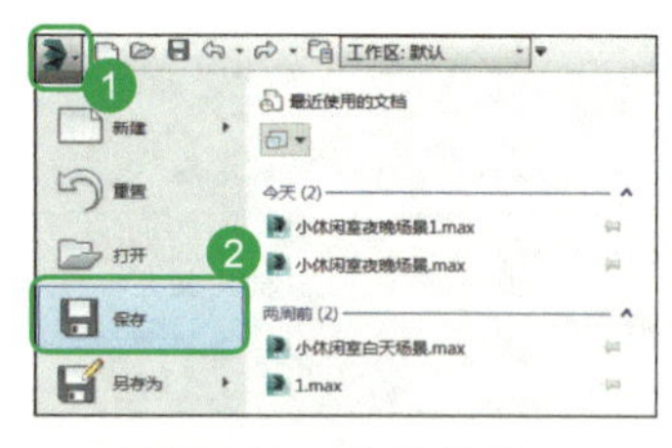

图 4-229　文档保存

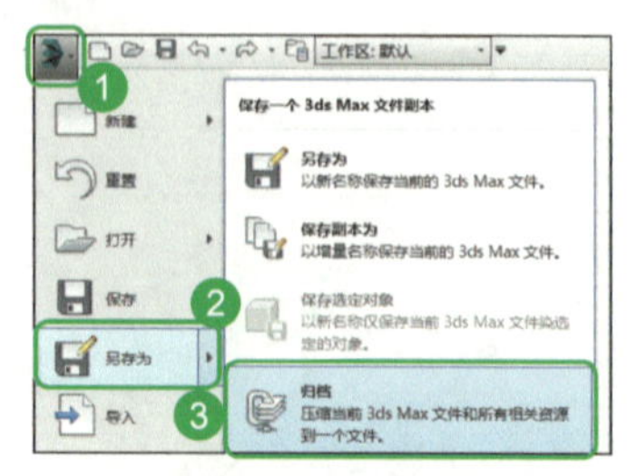

图 4-230　3ds Max 文件归档

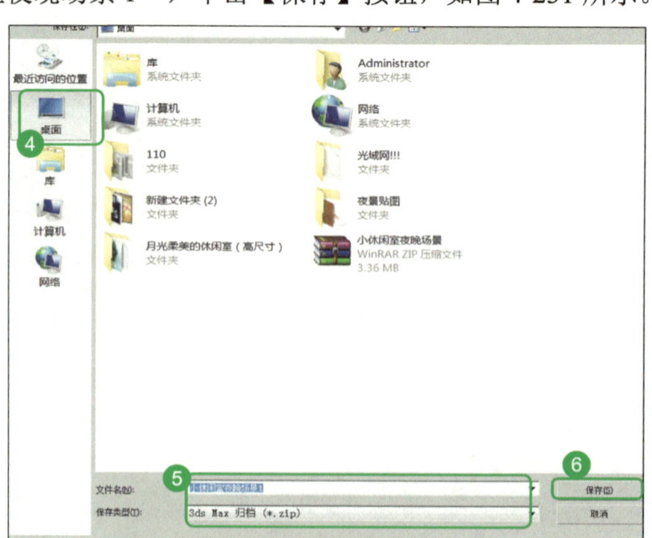

图 4-231　归档文件命名

工作任务

任务 4.6　Photoshop 效果图后期处理

任务完成目标

通过完成本任务，掌握以下知识或方法：

- □ 能够正确打开 Photoshop 操作系统界面。
- □ 能够正确打开需要修改的图片文件。
- □ 能够运用色阶、色彩平衡、减少杂色、亮度 / 对比度、高反差保留等色彩色相工具。

任务内容描述

尝试用 Photoshop 软件对渲染出来的效果图进行处理。

微课视频 60

任务实施步骤

一、效果图后期处理

01 关闭“3ds Max”软件，在桌面上会看到保存的图像，单击鼠标右键选中图片文件不放，将其拖动至“Photoshop”软件中，如图 4-232 所示。

02 将图像在 Photoshop 中进行修改，因为渲染出的效果图颜色有些发灰，单击“菜单栏”中的【图像】按钮，选择其下滑栏【调整】中的【色阶】，如图 4-233 所示。

03 打开【色阶】命令框，为图像增加一些亮度，将【输入色阶】值设置为“0、1.00、203”，单击【确定】按钮，如图 4-234 所示。

图 4-232　拖至 Photoshop 启动程序

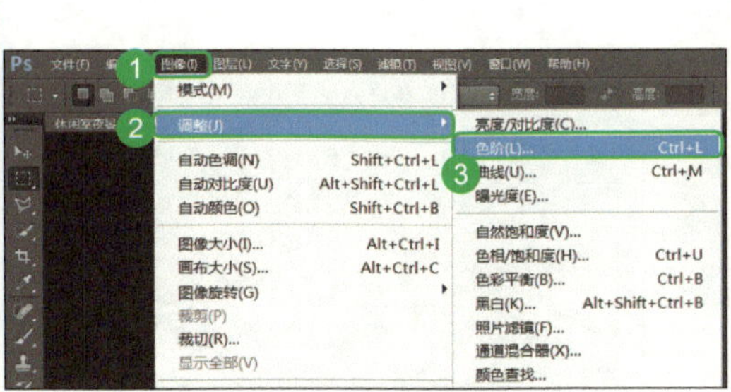

图 4-233　色阶调整

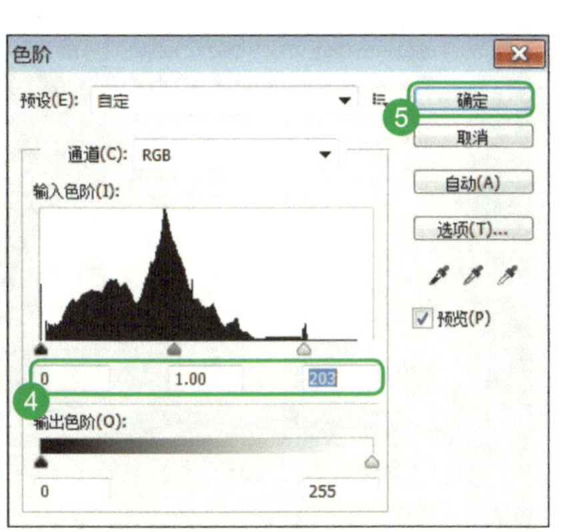

图 4-234　色阶值设置

04 单击“菜单栏”中的【图像】按钮，选择其下滑栏【调整】中的【色彩平衡】，如图 4-235 所示。

05 打开【色彩平衡】命令框，选择【阴影】，将【色彩平衡】中的【色阶】值设置为“0、0、+11”，增加一点蓝色，如图 4-236 所示。

06 选择【高光】，将【色彩平衡】中的【色阶】值设置为“0、0、−22”，增加一点黄色，如图 4-237 所示。

07 选择【中间调】，将【色彩平衡】中的【色阶】值设置为“+13、−5、−12”，单击【确定】按钮，如图 4-238 所示。

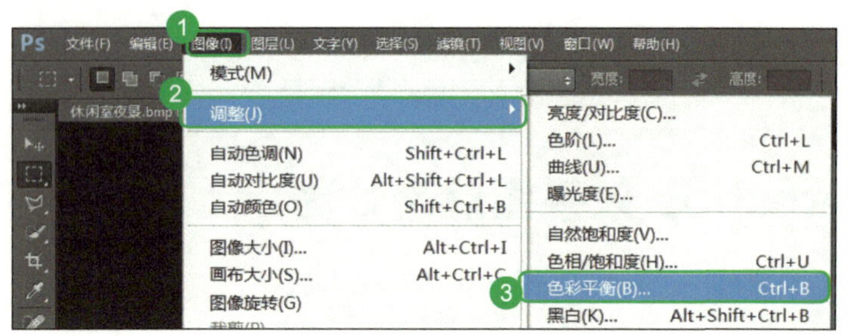

图 4-235　色彩平衡调整

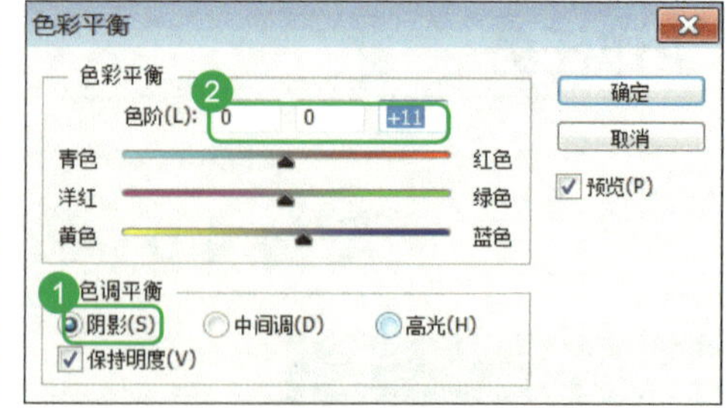

图 4-236　阴影设置

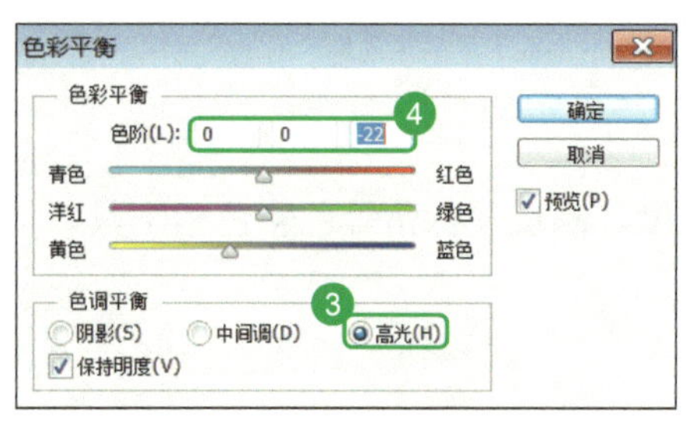

图 4-237　高光设置

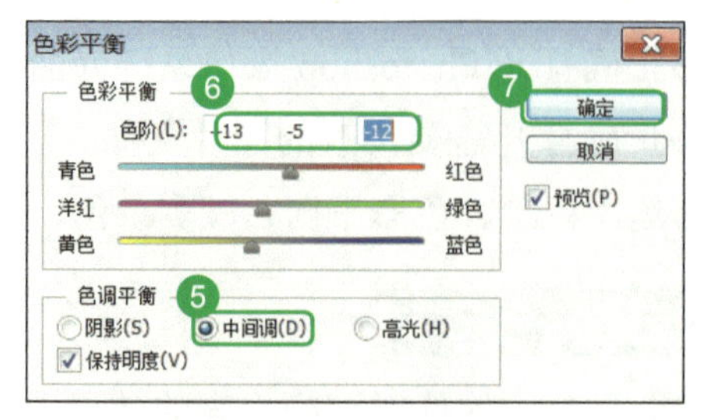

图 4-238　中间调设置

二、减少杂色处理

微课视频 61

01　渲染出的图像有一些斑点问题，单击“菜单栏”中的【滤镜】按钮，在其下滑栏【杂色】中选择【减少杂色】，如图 4-239 所示。

02　打开【减少杂色】命令框，在【设置】中将【强度】设置为“10”，【保留细节】设置为“48”，【减少杂色】设置为“67”，【锐化细节】设置为“0”，勾选【移去 JPEG 不自然感】，单击【确定】按钮，如图 4-240 所示。

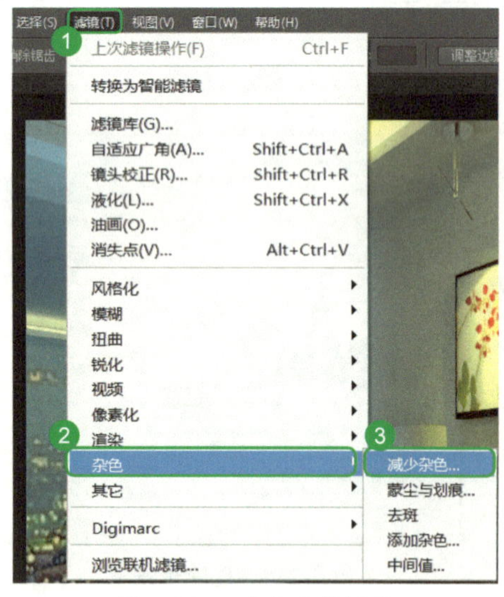

图 4-239　减少杂色调整

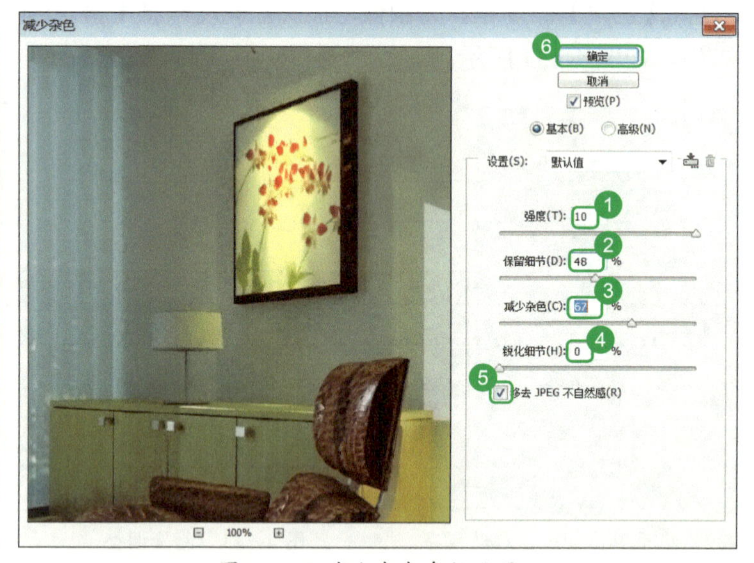

图 4-240　减少杂色参数设置

三、亮度 / 对比度调试

微课视频 62

01　单击“菜单栏”中的【图像】按钮，选择其下滑栏【调整】中的【亮度 / 对比度】，如图 4-241 所示。

02　打开【亮度 / 对比度】命令框，将【对比度】设置为“31”，单击【确定】按钮，如图 4-242 所示。

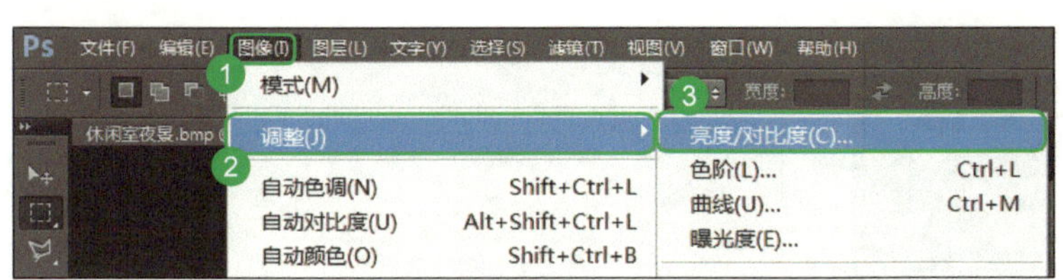

图 4-241　亮度 / 对比度调整

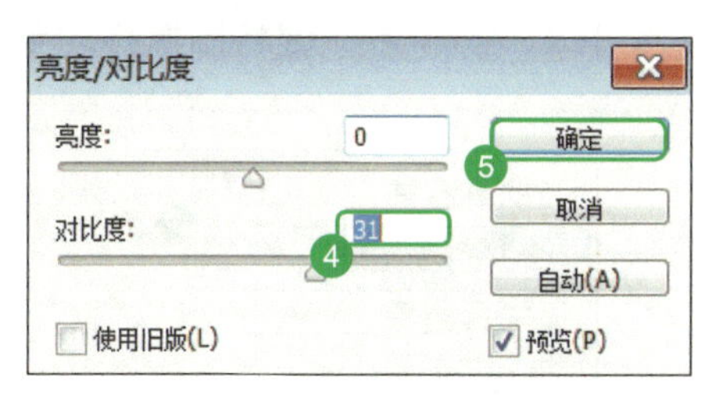

图 4-242　对比度参数设置

03 在右侧【图层】中选中【背景】文件，按住鼠标左键不放，拖动至【创建新图形】按钮，松开鼠标，复制出背景副本，如图 4-243 所示。

04 单击“菜单栏”中的【滤镜】按钮，在其下滑栏的【其它】中选择【高反差保留】，如图 4-244 所示。

05 打开【高反差保留】命令框，【半径】设置为“1.0”，单击【确定】按钮，如图 4-245 所示。

06 在右侧命令面板的【导航器】中将【正常】修改为【柔光】，如图 4-246 所示。

07 选中右侧命令面板【图层】中的“背景 副本”文件，按住鼠标左键不放，拖动至【创建新图形】按钮，松开鼠标，复制出背景副本 2，如图 4-247 所示。

图 4-243　复制背景图层

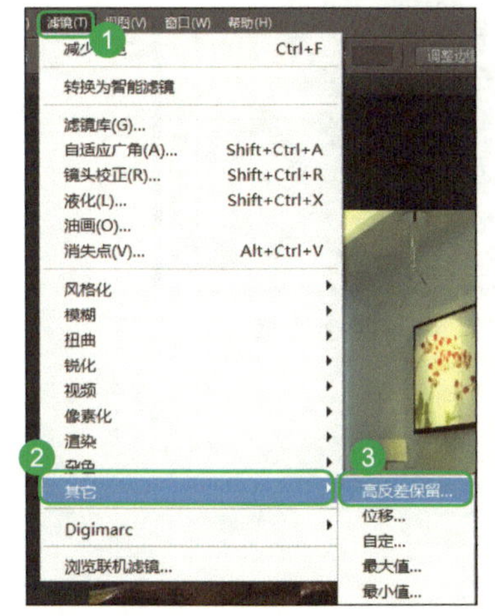

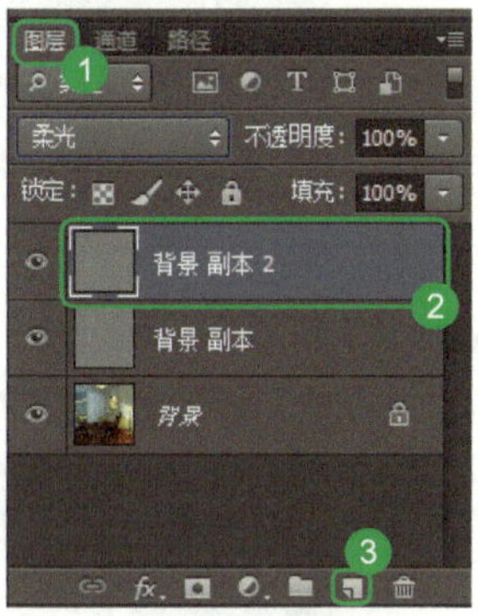

图 4-244　高反差保留调整

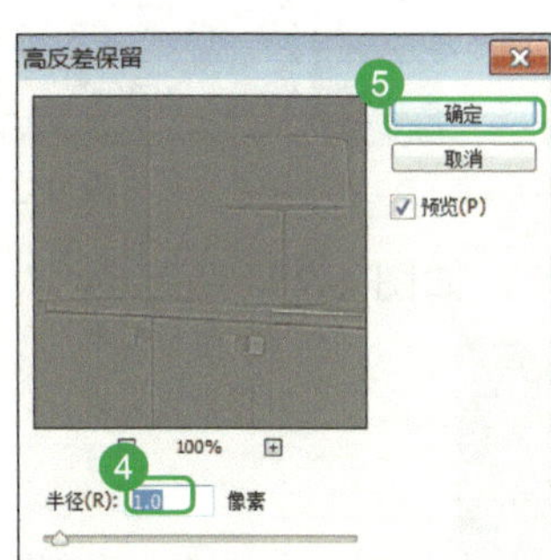

图 4-245　高反差保留半径参数设置

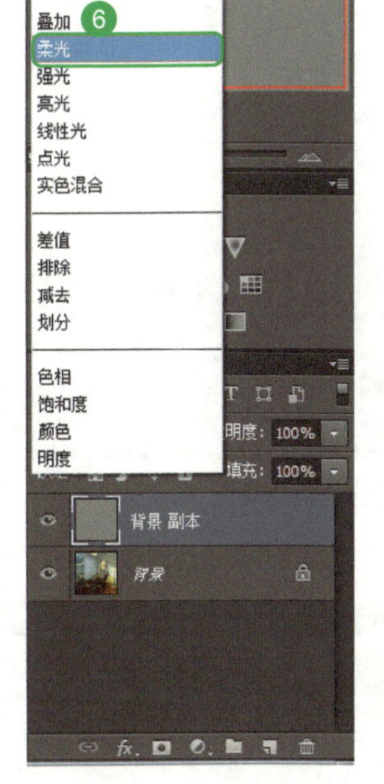

图 4-246　柔光处理

图 4-247　复制背景副本图层

四、合并可见图层与文件保存

微课视频 63

01 鼠标放在背景副本 2 图层位置，单击鼠标右键，选择【合并可见图层】，如图 4-248 所示。

02 单击“菜单栏”中的【图像】按钮，选择其下滑栏【调整】中的【色阶】，打开【色阶】命令框，将【输入色阶】值设置为“8、1.09、249”，如图 4-249 所示。

03 在左侧工具栏中单击【裁剪工具】按钮，为图像加一个白色边框，按键盘上的<上><下><左><右>键将图像移动至边框中间，如图 4-250 所示。

04 单击【切换前景色和背景色】按钮切换颜色，单击【裁剪工具】按钮加一个黑色边框，按键盘上的

〈上〉〈下〉〈左〉〈右〉键将图像移动至边框中间，如图 4-251 所示。

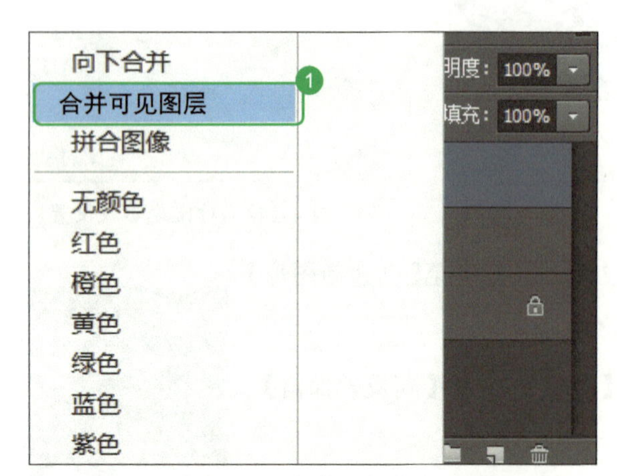

图 4-248　合并可见图层

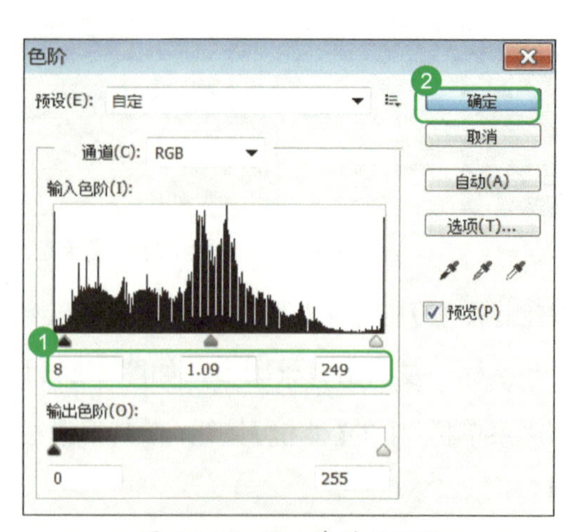

图 4-249　输入色阶值设置

图 4-250　裁剪白色边框

图 4-251　裁剪黑色边框

05　完成图像的修改，与之前的图像形成鲜明对比，如图 4-252 所示。

图 4-252　修改完成效果

作业练习

● 练一练

请根据下面的效果图制作夜晚的室内客厅与餐厅场景的效果图。

登录机工教育服务网，下载相应家居模型、材质贴图、教学视频，下载网址：www.cmpedu.com。

古香古色和谐人居

设计说明：

此套设计风格为现代简约与欧式风格的完美结合，以营造一种舒适、自然、气派的家居环境。黄色与白色的完美结合呈现出高贵、典雅、明快的搭配，使空间气氛轻松和谐，恰到好处地体现了当下的简约之风与奢华之气。大理石的地面加背景墙有充分的装饰美化的效果，更体现高端大气的效果。象牙白的石膏线以及橙黄色的墙面由浅及深使得更加贵气、精细，色彩华丽且用暖色调加以协调，变形的直线与曲线相互作用以及猫脚家具与装饰工艺手段的运用，构成室内华美厚重的气氛。

在形式上以浪漫主义为基础，常用大理石、华丽多彩的织物、精美的地毯、多姿曲线的家具，让室内显示出豪华、富丽的特点，充满强烈的动感效果。一方面保留了材质、色彩的大致风格，让人感受到传统的历史痕迹与浑厚的文化底蕴，同时又摒弃了过于复杂的肌理和装饰，简化了线条。现代欧式风格，更像是一种多元化的思考方式，将怀古的浪漫情怀与现代人对生活的需求相结合，兼容华贵典雅与时尚现代，反映出后工业时代个性化的美学观点和文化品位。欧式风格装修中地面的主要角色应该由地毯来担当。地毯的舒适脚感和典雅的独特质地与西式家具的搭配相得益彰。选择图案和色彩时最好是相对淡雅的色调。

附　录

附录 1　室内效果图制作（项目）课程标准

一、课程性质与任务

室内效果图制作为工学结合课程，在整个室内设计课程体系中处于重要地位，是三大构成、AutoCAD、室内装饰设计、室内陈设、环境艺术设计概论、人体工程学等课程的后续课程，主要任务为通过 3ds Max、VRay、Photoshop 软件的学习，学会完成建模、灯光、材质、后期图像处理的项目任务。

二、课程教学目标

1. 知识目标

通过本课程的学习，使学生了解计算机效果图制作的基本概念和基本知识，理解和掌握运用 3ds Max 软件制作室内效果图的方法与技巧，学会室内模型的建立，VRay 材质的参数设置，灯光的制作方法及渲染出图，并会使用 Photoshop 进行后期处理，最终创作出理想的方案效果图。

2. 社会能力及方法能力目标

通过本课程的学习，培养学生具有较好的新技能、新知识学习能力，具备良好的观察、分析和判断问题的能力，具有严谨的工作作风、实事求是的工作态度，具备诚实、守信、善于沟通和合作的优良品质。掌握室内效果图制作的基本技能和综合技能，通过课内实训，掌握装潢类方案效果图的绘制技能，达到基本的室内设计专业人员的职业能力。

3. 素质目标

热爱祖国，热爱中国共产党，拥护党的基本路线，深学细悟习近平新时代中国特色社会主义思想。具有正确的世界观、人生观、价值观，遵纪守法，为人诚实、正直、谦虚、谨慎，具有良好的职业道德和公共道德。通过对本课程的学习，培养学生具备一定的洞悉设计的敏感性和创新能力，能自主学习，培养独立分析问题和解决问题的能力；具有严谨的工作态度和团队协作精神，具有较好的逻辑思维、创新能力和较强的计划、组织和协调能力以及认真、细致、严谨的职业能力。促进学生主动适应社会，开创美好未来。

三、参考学时

建议 64 学时（最多 88 学时）。

四、课程学分

建议 4 学分（最多 5.5 学分）。

五、课程内容和要求

（一）教学内容

	知识模块	主要知识点及编号
教学内容	1. 3ds Max 软件常用命令	认识 3ds Max 系统操作界面；认识常用创建图形与建模命令；认识材质编辑器与编辑材质；认识 3ds Max 灯光与摄影机
	2. VRay 常用物理属性	认识 VRay 灯光照明编辑器控制面板；认识 VRay 材质编辑器控制面板；认识 VRay 物理相机和控制面板
	3. 室内房体单面建模	调试单位；创建房体；分离与创建地面；编辑建模落地窗户；创建雨篷
	4. 合并模型与基础渲染参数面板设置	合并室内场景模型；基础渲染参数面板设置
	5. 目标摄影机与 VRay 灯光参数设置	摄影机设置；制作背景墙；基础材质球设置；VRay 灯光参数设置；VRay 阳光参数设置
	6. 附着物体材质	背景材质设置；米黄色乳胶漆材质设置；木地板材质设置；木纹材质设置；不锈钢材质设置；陶瓷材质设置；黄金金属材质设置；挂画材质设置
	7. 高级 VRay 渲染参数设置	材质球数值增高设置；VRay 渲染参数最终设置；图像渲染与保存；3ds Max 文件归档保存
	8. Photoshop 效果图后期处理	打开图片文件；色阶与色彩平衡设置；套索工具应用；用裁剪工具制作画框；高反差保留设置；Photoshop 文件保存
	9. 室内物体调试与参数调整	删减与合并调试；恢复基础参数渲染设置；摄影机位置调试
	10. 室内装饰物体建模	室内吊顶布尔建模；室内窗帘放样建模；踢脚线放样建模
	11. 夜景灯光参数调试	调试窗口主光源 VR 灯光参数；重置材质；调试吊顶灯带 VR 灯光参数；调试窗口环境贴图；调试月光目标平行光灯光参数；调试落地灯目标聚光灯灯光参数；调试射灯目标灯光参数；创建 VR 灯光补光光源
	12. 附着物体材质	白色乳胶漆材质设置；木地板材质设置；透明窗帘材质设置；金属铬材质设置；木纹材质设置；胡桃木材质设置；灯光材质设置；皮革材质设置；装饰画材质设置；金属 _ 不锈钢材质设置；玻璃材质设置
	13. 夜晚场景常见问题调整与高级 VRay 渲染参数设置	渲染测试常见问题与调试；高级渲染参数设置；BMP 格式保存设置；文件归档保存
	14. Photoshop 效果图后期处理	效果图后期处理；减少杂色处理；亮度 / 对比度调试；合并可见图层与文件保存

（二）教学设计

序号	教学项目	教学内容要求	微课——翻转课堂教学活动实施（设计）建议	参考课时	涵盖知识点编号
1	3ds Max 基础命令操作（一）	掌握 3ds Max 系统界面操作	学生在教师引导下完成下列活动： 1. 采用小组讨论法鼓励学生探索，3ds Max 系统界面由几个部分组成？模块的名称和功能是怎样的？能不能使用计算机向同学们进行操作演示？ 2. 采用网络信息查找法鼓励学生探索，主工具栏中常用的操作命令有哪几种？为什么会经常用到这些命令？能否将你的依据（包括演示、网址链接、文字资料）跟同学们分享？	1（最多 2 课时）	1.1
2	3ds Max 基础命令操作（二）	A. 重点掌握常用创建图形与建模命令 B. 熟练掌握复合对象建模、编辑多边形命令 C. 了解材质编辑器与编辑材质	学生在教师引导下完成下列活动： 1. 采用引导文教学法引导学生思考，进行模型或图形的创建需要从哪个操作面板中进行选择或操作（例如命令面板）？引导学生思考并探索要新建长方体的房间或制作一个足球，需要从“几何体”还是“图形”当中选择命令？使用创建复合对象当中的“放样”命令还是“布尔”命令能够精确地制作房屋吊顶？那制作窗帘呢？ 2. 采用实践演示操作法引导小组学生尝试操作，编辑样条线、编辑网格与编辑多边形这 3 种可编辑类型的区别是什么？如果根据 CAD 图纸精确地制作一个房体，我们要采用哪一种可编辑类型？能否使用计算机为同学们分析一下？或者选择一个案例进行演示操作。 3. 采用小组讨论法让小组学生探究，3ds Max 材质编辑器各部分的名称和作用是什么？常用贴图类型可以分为哪几类？如果要制作黄金材质的贴图，应采用什么类型的贴图？	3（最多 4 课时）	1.2

（续）

序号	教学项目	教学内容要求	微课——翻转课堂教学活动实施（设计）建议	参考课时	涵盖知识点编号
3	3ds Max 基础命令操作（三）	理解 3ds Max 灯光与摄影机	学生在教师引导下完成下列活动： 采用小组讨论法、资料查找法让小组学生探究，3ds Max 灯光常用类型有哪几种？如果要制作蓝紫色月光的效果，应该采用哪一种 3ds Max 灯光类型？如果制作射灯材质，需要采用哪一种 3ds Max 灯光类型？摄影机的镜头和视野怎么进行调整？剪切平面怎样使用？其近距剪切与远距剪切的距离根据什么进行调整？	2	1.3
4	VRay 物理属性操作	A. 重点掌握 VRay 灯光和 VRay 太阳编辑器控制面板中常用的参数命令 B. 重点掌握 VRayMtl 标准材质、VRay 灯光材质的材质编辑器面板 C. 了解 VRay 材质包裹器、VRay 双面材质、VRay 覆盖材质、VRay 混合材质的材质编辑器面板 D. 了解 VRay 物理相机和控制面板	学生在教师引导下完成下列活动： 1. 采用联想回忆法、对比法、资料查找法引导小组学生思考，VRay 灯光与 3ds Max 灯光的异同点是什么？ VRay 太阳、灯光与 3ds Max 灯光中的“目标平行光”可否相互替换制作室外阳光或月光光源？（以小组为单位以幻灯片的形式分享异同体会） 2. 采用联想回忆法、对比法、上机操作法引导小组学生思考并尝试操作，VRayMtl 标准材质与 3ds Max 材质在制作材质上的优缺点是什么？ VRay 灯光材质与 3ds Max 灯光、VRay 灯光有区别吗？在制作过程中应用到背景墙、灯罩、灯箱、电视屏幕上会起到怎样的效果？ 3. 采用引导文教学法、网络信息查找法引导学生思考，其他 VRay 常用的材质有哪些？分别能够制作哪些模型的材质？ 4. 采用网络信息查找法、资料查找法、对比法引导学生自主思考并尝试操作，怎样打射 VRay 物理相机？其与 3ds Max 摄影机有哪些不同点？“快门速度”数值的调节与画面清晰度有怎样的关联？“胶片速度 ISO ”的参数调节与时间场景有怎样的关联？	6 （最多 8 课时）	2.1 2.2 2.3
5	室内房体单面建模	A. 掌握单位的调试 B. 重点掌握使用长方体精确创建室内房体 C. 了解地面的分离与创建操作 D. 重点掌握使用可编辑多边形编辑、建模落地窗户 E. 了解精确创建雨篷的方法	学生在教师引导下完成下列活动： 1. 采用联想回忆法引导小组学生思考，为什么要进行单位设置？与 CAD 软件学习中的单位设置是否有异同点？为什么？（知识扩展：怎样将 CAD 户型图导入 3ds Max 中进行单位统一） 2. 采用上机操作法引导小组学生进行操作演示，怎样使用长方体命令？在操作的过程中应该注意哪些问题？ 3. 采用联想回忆法、对比法引导小组学生思考，为什么要分离地面和顶面？不分离是否可以进行后期的操作？如果不分离，对后期制作地面的材质附着有什么影响？ 4. 采用小组讨论法引导小组学生思考，使用可编辑多边形编辑、建模落地窗户用到了哪些命令？有哪些命令起到的作用是相似的？	6 （最多 8 课时）	3.1
6	合并模型与基础渲染参数面板设置	A. 掌握正确合并室内场景模型的方法 B. 重点学会对基础渲染参数面板进行正确的参数设置	学生在教师引导下完成下列活动： 1. 采用小组讨论法、上机操作法引导小组学生思考，合并模型时应该注意哪些问题？操作演示怎样将单体模型进行组合摆放。 2. 采用小组讨论法引导小组学生讨论，为什么要对渲染参数面板进行较低参数设置？与测试渲染有什么联系？重点设置哪些参数？	2 （最多 4 课时）	3.2
7	目标摄影机与 VRay 灯光参数设置	A. 掌握摄影机设置 B. 重点学会 VRay 灯光参数设置 C. 掌握 VRay 阳光参数设置	学生在教师引导下完成下列活动： 1. 采用联想回忆法、小组讨论法引导小组学生思考，为什么选用“目标”摄影机？是否可以选择“自由”摄影机？摄影机放置时选择哪个视图？怎样只选择“摄影机”？怎样对摄影机进行整体移动？怎样出现摄影机视口？为什么会出现测试渲染没有影像的问题？ 2. 采用小组讨论法引导小组学生讨论，窗口的主光源主要可以采用哪几种灯光？选用 VR 灯光的优点是什么？对其进行参数设置需要进入哪个命令面板？在修改“倍增器”“颜色”的参数时应注意什么？“选项”栏下“不可见”“双面”勾选与否会产生怎样的影响？ 3. 采用小组讨论法引导小组学生讨论，“VRay 太阳参数”中的“大小倍增”与阳光离窗口的远近有什么必然联系？为什么在测试渲染的过程中会出现看不到阳光的问题？这与“背景墙是否排除”“VRay 太阳光线是否经过窗口”有怎样的联系？	6 （最多 8 课时）	3.3

（续）

序号	教学项目	教学内容要求	微课——翻转课堂教学活动实施（设计）建议	参考课时	涵盖知识点编号
8	附着物体材质	A．掌握背景材质设置 B．重点掌握乳胶漆、木纹、不锈钢、陶瓷、挂画材质的参数设置 C．熟练掌握黄金金属材质设置的参数数值	学生在教师引导下完成下列活动： 1.采用联想回忆法、小组讨论法引导小组学生思考，怎样新建一个“VRayMtl”材质？为什么要对材质球命名？在“漫反射”中修改“颜色”或添加“位图”的使用目的有什么不同？请问“位图”是一种材质吗？怎样将制作好的材质附着给场景中的物体？ 2．采用引导文教学法、网络信息查找法引导学生探索，材质基本参数面板中的“漫反射”“反射”“折射”的作用各是什么？在制作木纹、不锈钢材质时，其光泽度的调节参数大小会产生什么样的效果？“衰减”的作用是什么？其衰减参数中“颜色”的调节起到怎样的作用？衰减类型中的“垂直/平行”“Fresnel”的区别是什么？ 3．采用对比法引导小组学生思考，“黄金”金属材质采用的是“VRayMtl”材质吗？为什么？什么是“Blinn”材质？“环境光”“漫反射”“高光反射”的色彩设置为什么不一样？各代表什么？“反射高光”中高光级别参数调高会产生什么效果？在“反射”中选择“VR贴图”的目的是什么？调节“光泽度”会产生什么效果？	6（最多8课时）	3.4
9	高级VRay渲染参数设置	A．掌握VRay渲染参数最终设置 B．重点掌握图像渲染与保存 C．熟练掌握3ds Max文件归档保存	学生在教师引导下完成下列活动： 1．采用对比法、资料查找法引导小组学生探索，为什么需要提高文件的渲染参数？有哪几种方法？材质球的参数设置中调节“细分”值有什么作用？在渲染参数面板中主要需要调节哪几个展卷栏中的参数？“VRay灯光缓存”展卷栏中的“细分”设置有什么作用？ 2．采用联想回忆法、小组讨论法引导小组学生思考，文件输出参数大小会对渲染出来的图像造成怎样的影响？渲染出来的图像主要可以保存为哪两种图片格式？哪种格式保存的数据、文件会大一些？ 3．采用上机操作法引导小组学生尝试操作，怎样对3ds Max文件进行归档保存？这种保存格式与普通的3ds Max文件保存有什么不同？	3（最多4课时）	3.5
10	Photoshop效果图后期处理	A．掌握图片文件打开的方法 B．重点学会色阶与色彩平衡设置 C．掌握套索、裁剪工具应用 D．掌握高反差保留设置 E．掌握JPG格式文件的保存	学生在教师引导下完成下列活动： 1．采用网络信息查找法引导学生查找，Photoshop的系统界面由几部分组成？各个部分的名称和功能是什么？怎样打开需要修改的图片文件？有几种打开方法？ 2．采用上机操作法、小组讨论法、资料查找法引导小组学生尝试动手操作并思考，什么是色阶？色阶数值的调整范围是什么？会产生怎样的效果？什么是色彩平衡？在调整的过程中会起到怎样的效果？ 3．采用上机操作法引导小组学生尝试动手操作，怎样去选择套锁工具？针对不同的修改对象选择什么类型的套锁工具？怎样使用裁剪工具制造画框？单击反选按钮切换底面色系的目的是什么？ 4．采用小组讨论法、资料查找法引导小组学生思考，什么是高反差保留？高反差保留的锐化效果的优点是什么？怎样将设置好的“正常”效果转换为“柔光”效果？怎样进行副本的复制？Photoshop可以保存的格式有哪些？	3（最多4课时）	3.6
11	室内物体调试与参数调整	A．掌握删减与合并调试 B．熟练掌握基础参数渲染设置面板调试 C．掌握摄影机位置调试	学生在教师引导下完成下列活动： 1．采用对比法、联想回忆法、小组讨论法引导小组学生思考，在实际的工作过程中，针对同一户型的不同风格制作时是否需要重新制作房体模型？为什么？怎样将室内所有的几何体模型删除？怎样将整体模型合并导入？为什么会出现重命名的情况？ 2．采用联想回忆法、网络信息查找法引导小组学生思考，怎样快速进入渲染设置面板？宽度和高度与渲染出来的图片形状与大小有关吗？怎样设置一个纵横比为1的效果图？为什么要将渲染参数面板的数值调低？需要从哪几个方面进行改变？摄影机的位置与渲染出来的画幅有什么关联？按照怎样的视图审美角度去调节？	2（最多4课时）	4.1

（续）

序号	教学项目	教学内容要求	微课——翻转课堂教学活动实施（设计）建议	参考课时	涵盖知识点编号
12	室内装饰物体建模	A．掌握室内吊顶布尔建模 B．掌握室内窗帘、踢脚线放样建模	学生在教师引导下完成下列活动： 1．采用联想回忆法、小组讨论法引导小组学生思考，布尔命令起到的应用效果是怎样的？该命令从哪一个命令面板中寻找？“并集”“交集”“差集（A-B）”“交集（B-A）”各会起到怎样的命令效果？ 2．采用联想回忆法、资料查找法、小组讨论法引导小组学生思考，怎样使用“线”命令绘制一条波浪线轴？放样命令使用的原理是怎样的？使用放样命令时“路径”和“图层”可以在同一个视图中创建吗？为什么？“获取路径”和“获取图形”有什么区别？	4（最多6课时）	4.2
13	夜景灯光参数调试	A．了解重置材质 B．掌握调试吊顶灯带VR灯光参数 C．了解调试窗口环境贴图 D．熟练掌握目标平行光、目标聚光灯、目标灯光的参数调试 E．理解创建VR灯光补光光源	学生在教师引导下完成下列活动： 1．采用联想回忆法、小组讨论法引导小组学生思考，为什么要重置材质球？怎样重置材质球？需要点选哪些命令？ 2．采用网络信息查找法、小组讨论法引导小组学生讨论，吊顶的灯带怎样设置和调整？其打射方向是怎样的？克隆灯带时为了方便做整体灯光倍增值的调整，应该选择“复制”还是“实例”？两者有区别吗？环境贴图的设置和背景墙的设置有何异同？ 3．采用联想回忆法、小组讨论法、对比法、网络信息查找法引导小组学生探索并思考讨论，目标平行光与VR太阳、灯光起到的效果有何异同？其近距衰减参数值应该怎样调整？具体数值情况应该根据什么进行确定？其平行光参数应该根据什么进行调整？目标聚光灯中“聚光区/光束”“衰减区/区域”各起到怎样的作用？目标灯光的“光度学”起到怎样的作用？光域Web的文件是什么格式的？为什么要创建补光光源？要遵循怎样的原则？	8（最多10课时）	4.3
14	附着物体材质	A．重点学会透明窗帘、皮革、玻璃材质设置 B．熟练掌握灯光材质参数设置 C．掌握金属铬材质参数设置	学生在教师引导下完成下列活动： 1．采用联想回忆法、小组讨论法、对比法、网络信息查找法引导小组学生思考，透明材质参数设置的过程中“折射”起到怎样的作用？添加“衰减”的作用是什么？皮革材质的设置调节过程中从地板的木纹材质中有哪些借鉴？什么是“UVW贴图”？在贴图形状的选择过程中“长方体”与“面”有什么不同？对比“透明材质”，玻璃材质与其有什么异曲同工的部分？如果要调试“冰”或“裂纹玻璃”材质需要在其基础上做哪些调节？ 2．采用引导文教学法、网络信息查找法引导学生探索，VR灯光材质与VRay标准材质的使用方式上有什么不同？调节其灯光强度的参数在哪里设置？ 3．采用对比法、联想回忆法、小组讨论法引导小组学生思考，制作金属铬与不锈钢金属材质的异同点有哪些？其磨砂质感与什么参数命令的调节有关？	6（最多8课时）	4.4
15	夜晚场景常见问题调整与高级VRay渲染参数设置	A．了解测试渲染常见问题与调试 B．熟练掌握高级渲染参数设置 C．学会BMP格式效果图保存与归档	学生在教师引导下完成下列活动： 1．采用对比法、小组讨论法引导小组学生思考，夜晚场景与白天场景测试渲染相比，夜景的测试渲染常见问题有哪些？为什么？是由什么造成的？ 2．采用联想回忆法、小组讨论法引导小组学生思考，怎样保存BMP格式的效果图？与JPG格式的相比有哪些不同？	3（最多4课时）	4.5
16	Photoshop效果图后期处理	A．了解减少杂色处理 B．熟练掌握亮度/对比度调试 C．理解并学会合并可见图层与文件保存	学生在教师引导下完成下列活动： 1．采用上机操作法、小组讨论法、资料查找法引导小组学生尝试动手操作并思考，怎样减少图片杂色？在哪里可以找到该命令？其“强度”“保留细节”“减少杂色”“锐化细节”数值范围怎样确定？ 2. 采用小组讨论法、资料查找法、网络信息查找法引导小组学生探索并思考，亮度/对比度的调整会对图片产生怎样的影响？为什么要合并图层？怎样合并图层？	3（最多4课时）	4.6

六、教学建议

以服务（服务社会、服务学生）为宗旨，以就业为导向（企业导向、学生导向），以综合素质（专业素质、职业素质）为基础，以能力（职业能力、发展能力）为本位。

1. 教学方法

本课程坚持“教学做”合一的设计理念，以重点培养学生的效果图制作技术能力为目标，以具体工作任务的学习为切入点，应用任务驱动的教学模式以及示范操作、问题引导的翻转课堂教学手段，以任务驱动教学法、案例操作教学法为主，结合小组讨论法、资料查找法、引导文教学法等多种教学方式方法展开教学过程。

本课程教学过程中，从工作任务着手，学会完成任务的方法和手段，在完成任务的过程中学习相关知识。让学生动手、动脑探索“做什么”“怎么做”“为什么”，使学生明白教学的目的，并为之而努力，完成知识的迁移，切实提高学生的思维能力、学习能力、创造能力，让学生在“做”中学、“做”中会、“做”中学会学习和工作，提高学生的综合职业能力。本课程教学过程中，要运用多媒体课件、案例图片、微课视频、任务单等多种教学资源辅助教学，帮助学生理解相关知识。

2. 评价方法

学生成绩的评定，以学生平时表现、任务完成情况及最终考核来核定。学期教学评价＝平时表现（10%）＋过程评价（40%）＋技能考核评价（50%）。

1）平时表现包括：学习态度、出勤情况。

2）过程评价包括：作业 10%，课堂表现及项目任务完成情况 30%。

3）技能考核评价包括：3ds Max 最后作品提交，详见室内效果图制作试题。有条件的学校，建议由校企合作的装饰企业主任设计师进行技能考核评价并给作品评分，并由企业颁发加盖公章的 PDF 格式学分证书。

3. 教学条件

所有的实操环节都要求在专业计算机机房完成，系统要求 Windows7 PC 机（64 位操作系统），并安装有正版 3ds Max、VRay、Photoshop 软件。为保证教学顺利进行，教师的教学用机要求配置较高。

附录 2　项目自主学习任务单与评价单

项目 1　自主学习任务单

项 目 名 称	小 组 号	组 长 姓 名	学 生 姓 名
3ds Max 基础命令操作			

学生自主项目实施问题导航	
	1．3ds Max 系统界面由几个部分组成？模块的名称和功能是怎样的？主工具栏中常用的操作命令有哪几种？为什么会经常用到这些命令？
	2．进行模型或图形的创建需要从哪个操作面板中进行选择或操作？要新建长方体的房间或制作一个足球，需要从“几何体”还是“图形”当中选择命令？使用创建复合对象当中的“放样”命令还是“布尔”命令能够精确地制作房屋吊顶？制作窗帘呢？
	3．编辑样条线、编辑网格与编辑多边形这 3 种可编辑类型的区别是什么？如果根据 CAD 图纸精确地制作一个房体，我们要采用哪一种可编辑类型？
	4．3ds Max 材质编辑器各部分的名称和作用是什么？常用贴图类型可以分为哪几类？如果要制作黄金材质的贴图，应采用什么类型的贴图？
	5．3ds Max 灯光常用类型有哪几种？如果要制作蓝紫色月光的效果，应该采用哪一种 3ds Max 灯光类型？如果制作射灯材质，需要采用哪一种 3ds Max 灯光类型？

（续）

学生自主项目实施问题导航	6．摄影机的镜头和视野怎么进行调整？剪切平面怎样使用？其近距剪切与远距剪切的距离根据什么进行调整？
知识扩展	1．存在其他问题及解决方案： 2．其他建议：

项目1　过程性考核评价单

班　级		学　号		姓　名		成　绩	
小组成员（姓名）							
职业能力评价	分值	自评（10%）		组长评价（20%）		教师综合评价（70%）	
完成任务思路	5						
信息收集情况	5						
团队合作	10						
练习态度认真	10						
考勤	10						
项目自主讲演	35						
按时完成任务	15						
善于总结学习	10						
合计评分	100						

项目2　自主学习任务单

项目名称	小组号	组长姓名	学生姓名
VRay 物理属性操作			

学生自主项目实施问题导航

1．VRay 灯光与 3ds Max 灯光的异同点是什么？ VRay 太阳、灯光与 3ds Max 灯光中的“目标平行光”能否相互替换制作室外阳光或月光光源？

2．VRayMtl 标准材质与 3ds Max 材质在制作材质上的优缺点是什么？ VRay 灯光材质与 3ds Max 灯光、VRay 灯光有区别吗？在制作过程中应用到背景墙、灯罩、灯箱、电视屏幕上会起到怎样的效果？

3．其他 VRay 常用的材质都有哪些？可分别制作哪些模型的材质？

（续）

学生自主项目实施问题导航	4．怎样打射 VRay 物理相机？其与 3ds Max 摄影机有哪些不同点？“快门速度”数值的调节与画面清晰度有怎样的关联？“胶片速度 ISO ”的参数调节与时间场景有怎样的关联？
知识扩展	1．存在其他问题及解决方案： 2．其他建议：

项目 2　过程性考核评价单

班　　级		学　　号		姓　　名		成　　绩	
小组成员（姓名）							
职业能力评价	分值	自评（10%）		组长评价（20%）		教师综合评价（70%）	
完成任务思路	5						
信息收集情况	5						
团队合作	10						
练习态度认真	10						
考勤	10						
项目自主讲演	35						
按时完成任务	15						
善于总结学习	10						
合计评分	100						

项目3　自主学习任务单

项目名称	小组号	组长姓名	学生姓名
小休闲室白天场景制作			

学生自主项目实施问题导航

学生自主项目实施问题导航
1．为什么要进行单位设置？其与CAD软件学习中的单位设置是否有异同点？为什么？怎样使用长方体命令？在操作的过程中应该注意哪些问题？为什么要分离地面和顶面？不分离是否可以进行后期的操作？如果不分离，对后期制作地面的材质附着有什么影响？使用可编辑多边形编辑、建模落地窗户用到了哪些命令？有哪些命令起到的作用是相似的？
2．合并模型时应该注意哪些问题？为什么要对渲染参数面板进行较低参数设置？与测试渲染有什么联系？重点设置哪些参数？
3．为什么选用“目标”摄影机？是否可以选择“自由”摄影机？摄影机放置时选择哪个视图？怎样只选择“摄影机”？怎样对摄影机进行整体移动？怎样出现摄影机视口？为什么会出现测试渲染没有影像的问题？窗口的主光源主要可以采用哪几种灯光？选用VR灯光的优点在哪里？对其进行参数设置需要进入哪个命令面板？在修改“倍增器”“颜色”的参数时应注意什么？“选项”栏下“不可见”“双面”勾选与否会产生怎样的影响？“VRay太阳参数”中的“大小倍增”与阳光离窗口的远近有什么必然联系？为什么在测试渲染的过程中会出现看不到阳光的问题？这个问题与“背景贴墙排除”“光线经过窗口的位置”有怎样的不同？
4．怎样新建一个“VRayMtl”材质？为什么要对材质球命名？在“漫反射”中修改“颜色”或添加“位图”的使用目的有什么不同？“位图”是一种材质吗？怎样将制作好的材质附着给场景中的物体？材质基本参数面板中的“漫反射”“反射”“折射”的作用各是什么？在制作木纹、不锈钢材质时，其光泽度的调节参数大小会产生什么样的效果？“衰减”的作用是什么？其衰减参数中“颜色”的调节起到怎样的作用？衰减类型中的“垂直/平行”“Fresnel”的区别是什么？“黄金”金属材质采用的是“VRayMtl”材质吗？为什么？什么是“Blinn”材质？“环境光”“漫反射”“高光反射”的色彩设置为什么不一样？各代表什么？“反射高光”中高光级别参数调高会产生什么效果？在“反射”中选择“VR贴图”的目的是什么？调节“光泽度”会产生什么效果？
5．为什么需要提高文件的渲染参数？有哪几种方法？材质球的参数设置中调节“细分”值有什么作用？在渲染参数面板中主要需要调节哪几个展卷栏中的参数？“VRay灯光缓存”展卷栏中的“细分”设置有什么作用？文件输出参数大小会对渲染出来的图像造成怎样的影响？渲染出来的图像主要可以保存为哪两种图片格式？哪种格式保存的数据、文件会大一些？怎样对3ds Max文件归档保存？这种保存格式与普通的3ds Max文件保存有什么不同？

（续）

学生自主项目实施问题导航	6．Photoshop 的系统界面由几部分组成？各部分的名称和功能是什么？怎样打开需要修改的图片文件？有几种打开方法？什么是色阶？色阶数值的调整范围是什么？会产生怎样的效果？什么是色彩平衡？在调整的过程中会起到怎样的效果？怎样去选择套锁工具？针对不同的修改对象选择什么样类型的套锁工具？怎样使用裁剪工具制造画框？单击反选按钮切换底面色系的目的是什么？什么是高反差保留？高反差保留的锐化效果的优点是什么？怎样将设置好的“正常”效果转换为“柔光”效果？怎样进行副本的复制？ Photoshop 可以保存的格式有哪些？
知识扩展	1．存在其他问题及解决方案： 2．其他建议：

项目 3　过程性考核评价单

班　级		学　号		姓　名		成　绩	
小组成员（姓名）							
职业能力评价	分值	自评（10%）	组长评价（20%）	教师综合评价（70%）			
完成任务思路	5						
信息收集情况	5						
团队合作	10						
练习态度认真	10						
考勤	10						
项目自主讲演	35						
按时完成任务	15						
善于总结学习	10						
合计评分	100						

项目4　自主学习任务单

项目名称	小组号	组长姓名	学生姓名
小休闲室夜晚场景制作			

学生自主项目实施问题导航

1．在实际的工作过程中，针对同一户型的不同风格制作时是否需要重新制作房体模型？为什么？怎样将室内所有的几何体模型删除？怎样将整体模型合并导入？为什么会出现重命名的情况？怎样快速进入渲染设置面板？宽度和高度与渲染出来的图片形状与大小有关吗？怎样设置一个纵横比为1的效果图？为什么要将渲染参数面板的数值调低？需要从哪几个方面进行改变？摄影机的位置与渲染出来的画幅有什么关联？按照怎样的视图审美角度去调节？

2．布尔命令起到的应用效果是怎样的？该命令从哪一个命令面板中寻找？“并集”“交集”“差集（A-B）”“交集（B-A）”各会起到怎样的命令效果？怎样使用“线”命令绘制一条波浪线轴？放样命令使用的原理是怎样的？使用放样命令时“路径”和“图层”可以在同一个视图中创建吗？为什么？“获取路径”和“获取图形”有什么区别？

3．为什么要重置材质球？怎样重置材质球？需要点选哪些命令？吊顶的灯带怎样设置和调整？其打射方向是怎样的？克隆灯带时为了方便做整体灯光倍增值的调整，应该选择“复制”还是“实例”？两者有区别吗？环境贴图的设置和背景墙的设置有怎样的异同？目标平行光与VR太阳、灯光起到的效果有何异同？其近距衰减参数值应该怎样调整？具体数值情况应该根据什么进行确定？其平行光参数应该根据什么进行调整？目标聚光灯中“聚光区/光束”“衰减区/区域”各起到怎样的作用？目标灯光的“光度学”起到怎样的作用？光域Web的文件是什么格式的？为什么要创建补光光源？要遵循怎样的原则？

4．透明材质参数设置的过程中“折射”起到怎样的作用？添加“衰减”的作用是什么？皮革材质的设置调节过程中从地板的木纹材质中有哪些借鉴？什么是“UVW贴图”？在贴图形状的选择过程中“长方体”与“面”有什么不同？对比“透明材质”，玻璃材质与其有什么异曲同工的部分？如果要调试“冰”或“裂纹玻璃”材质需要在其基础上做哪些调节？ VR灯光材质与VRay标准材质的使用方式上有什么不同？调节其灯光强度的参数在哪里设置？制作金属铬与不锈钢金属材质的异同点有哪些？其磨砂质感与什么参数命令的调节有关？

5．夜晚场景与白天场景测试渲染相比，夜景的测试渲染常见问题有哪些？为什么？是由什么造成的？怎样保存BMP格式的效果图？与JPG格式的相比有哪些不同？

（续）

学生自主项目实施问题导航	6．怎样减少图片杂色？在哪里可以找到该命令？其“强度”“保留细节”“减少杂色”“锐化细节”数值范围怎样确定？亮度/对比度的调整会对图片产生怎样的影响？为什么要合并图层？怎样合并图层？
知识扩展	1．存在其他问题及解决方案： 2．其他建议：

项目4　过程性考核评价单

班　级		学　号		姓　名		成　绩	
小组成员（姓名）							
职业能力评价	分值	自评（10%）		组长评价（20%）		教师综合评价（70%）	
完成任务思路	5						
信息收集情况	5						
团队合作	10						
练习态度认真	10						
考勤	10						
项目自主讲演	35						
按时完成任务	15						
善于总结学习	10						
合计评分	100						

系别

年级

专业

班级

姓名

学号

附录 3　室内效果图制作技能考核试题

试题说明：

本考核试题满分共计 100 分，要求模型材质统一指定。

操作与评分要求：

1．能够根据 CAD 图纸，任选客厅（含阳台）或卧室等空间场景进行建模（要求门窗齐全），比例尺寸精确、完整。（30 分）

2．能够正确地对给定的模型进行比例导入，根据 CAD 图纸的平面布局进行合理的位置摆放。（10 分）

3．能够正确地搭设摄影机，视口角度合适，视口画面构图饱满。（10 分）

4．能够正确地设置灯光（包含 3ds Max、VRay 灯光）参数。（20 分）

5．能够正确附着室外景色、地面、墙面、吊顶、家具、窗帘、挂画、植物、摆件等物体材质，参数设置规范。（20 分）

6．能够进行最终渲染参数设置，正确保存和归档文件。（5 分）

7．能够正确运用 Photoshop 软件对效果图进行后期处理。（5 分）

附：CAD 户型图纸（CAD 源文件、3ds Max 格式单体模型、材质贴图由老师统一提供）

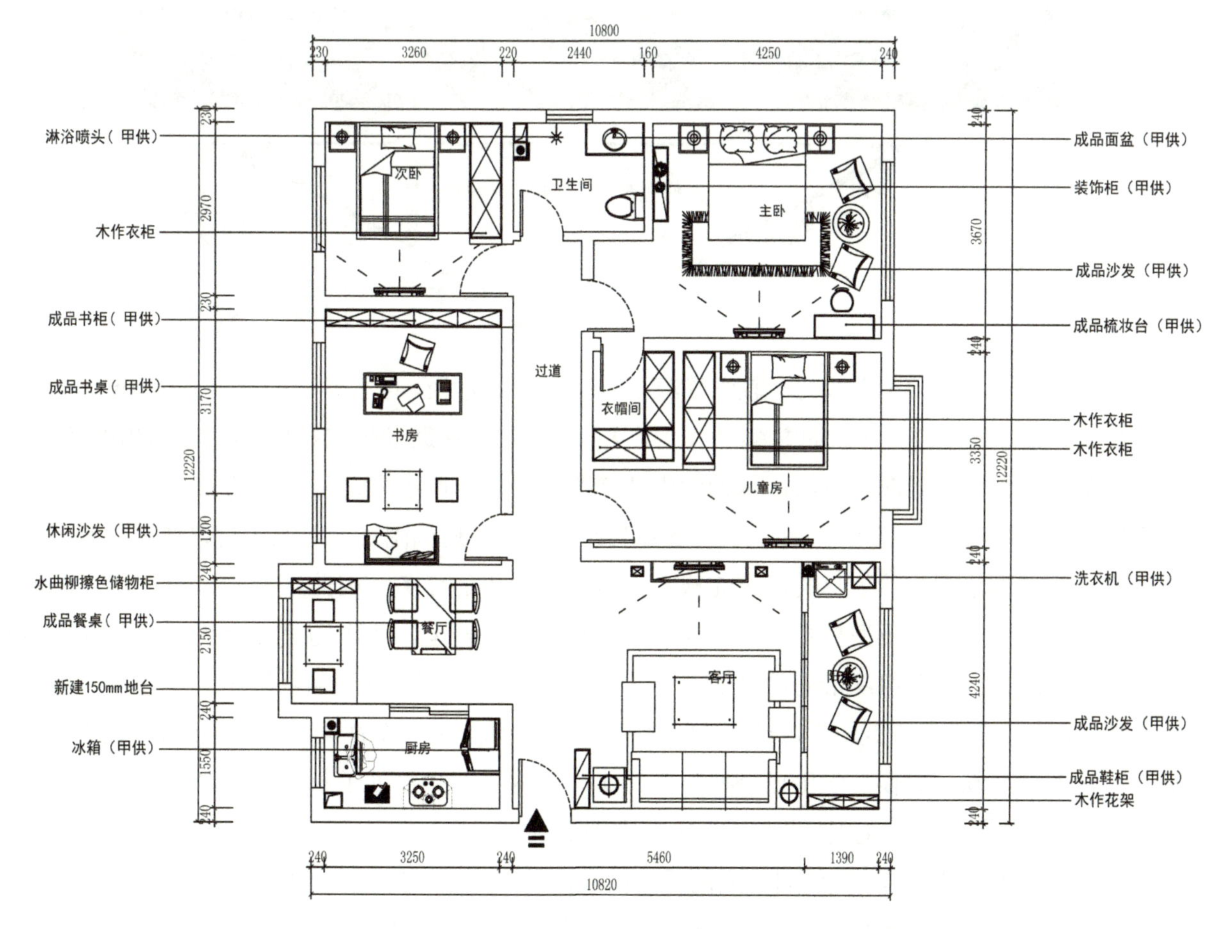

微课程教学是“互联网 +”背景下学校开展“翻转课堂”教学实验的产物。微课程是云计算、移动互联环境下，有关单位课时内教学活动的目标、任务、方法、资源、作业、互动、评价与反思等要素相互优化组合的一种教学系统，其教学模式与翻转课堂紧密相关。

微课程由自主学习任务单（以下简称“任务单”）、配套教学资源（含“微课”）和课堂教学方式创新三大模块组成。

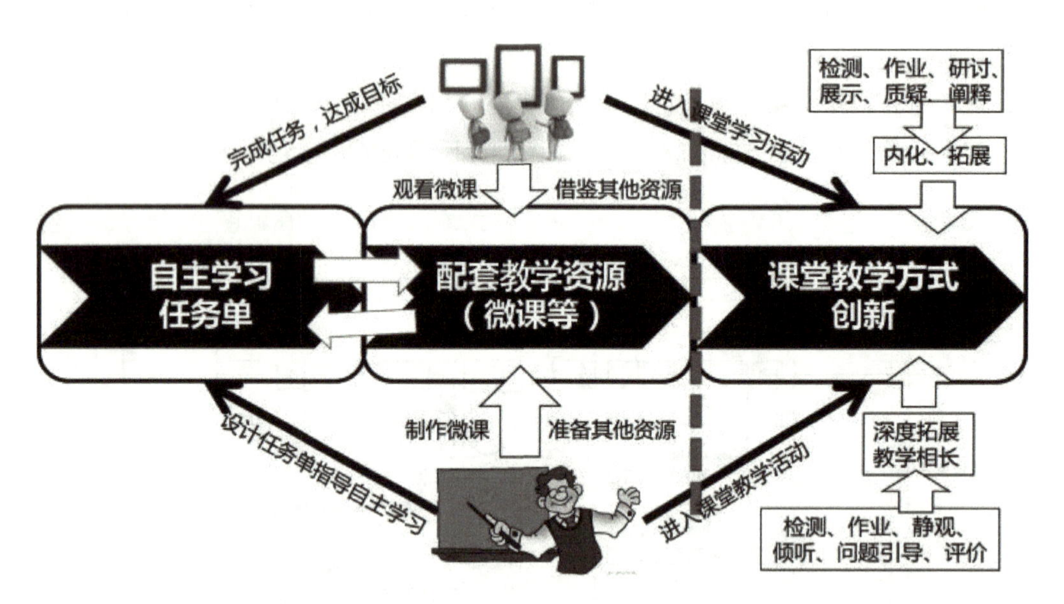

在三大模块中，“任务单”和配套教学资源（含“微课”）是学生自主学习的支架。教师设计“任务单”，实际上是设计指导学生自主学习的方案;“微课”实际上是制作帮助学生完成“任务单”给出的任务的学件，即“任务单”采用问题导向的方法，帮助学生认清教学目标，明了学习途径与方法，并借助与之配套的微课资源实现高效自主学习。学生完成“任务单”给出的任务遇到困难的时候，可以通过观看“微课”，或者搜索、阅读网络资料的信息资源来完成“任务单”给出的任务。因此，两大模块在单位课时教学活动中的实施，标志着“演员型教师”开始向“导演型教师”转型。而作为第三个模块，课堂教学方式创新是自主学习之后的课堂组织形式的必然选择。因为在课前学习阶段，学生按照“任务单”的指导和微视频的帮助，有一个自定进度的学习过程，保证学习目标清晰，又有个性化学习所需的时间掌握学习内容。在进入课内教学活动的时候，学生已经初步掌握了学习内容，大致处于相同基础之上。这个时候需要的是“导”，即进一步引导学生更好地内化知识，拓展思维。

其实，学习本身是培养一种学科带来的思维模式，最终形成学生为人处世的一种自立能力。希望广大教师在教授本门课程的过程中将您设计的更好的“任务单”上传到“3ds Max 室内效果图制作群（群 QQ 号：583630307)”以实现资源共享。

另外，本书作者录制了建筑装饰CAD课程信息化课堂教学应用型示范课（翻转课堂版）的视频，读者可扫描二维码学习。另外，翻转式课堂、信息化课堂教学教案仅供使用教师及读者参考。

信息化课堂教学应用型示范课视频（翻转课堂版）（时长40分钟）

什么是翻转式课堂？

信息化课堂教学教案（翻转课堂版）